机械安全工程

JIXIE ANQUAN GONGCHENG

许素睿　编著

中国劳动社会保障出版社

图书在版编目(CIP)数据

机械安全工程/许素睿编著. -- 北京：中国劳动社会保障出版社，2020
ISBN 978-7-5167-4744-5

Ⅰ.①机…　Ⅱ.①许…　Ⅲ.①机械工程-安全工程-高等学校-教材　Ⅳ.①TH188

中国版本图书馆 CIP 数据核字(2020)第 228664 号

中国劳动社会保障出版社出版发行

（北京市惠新东街 1 号　邮政编码：100029）

*

三河市华骏印务包装有限公司印刷装订　新华书店经销

787 毫米×1092 毫米　16 开本　14.25 印张　283 千字
2020 年 12 月第 1 版　　2022 年 12 月第 2 次印刷

定价：42.00 元

营销中心电话：400-606-6496

出版社网址：http://www.class.com.cn

前　言

机械是现代生产和生活中不可或缺的设备，是人类进行生产经营活动的重要工具。但是，机械在为人类带来高速、高效、可靠、稳定和便捷的工作、生活方式的同时，也带来了值得深度研究与亟须解决的安全问题。在我国事故多发的作业中，机械事故发生率高、涉及面广，特别是机电类特种设备事故多、后果严重、人员死伤比例大。机械的安全性直接关系人们的安全和健康，关系社会的和谐和发展，需要受到高度的重视。

本书作为高等院校安全工程专业的本科教材，在参考同类教材的基础上，又有其特色及其创新性，主要表现在三个方面：一是学科知识体系完整、重点突出。本教材的知识体系涵盖了机械安全基础理论知识、危险机械安全技术和五大机电类特种设备安全技术。立足于预防使用过程中的机械伤害事故，重点探讨如何从机械的安全状态着手来保障人的安全，侧重于机电类特种设备安全技术。二是注重科技发展和生产实际。本教材采用新理论、新技术、新装备有关知识，依据最新相关法律、法规、标准要求，同时兼顾内容的通用性和系统性。三是创新性地专门设置典型事故案例分析。每章设置相应的典型事故案例分析，通过详细分析实际发生的案例，找到导致事故的原因并提出预防同类事故发生的对策建议，使学生通过事故案例的学习，真正培养出利用具体的机械安全技术来解决实际问题的能力，达到事故预防总体目标。

本书共分七章：第一章绪论、第二章机械安全基础、第三章金属切削加工安全、第四章压力加工安全、第五章起重机械安全、第六章电梯安全、第七章其他机电类特种设备安全，对机械安全工程技术做了较为全面、系统的介绍。

编著者结合多年的一线课堂教学经验，编写了这本《机械安全工程》教材，并获得中国劳动关系学院“十三五”规划教材立项。感谢中国劳动关系学院科研处为编著者提供这样一个能够展示多年的教学研究成果并与外界交流的机会。本书在编写过程中，参考了大量相关的文献资料，在此向相关专家表示最诚挚的谢意。由于编者水平有限，加之时间仓促，书中疏漏和错误在所难免，敬请读者不吝赐教。

编著者

2020 年 8 月

内 容 简 介

本教材在阐述各类机械在安全方面的基本知识和共性问题的基础上，结合各类典型机械设备的危险有害因素和易发事故，重点介绍机械设备在设计、生产、使用过程中的安全要求及预防事故的一般原则和安全技术措施。教材涉及的内容包括机械安全基础、金属切削机械、冲压机械、起重机械、电梯及其他机电类特种设备的安全技术，对机械安全工程技术做了较为全面、系统的介绍。本教材理论联系实践，采用新理论、新技术、新装备有关知识，依据最新相关法律、法规和标准要求，同时兼顾内容的通用性和系统性。

本书可作为高等院校安全工程及相关专业基础课教材，也可供从事安全及相关工作的工程技术人员及管理人员参考，还可作为生产经营单位安全管理和技术人员的培训教材。

目　录

第一章 绪　论

机械是人类在生产经营活动和生活中不可或缺的重要工具。现代机械的特点是：科技含量高，是集机、电、光、液等多种技术为一体的复杂系统；绝对数量大，使用范围广。机械在为人类带来高速、高效、可靠、稳定和便捷工作、生活方式的同时，也带来了值得深度研究和亟须解决的安全问题，例如在其制造、运行及使用过程中，会带来撞击、挤压、切割等机械伤害和触电、噪声、高温等其他危害。在我国事故多发的作业中，机械事故发生率高、涉及面广，特别是机电类特种设备事故多、后果严重、人员死伤比例大。机械的安全性直接关系人们的安全和健康，关系社会的和谐和发展，需要受到高度的重视。作为安全科学的重要组成部分，机械安全无论在理论体系方面还是在应用方面，仍然存在许多问题和不足，需要持续完善和解决。

一、机械安全的发展过程

机械安全经历了机械故障诊断、机械安全设计和机械安全标准化三个阶段的发展过程。

1. 机械故障诊断

机械安全起源于机械故障诊断。机械故障诊断是指通过诊断装置获取机械设备运行的信息，再对所获取的信息进行识别，以监视和预测设备运行状态的技术方法。1967 年 4 月，美国国家航空航天局（NASA）成立了机械故障预防小组（MFPG，mechanical fault prevention group），开始专门研究机械故障。在其影响下，美国机械工程师协会（ASME）、美国国家科学理事会（NSB）、美国电力科学研究院（EPRI）以及美国 MTI 公司等也成立了专门的机构从事机械故障方面的研究。英国是欧洲最早开展机械故障研究的国家，日本则是亚洲最早开展这项工作的国家。20 世纪 80 年代以来，人工智能得到迅猛发展，其中专家系统被广泛应用到各个领域，以信号处理技术为基础的机械故障诊断技术开始向基于数字信息的现代智能诊断技术方向发展。

我国开展机械故障诊断技术较晚，大致经历了三个阶段：第一阶段从 20 世纪 70 年代到 80 年代初，主要是引进和吸收国外的先进技术；第二阶段从 20 世纪 80 年代初到 80 年代末，主要是研究各种新的诊断技术，研究和创建新的诊断理论和诊断方法，并将设备诊断技术推广应用到生产中去；第三阶段从 20 世纪 80 年代末至今，主要是建立系统性的诊断理论，研究设备状态检测和故障诊断系统。

2. 机械安全设计

机械安全的一个重要的组成部分就是机械安全设计。机械安全设计是20世纪80年代开始发展起来的一种新兴设计技术，它是从安全系统工程的角度进行机械产品设计。机械安全设计的思想是在设计时尽量采用当代最先进的机械安全技术，事先对机械系统内部可能发生的事故隐患及风险进行识别、分析和评估，然后再根据评估结果来进行具体结构的设计。这种设计是力图保障所生产的机械在整个生命周期中都能安全地运行。

经过多年的发展，机械安全设计在国外已形成一套比较成熟的方法。从20世纪90年代开始，欧盟各国和美国把机械安全设计正式列入国家先进制造技术的体系之中，并将其作为重点扶持的研究领域。国外的机械安全设计是将安全系统工程的方法、安全人机工程学、可靠性工程学等结合起来，通过机械的安全评估来确定机械的安全性与安全设计目标，从机械结构设计、使用信息及安全防护三方面来保证机械的安全性。美国在20世纪90年代已建成了一套机械安全设计风险评估模式和设计程序，其目的是尽可能地将机械的事故隐患与危险消除在设计过程的各环节上，从而保证安全。我国在机械安全设计方面的研究与应用起步较晚，尤其是用安全系统工程的观点来指导机械安全设计方面，但是近些年，对机械安全设计和风险评估的理论与方法的研究及应用工作发展迅速。

3. 机械安全标准化

为了推进机械安全技术，原欧共体理事会于1985年与欧洲标准化委员会（CEN）达成协议，由CEN负责机械安全标准的制定工作，并成立了机械安全技术委员会，该委员会先后制定了600多项机械安全方面的标准。此外，原欧共体理事会还专门制定了有关机械安全方面的法规，有力地推动了机械安全技术的发展。鉴于欧洲各国就机械安全的立法与标准方面所做出的卓有成效的工作，国际标准化组织（ISO）与CEN进行了紧密合作，先后签订了技术信息交换协议（“里斯本协议”）和技术合作协议（“维也纳协议”），并于1991年成立了国际机械安全标准化技术委员会（ISO/TC 199）。ISO/TC 199自成立以来，在机械安全标准的制定、工作协调方面做了大量的工作。

我国的全国机械安全标准化技术委员会（SAC/TC 208）成立于1994年，是ISO/TC 199的正式成员，隶属于国家标准化管理委员会，挂靠在机械科学研究总院中机生产力促进中心。SAC/TC 208的专业工作领域与ISO/TC 199相一致，主要职责是负责全国机械基础安全（A类）标准和通用安全（B类）标准的技术归口及ISO/TC 199的国内对口管理工作；负责机械安全的A类标准及B类标准的制定、修订工作；协调机械安全的C类（机械行业安全）标准和A类、B类标准之间的关系及技术一致性问题。经过多年的发展，已经建立了我国较为完善的机械安全标准体系，如图1-1所示。

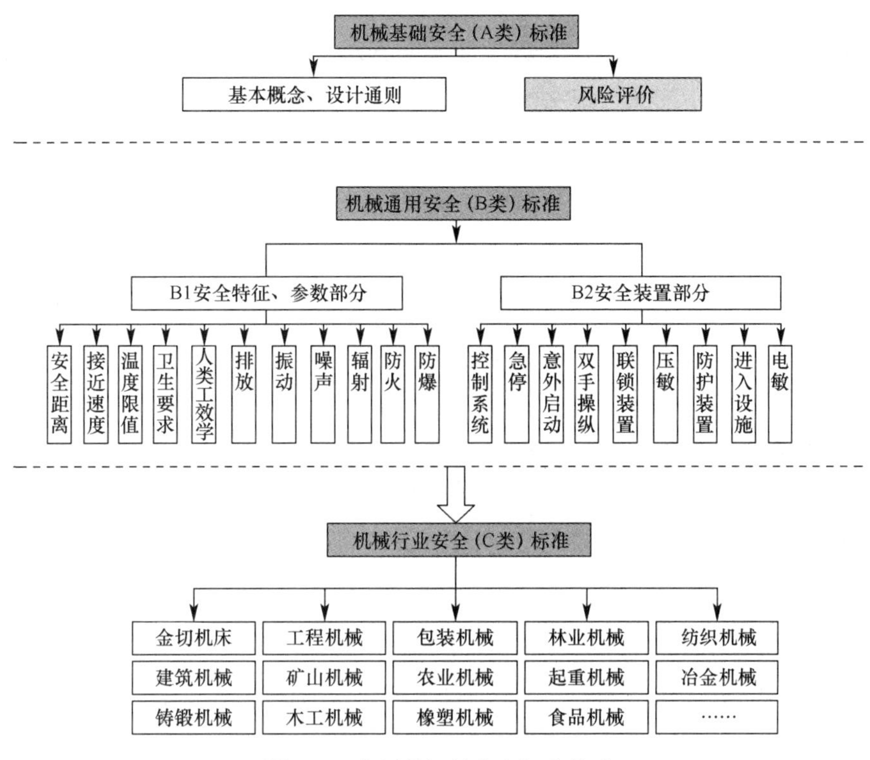

图 1-1 我国的机械安全标准体系

二、人类对机械安全的认识过程

人类对安全的认识与经济社会发展的不同时代和劳动方式密切相关，经历了安全自发认识阶段、安全局部认识阶段、系统安全认识阶段和安全系统认识阶段。机械是进行生产经营活动的主要工具，各阶段由于人类对机械安全有相应的认识而表现出不同的特点。

1. 安全自发认识阶段

在自然经济（农业经济）时期，人类的生产生活方式是劳动者个体使用手持工具或简单机械进行家庭或小范围的生产劳动，绝大部分机械工具的原动力是劳动者自身，由生物能转化为机械能，人能够主动对工具的使用进行控制。但是，无论是石器、木器还是金属工具的使用都存在一定的危险。在这个时期，人类不是有意识地专门研究机械和工具的安全，而是在使用中不自觉附带解决了安全问题（例如将刀具的刀刃和刀柄分开携带）。这个阶段人们对机械安全的认识存在很大的盲目性，处于自发和凭经验的认识阶段。

2. 安全局部认识阶段

第一次工业革命时代，蒸汽机技术直接使人类从农业经济进入工业经济，人类从家庭生产进入工厂化、跨家庭的生产方式。机械代替手持工具，原动力变为蒸汽机，人被动地适应机械的节奏进行操作，大量暴露的传动零件使劳动者在使用机械过程中受到伤害的可能性大大增加。为了解决机械使用安全，人们针对某种机械设备的局部、针对安全的个别问题，采取专门技术方法去解决，如锅炉的安全阀、传动零件的防护罩等，从而形成了机械安全的局部专门技术。

3. 系统安全认识阶段

当工业生产从蒸汽机进入电气、电子时代，以制造业为主的工业出现标准化、社会化以及跨地区的生产特点，生产更细的分工使专业化程度提高，形成了分属不同产业部门的、相对结构稳定的生产系统。生产系统的高效率、高质量和低成本的目标，对机械生产设备的专用性和可靠性提出更高的要求，从而形成了从属于生产系统并为其服务的机械系统安全，如起重机械安全、化工机械安全、建筑机械安全等。其特点是，机械安全围绕防止和解决生产系统发生的安全事故问题，为生产经营的主要生产目标服务。

4. 安全系统认识阶段

信息技术—数字网络化技术把人类直接带进知识经济时代，极大地改变了传统的工业和农业生产模式，解决安全问题的手段出现综合化的特点。机械已经突破了生产领域的界限，融入人们生产生活的各个方面，其结构更加复杂，这就要求解决机械安全问题需要在更大范围、更高层次上去考虑，从“被动防御”转向“主动保障”，将安全工作前移。

三、用安全系统工程的方法解决机械安全问题

系统是指具有特定功能，由若干个相互作用、相互依赖的要素构成的有机整体，其基本特征有整体性、相关性、目的性、环境适应性、动态性、反馈性和随机性。按照系统工程的理论，机械系统是以机械为工具或手段，对作用对象实施加工或服务，由机械本身（包括量具、夹具、刃具）、被加工工件（或物料）、操作人员及加工工艺等多个基本要素组成的相互联系、相互制约、不可分割的有机整体。系统的运行过程是使生产资源输入和有形财富（产品或服务）不断输出，时刻伴随着物料流、信息流、能量流的运动的过程，目的是产品的优质、高产、低成本。当前，机械系统仍然存在需要解决的安全问题，实现机械系统安全是安全工作的重要目标之一。

根据安全系统工程理论，安全系统由人、物、管理三个要素组成，在机械系统中，可归结为人的行为、物（机械、作用对象、物料和作业场所环境）的状态、安全管理水平三要素。其中，人、物是安全系统中的直接要素；管理是安全的本质与核

心，协调人与人、物与物、人与物之间的关系，是机械系统正常运转的必要条件，同时又是实现安全的手段。上述各要素在表现形式上有不同的特点，既相互联系，又相互制约，独立存在、互相不可取代且缺一不可，表现为动态的系统有机整体。机械系统的整体状态突变或某一要素的恶化往往会引起系统安全状态的劣化，进而可能导致机械伤害事故的发生。

总之，机械系统安全是指从人的需要出发，在使用机械全过程的各种状态下，其安全性达到人的身心免受外界因素危害的存在状态和保障条件。机械的安全性是指机械在预定使用条件下执行其预定功能，以及在运输、安装、调整、维修、拆卸、报废处理时，不产生损伤或危害健康的能力。机械伤害事故泛指在生产经营活动中，由于技术失控或管理缺陷，机械系统能量逆流所导致的伤害事故。事故是指人的不安全行为、机械的不安全状态和安全管理缺陷三者综合作用失衡所导致的结果。机械安全是由组成机械的各部分及整机的安全状态，是用机械的人的安全行为，机械和人的良好管理来保障的。简而言之，机械安全就是要用安全系统工程的理论和方法，从人、物和管理三个方面来防止机械安全事故的发生。

四、课程的研究对象和主要任务

本课程是以实现机械设备系统安全为目的的综合性工程技术课程，是大学本科四年制安全工程专业的主要必修专业课之一，也可作为其他相关专业的选修课。

本课程的主要内容是以安全系统工程的基本理论和技术为主线，在阐述各类机械在安全方面的基本知识、共性和规律性问题的基础上，以危险性较大的机械、机电类特种设备为主要对象，如电梯、起重机械、客运索道、大型游乐设施、场（厂）内专用机动车辆，介绍其组成、工作原理及作业过程，识别机械危险有害因素及其作用机理，分析机械事故产生的原因、条件、过程及规律，研究进行机械安全风险评估的理论与程序。本教材内容重点是探讨如何从物（机）的安全状态来保障人的安全，侧重于机电类特种设备安全技术方面的有关知识。

本课程的主要任务是使学生掌握机械安全的基本概念、原理和方法，研究机械设备的设计、制造和使用等全生命周期各环节应遵守的安全原则，明确实现机械本质安全的基本途径，以及根据不同机械的特点，有针对性地提出事故预防的手段和方法、应急救援和安全运行的对策和措施。

本课程的学习方法是通过实践认识、课堂讲授、综合课程设计等各环节的教与学，培养学生建立起安全系统工程的理念和思维方法，运用所学的知识和技能，增强安全意识，提高分析、解决机械安全问题的能力。

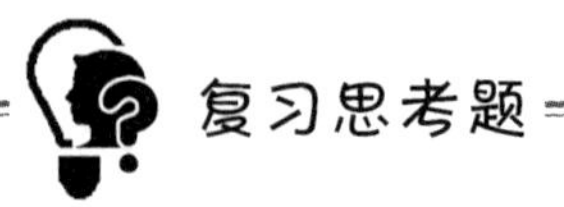

复习思考题

1. 本课程的研究对象和主要任务是什么？
2. 人类对机械安全的认识分哪几个阶段？
3. 如何用安全系统工程的方法解决机械安全问题？
4. 我国机械安全发展的现状如何？
5. 我国机械安全标准体系的组成有哪些？

第二章
机械安全基础

第一节　概　　述

一、机械

机械是由若干个零部件连接构成并具有特定应用目的的组合，其中至少有一个零部件是可运动的，并且有适当的机电致动机构、控制和动力系统等。“机械”也包括为了同一应用目的，将其安排、控制得像一台完整机器那样发挥它们功能的若干台机器的组合。

机械包括单台的机械、机组或大型成套设备和可更换设备。

（1）单台的机械。指目的唯一的机械设备，如木材加工机械、金属切削机床、消防设备等。

（2）机组或大型成套设备。指为同一目的由若干台机械组合而成的一个综合整体，如自动化生产线、加工中心、组合机床等。

（3）可更换设备。指可以改变机械功能的、可拆卸更换的、非备件或工具设备，这些设备可自备动力或不具备动力，如装在机床上的车端面装置。

机械是机器、机构等的泛称，往往指一类机器，如工程机械、加工机械、化工机械等。此外，一些具有安全防护功能的零部件组成的装置也属广义的机械，如双手控制装置、过载防护装置等。机器常常指某种具体的机械产品，如起重机、铣床、数控车床等，图 2-1 所示为机器的一般结构。机构一般指机器的某组成部分，可传递、转换运动或实现某种特定运动，如四连杆机构、传动机构等。生产设备是更广义的概念，指生产过程中，为生产、加工、制造、检验、运输、安装、储存、维修产品而使用的各种机器、设施、工机具、仪器仪表、装置和器具的总称。从安全角度来说，对机械、机器、机构、生产设备不做严格区分。

机械的一般工作原理是：机械的原动机将各种能量形式的动力源转变为机械能输入，经过传动机构转换为适宜的力、速度和运动形式，再传递给执行机构，通过执行机构与物料或作业对象直接作用，完成制造或服务任务。控制系统对整个机械的工作状态进行控制调整，支承装置将各组成部分连接成一个有机的整体。

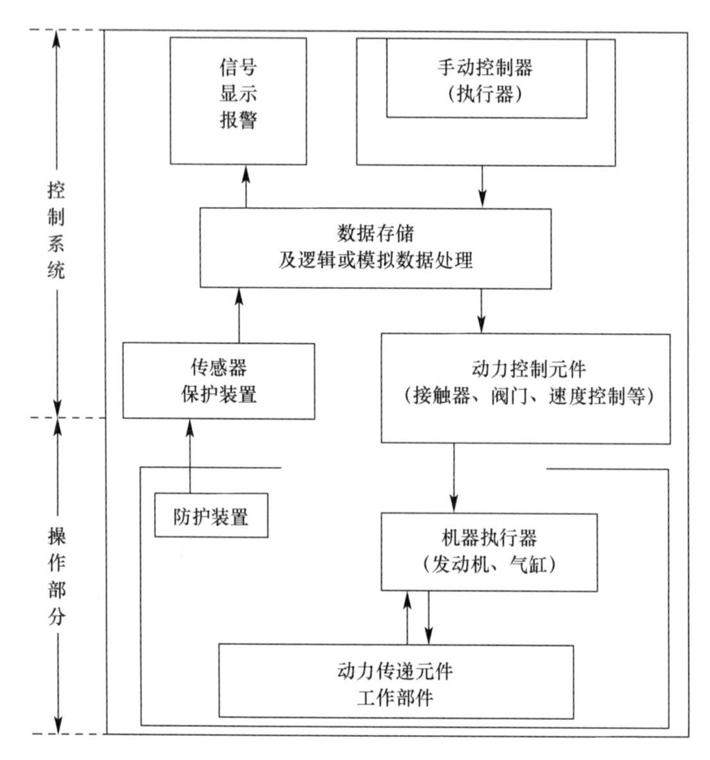

图 2-1　机器的一般结构

二、机械分类

从不同的角度，机械可有多种分类方法。

1. 按功能用途进行分类

从行业部门管理的角度，机械通常按特定的功能用途分为十大类。

（1）动力机械。动力机械指用作动力来源的机械，也就是原动机。如常用的电动机、内燃机、蒸汽机以及在无电源的地方使用的联合动力装置等。

（2）金属切削机械。金属切削机械指对金属零部件的毛坯进行切削加工用的机械。金属切削机械（床）按其工作原理可分为车床、钻床、镗床、磨床、齿轮加工机床、螺纹加工机床、铣床、刨插床、拉床、锯床和其他机床共 11 类。

（3）金属成形机械。金属成形机械指除金属切削加工以外的其他加工机械，如锻压机械（包括各类机械压力机）、铸造机械、辊轧机械等。

（4）交通运输机械。交通运输机械指用于长距离载人或运送货物的机械，如汽车、火车、船舶、飞机等。

（5）起重运输机械。起重运输机械指用于在一定距离内运移货物或人的提升和搬运机械，如各种起重机、电梯、卷扬机等。

（6）工程机械。土石方施工、路面建设与养护、流动式起重装卸作业和各种建筑工程等综合性机械化施工工程所使用的机械装备统称为工程机械，包括挖掘机械、铲土运输机械、工程起重机械、工业车辆、压实机械、混凝土拌和机械等。

（7）农业机械。农业机械指用于农、林、牧、副、渔业等生产的机械，包括耕整地机械、种植施肥机械、田间管理机械、收获机械、收获后处理机械、农产品初加工机械、畜牧机械、水产机械等。

（8）通用机械。通用机械指广泛用于工农业生产各部门、科研单位、国防建设和生活设施中的机械，如泵、阀、风机、压缩机、制冷设备、气体净化设备等。

（9）轻工机械。轻工机械指用于轻工业部门的机械，如纺织机械、食品加工机械、造纸机械、印刷机械、制药设备等。

（10）专用机械。专用机械指国民经济各部门生产中所特有的机械设备，如冶金机械、化工机械、采煤机械、石油机械、地质勘探设备等。

2. 从安全管理的角度进行分类

根据我国对机械设备安全管理的规定，从机械使用安全的角度，可以将机械设备分为三类。

（1）一般机械。一般机械是指事故发生概率较小，一般情况下危险性不大的机械设备，如数控机床、数控加工中心等。

（2）危险机械。危险机械是指危险性较大的、人工上下料的机械设备，如木工机械、冲压剪切机械、塑料（橡胶）射出或压缩成形机械等。

（3）特种设备。根据《中华人民共和国特种设备安全法》，特种设备是指对人身和财产安全有较大危险性的锅炉、压力容器（含气瓶）、压力管道、电梯、起重机械、客运索道、大型游乐设施、场（厂）内专用机动车辆，以及法律、行政法规规定适用该法的其他特种设备。特种设备依据其主要工作特点，分为承压类特种设备和机电类特种设备。承压类特种设备是指承载一定压力的密闭设备或管状设备，包括锅炉、压力容器（含气瓶）、压力管道；机电类特种设备是指必须由电力牵引或驱动的设备，包括电梯、起重机械、客运索道、大型游乐设施、场（厂）内专用机动车辆。

三、机械的安全问题

在机械使用的各个环节和不同状态下都存在表现不同的危险有害因素，既可能在机械预定使用期间经常存在（如危险运动件的运动、焊接时的电弧等），也可能意外地出现，使操作人员不得不面临这样或那样的损伤或危害健康风险。这种危险有害因素在机械使用的任何阶段和各种状态下都有可能发生。

1. 机械的安全

机械的全生命周期安全可以分为两个阶段：一是产品形成阶段安全，二是使用阶段安全。机械产品形成阶段包括概念设计、产品设计、制造工艺设计、零部件加工和装配总成。机械的使用阶段各环节不仅仅指执行预定使用功能的运转，广义的使用还包括编程和技术参数设定、示教、过程转换调整、清理、保养、故障查找和维修，由于转移作业场地而进行的拆卸、运输、安装，以及停用或报废等各个环节。机械安全的源头在设计，质量保障在制造。因此，机械的安全性集中体现在使用阶段的诸环节和各种状态。

2. 机械使用环节各种状态的安全问题

（1）正常工作状态。在机械完成预定功能的正常运转过程中，存在着各种不可避免的危险有害因素，如零部件的相互配合运动、刀具锋刃的切割、重物在空中起吊、机械运转噪声和振动等，分别存在着绞碾、夹挤、切割、重物坠落、环境恶化等。

（2）非正常工作状态。非正常工作状态是指在机械作业运转过程中，由于各种原因引起的意外状态。这些原因可能是动力突然丧失（如失电），也可能是来自外界的干扰或者是机械出现故障等，如意外启动、运动或速度变化失控、外界磁场干扰使信号失灵、瞬时大风造成倾翻等。

（3）故障状态。故障是指机械产品不能完成预定功能的状态，通常是由于产品自身功能失效引起的，有时即使功能失效未发生，故障也可能存在。实际上，故障和失效通常作为同义词使用，失效是指产品完成预定功能的能力中断。失效后的产品都是处于故障状态。失效和故障的区别在于，失效是一次事件，故障是一种状态。从人员的安全角度看，有些故障的出现，对所涉及机械的安全功能影响很小，不会出现什么大的危险。如当机械的动力源或某零部件发生故障时，使机械停止运转，机械处于故障保护状态，一切由于运动所导致的危险都不存在了。有些故障的出现，会导致某种危险状态。如由于机械电气开关故障，会产生不能停机的危险；砂轮轴的断裂，会导致砂轮飞甩的危险；速度或压力控制系统出现故障，会导致速度或压力失控的危险等。

（4）非工作状态。非工作状态是指机械停止运转，处于静止状态。在大多数情况下，机械非工作状态下是基本安全的，但不排除：由于环境照度不够，导致人员与机械悬凸结构碰撞、跌入机坑等危险；结构垮塌、室外机械在风力作用下滑移或倾翻；堆放的易燃易爆原材料在特定环境条件下燃烧、爆炸等。

（5）检修保养状态。检修保养状态是指对机械进行检查、维护和修理所进行的作业活动，包括保养、修理、改装、翻建、检查、状态监控和防腐润滑等。尽管检修保养一般在停机状态下进行，但其作业的特殊性往往迫使作业人员采用一些超常规的操作行为，如攀高、钻坑、解除安全装置，或进入正常操作时不允许进入的危险区等，很容易出现一些意外的危险。

3. 机械的危险区

机械的危险区是指使人员暴露于危险情况下的机械内部和（或）其周围的任何空间。就大多数机械而言，其危险区主要在传动机构和执行机构及其周围区域。传动机构和执行机构集中了机械上几乎所有的运动零部件，它们种类繁多、运动方式各异、结构形状复杂、尺寸大小不一，即使在机械正常状态下进行正常操作时，在传动机构和执行机构及其周围区域都有可能由于机械能外泄或非正常传递而形成危险区。

不同功能机械的传动机构可以相同或类似，表现为各类机械具有共性的部分。由于传动机构在工作中不需要与物料直接作用，在作业前调整好后，作业过程中基本不需要操作者频繁接触，所以常用各种防护装置隔离或封装起来，只要能保证防护装置的完好状态，就可以比较好地解决防止接触性伤害的安全问题。图 2-2 所示为传动机构的防护，其中，图 2-2a 为齿条和齿轮的防护措施，图 2-2b 为啮合齿轮的防护措施。

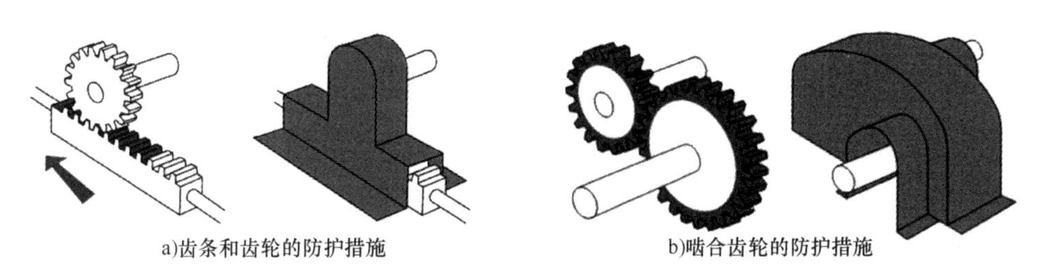

a)齿条和齿轮的防护措施　　b)啮合齿轮的防护措施

图 2-2　传动机构的防护

执行机构是区别于不同功能机械的最有特性的部分，它们之间的结构组成和工作原理往往有很大差异。执行机构及其周围区域是操作者进行作业的主要区域，一般被称为操作区。执行机构及其周围区域的情况较为复杂，由于在作业过程中，需要操作者根据观察的运行状况不断地调整机械状态，人体的某些部位不得不经常进入或始终处于操作区内，使操作区成为机械伤害事故高发的主要危险区，因此成为安全防护的重点。由于不同种类机械的工作原理区别很大，表现出来的危险有较大差异，因此操作区又成为安全防护的难点。

第二节　机械危险有害因素及机械安全事故原因分析

一、机械危险有害因素

机械使用过程中的危险有害因素可能来自机械设备和工具自身、原材料、工艺方式、使用手段和人对机械的操作过程，以及机械所在的场所和环境条件等方面。根据有关国家标准，机械危险有害因素主要有十大类。

1. 机械结构危险

机械结构危险与其零部件（包括加工材料夹紧机构）或其表面、工具、工件、载荷、飞射的固体或流体物料等有关，危险源包括加速、减速，有棱角的部件，接近向固定部件运动的元件，锋利的部件，弹性元件，坠落物，重力，距离地面高度，高压，不稳定，动能，旋转元件，粗糙、光滑表面，锐边，储存的能量，真空等，可能会导致缠绕、挤压、剪切、吸入或陷入、碾压、抛出、碰撞、切割、喷射、摩擦、刺穿或刺破、滑倒、绊倒和跌落、窒息等危险。

2. 电气危险

电气危险是指采用电气设备作为动力的机械以及机械本身在加工过程中产生静电等所引起的危险，主要形式是烧伤、着火、电击、坠落、甩出等，产生条件可能是电弧、电磁、静电、带电部件、与高压带电体之间无足够的距离、过载、短路等。

3. 热危险

人体与高温物体、材料、火焰或爆炸物接触及热源的辐射均会产生烧伤或烫伤，以及高温生理反应，机械产生热危险的因素有环境温度、热源的辐射或直接接触高温物体（机械的表面、产品及原材料等）。高温作业是指在生产劳动过程中，其工作地点平均 WBGT（即湿球黑球温度，是综合评价人体接触作业环境热负荷的一个基本参量）指数等于或大于 25 ℃的作业。

4. 噪声危险

噪声危险是指机械加工或运转过程中所产生的噪声而引起的危害，其危险源有加工过程中的冲压、切割等，运动部件，刮擦表面，不平衡旋转部件，磨损部件，排气系统，气体高速泄漏等。根据噪声的强弱和作用时间不同，可造成如耳鸣、永久性听觉丧失等人体危害。

5. 振动危险

振动危险是指在机械加工过程中使用振动工具或机械本身产生的振动所引起的危害。按作用于人体的方式，可将振动分为局部振动和全身振动。振动对人体可造成生理和心理的影响，接触严重的振动可能造成神经系统等病变。

6. 辐射危险

辐射能够危害人体细胞和机体内部的组织，轻者会引起各种病变，重者会导致死亡。电场和磁场的交互变化产生电磁波并向空中发射或汇聚的现象叫电磁辐射，按照辐射粒子能否引起传播介质的电离，可把电磁辐射分为电离辐射和非电离辐射两类。电离辐射是指一切能引起物质电离的辐射总称，包括 α 射线、β 射线、γ 射线、X 射线等；非电离辐射是指辐射能量比较低，并不能使物质原子或分子产生电离的辐射，如电波辐射（低频、无线电射频和微波辐射）、光辐射（红外线、可见光和紫外线）和激光等。

7. 材料产生的危险

由机械所加工、使用、产生或排出的各种材料和物质及用于构成机械的各种材料都可能产生不同的危险，如接触或吸入有害物，包括有毒、腐蚀性或刺激性的液、气、雾、烟和粉尘等；有害生物或微生物（病毒或细菌）制剂等造成生物因素危害；易燃物、易爆炸物、粉尘等产生火灾与爆炸的危险；料堆（垛）坍塌所致的伤害等。

8. 人类工效学危险

机械设计时忽略人类工效学原则会产生危险。机械与人的特征和能力不协调，易造成操作人员感觉不舒服、疲劳甚至肌肉与骨骼疾病等。

9. 与机械使用环境有关的危险

机械的不良使用环境如存在粉尘、电磁干扰、高温等，不但对作业人员造成伤害，也会对机械自身造成危害。

10. 组合危险

存在于机械及其生产过程中的危险有害因素涉及面广，既有设备自身造成的危害，又有材料和产品产生的危害，也有生产过程中人的不安全因素，还有工作环境恶劣、劳动条件不好（如负荷操作）等原因带来的危害，表现为复杂、动态、随机的特点。其中的有些单一危险看起来并不严重，但是当它们组合起来时就可能发展为重大危险。

二、机械伤害的基本类型

（1）卷绕和绞缠（缠绕）。引起这类伤害的是做旋转运动的机械零部件，如轴类零部件，包括联轴节、主轴、丝杠、链轮、刀座和旋转排屑装置；旋转件上的凸起部位，如安装在轴上的键、螺栓或销钉，手轮上的手柄；旋转运动的机械零部件的开口部分，如链轮、齿轮、皮带轮等圆轮形零部件的轮辐，旋转凸轮的中空部位等。旋转运动的机械零部件易将人的头发、饰物（如项链）、手套、肥大衣袖或下摆缠绕，继而引起对人的伤害。

（2）挤压、剪切和冲击。引起这类伤害的主要是做往复直线运动或往复转角运动的零部件，其运动轨迹可能是横向的，如大型机床的移动工作台、牛头刨床的滑枕、运转中的带链等；也可能是垂直的，如剪切机的压料装置和刀片、机械压力机的滑块、大型机床的升降台等；或是钟摆式的，如牛头刨滑枕的驱动摆杆等。

（3）吸入、陷入或碾压。引起这类伤害的主要危险源是相互配合的运动副或接触面，包括啮合的夹紧点，如蜗轮与蜗杆、啮合的齿轮、齿轮与齿条、皮带与皮带轮、链与链轮之间的夹紧点；旋转夹紧区，如两个做相对旋转运动的辊子之间的夹口引发的吸入或陷入；接触的滚动面，如轮子与轨道、车轮与路面等滚动的旋转件引发的碾压等。

（4）飞出物伤害。由于发生断裂、松动、脱落或弹性位能等机械能释放，会使失控的物件飞甩或反弹对人造成伤害，如金属切屑（最易伤人的是带状屑、崩碎屑）飞溅引起的烫伤、划伤，以及砂轮的磨料和细切屑进入眼睛导致受伤等。

（5）物体坠落伤害。处于相对较高位置的物体具有势能，当它们意外坠落时，势能转化为动能会造成伤害。如零部件、工具或其他物体由高处坠落；悬挂物体的吊挂装置损坏或夹具夹持不牢引起物体坠落；由于质量分布不均衡、外形布局不合适、重心不稳或有外力作用，使物体丧失稳定性，发生倾翻、滚落；运动部件运行超行程，导致脱轨坠落等。

（6）切割、摩擦、刺穿、碰撞。这类危险源包括：切削刀具的刀刃，零部件表面的毛刺、工件或废屑的锋利边角；机械零部件的尖棱、利角、锐边；砂轮表面、粗糙的毛坯表面的摩擦；碰撞、剐蹭和冲击危险物，如机械结构上的凸起、悬挂部位（起重机的支腿、吊杆；机床的手柄等），长、大加工件伸出机床的部分等。无论物体的状态是运动的还是静止的，这些由于形状或表面特征产生的危险都会构成潜在的危险。

（7）滑倒、绊倒和跌落。这类危险包括：由于地面堆物无序、管线布置混乱、地面凸凹不平、坑沟槽等导致的磕绊、跌伤；机床的冷却液、润滑油溅出或渗漏造成地面湿滑，或由于地面过于光滑、覆盖冰雪等导致接触面摩擦力过小造成打滑、跌倒；人员在高处操作、维修、调整机床时从工作位置坠落，或误踏入坑井摔伤等。假如由于跌落引起二次伤害，后果将会更严重。

机械危险大量表现为人员与可运动件的接触伤害，各种形式的机械危险与其他非机械危险又往往交织在一起。在进行危险识别时，应该从机械系统的整体出发，综合考虑机械的不同状态、同一危险的不同表现形式，以及不同危险因素之间的联系和作用等。

三、机械安全事故原因分析

事故隐患可存在于机械的设计、制造、运输、安装、使用、报废、拆卸及处理等全生命周期的各个环节。机械事故的发生往往是多种因素综合作用的结果，用系统安全的观点分析，其产生原因可以分为直接原因和间接原因，直接原因主要是指人的不安全行为和物的不安全状态，间接原因主要是指管理缺陷。

1. 人的不安全行为

人的行为受到生理、心理等多种因素的影响。在机械使用过程中，人的不安全行为是引发事故一个重要的直接原因，主要表现为三个方面：一是缺乏安全意识或安全技能差，即安全素质低，如不了解所使用机械存在的危险、不按安全规程操作、缺乏自我保护意识和处理意外情况的能力等；二是指挥失误、操作失误、监护失误等；三是形成不安全的工作习惯，如工具或量具随手乱放、测量工件时不停机、站在工作台上装卡工件、越过运转刀具取送物料、攀越大型设备不走安全通道等。

2. 物的不安全状态

物的不安全状态构成生产中的客观事故隐患和危险，是引发事故的另一个直接原因。这里的物包括机械设备、工具、原材料、中间与最终产品或成品、排出物和废料，以及作业环境和场地等。物的不安全状态可能来自机械全生命周期的各个阶段。

（1）设计阶段。机械结构设计不合理、未满足安全人机工程学要求、计算错误、安全系数不够、对使用条件估计不足等导致的先天性安全缺陷。

（2）制造阶段。零部件加工质量差、粗制滥造，原材料以次充好、偷工减料，安装中野蛮作业等，使整体机械或其零部件质量不合格或受到损伤而埋下事故隐患。

（3）使用阶段。购买未经生产许可的、有严重安全问题的机械设备；设备缺乏必要的安全防护装置，报废零部件未及时更换而带病运行，润滑、保养不良；超机械的额定负荷；不良作业环境造成零部件被腐蚀性破坏、机械系统功能降低甚至失效等。

3. 管理缺陷

安全管理是一个系统工程，包括领导者的安全意识与水平、安全管理组织机构和安全生产责任制、对机械设备（特别是对特种设备）的监管、对从业人员的安全教育和培训、建立安全规章制度、制定事故应急救援预案等。

管理缺陷是事故发生的间接原因，但却是深层次的原因，是生产经营活动正常运转的必要条件，同时又是预防事故、实现职业安全健康极其重要的手段。因此可以说，每一起事故的发生，都可以从管理中找到漏洞。

第三节 实现机械安全的途径

一、风险评估和风险减小

风险评估是以系统方法对与机械有关的风险进行分析和评价的一系列逻辑步骤，包括风险分析和风险评价在内的全过程。风险分析包括机械限制的确定、风险识别和风险估计；风险评价是指以风险分析为基础，判断是否已达到减小风险的目标。风险分析提供了风险评价所需的信息，最终判断是否需要减小风险。这些判断应借助于对机械存在的有关风险进行的定性估计或适当的定量估计。必要时，风险评估之后需要采取风险减小措施。

为了完成风险评估和风险减小，机械设计者应按一定的顺序依次采取措施，措施实施过程本身是迭代的。为了尽可能通过采取保护措施消除或充分减小风险，有必要重复进行该过程。图 2-3 所示为风险评估和风险减小过程迭代三步法，应采取的措施包括：

（1）确定机械的各种限制，包括预定使用和任何可合理预见的误用。

（2）识别风险及其伴随的风险状态。

（3）对每一种识别出的风险和风险状态进行估计。

（4）评价风险并决定是否需要减小风险。

（5）采取保护措施消除或减小风险及其伴随的风险状态。

1. 机械各种限制的确定

风险评估从机械各种限制的确定开始，应考虑机械全生命周期的所有阶段。机械限制是指机械在有限范围内为一定的应用目的服务。机械限制不同，存在的危险和涉及的人员不尽相同，则风险也不同。机械限制从使用限制、空间限制、时间限制和其他限制来确定。

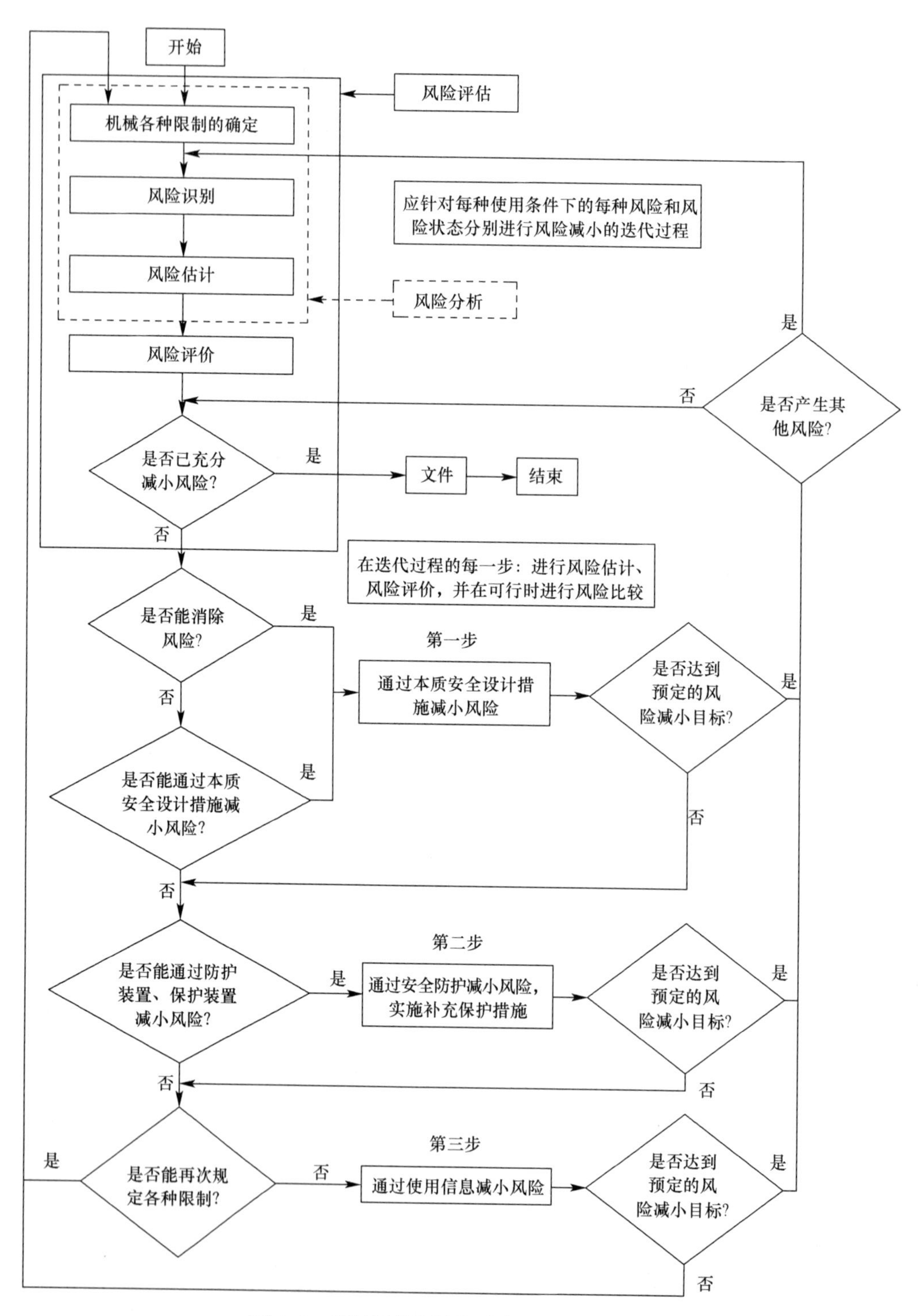

图 2-3　风险评估和风险减小过程迭代三步法

（1）使用限制。使用限制包括预定使用和可合理预见的误用，应考虑以下几个方面：不同的机械运行模式和使用者的不同干预程序，包括机械失控时所需的干预；性别、年龄、优势手或身体能力（如视力或听力损伤、身高、体力等）不同的人员使用机械；包括操作人员、维护人员或技师、实习人员和学徒、一般公众等在内的使用者的预期培训水平、经验或能力水平；暴露于可合理预见的与机械有关危险的其他人员，包括非常了解具体危险的人员，如邻近同类机械的操作人员；不太了解机械危险但非常了解现场安全规程、准行路线等情况的人员，如管理人员；基本不了解机械危险或现场安全规程的人员，如参观者或者包括儿童在内的一般公众。

（2）空间限制。空间限制应考虑以下几个方面：运动范围；人机交互的空间要求，如运行和维修期间的空间要求等；人员交互方式，如“人—机”界面；“机械—动力源”接口。

（3）时间限制。时间限制应考虑以下几个方面：机械预定使用和可合理预见的误用时，某些组件（如工具、易损的零部件、机电组件）的寿命限制；推荐的维修保养时间间隔。

（4）其他限制。其他限制包括：被加工物料的特性；符合清洁水平要求的保养；环境，如推荐的最低和最高温度，机械是否能在室内或室外、干燥或潮湿气候中运行，是否能在太阳直射条件下运行，是否能耐受粉尘和潮湿环境等。

2. 风险识别

在确定机械各种限制后，任何机械风险评估的下一个步骤都是系统地识别在机械全生命周期所有阶段可合理预见的风险（永久性风险和意外突发风险）、风险状态和（或）风险事件。只有当风险已经被识别后才能采取措施消除风险或减小风险。为了实现风险识别，有必要识别机械完成的动作和与其互动的操作人员执行的目标任务，同时考虑机械的不同的零部件、机构及其功能，以及待加工物料和使用环境。

设计者进行风险识别时应考虑的因素有：

（1）机械全生命周期内人与机械的相互作用。目标任务识别应考虑机械全生命周期内所有阶段的所有相关任务，还应考虑设定、测试、示教/编程、过程/工具转换、启动、所有的运行模式、机械进料、取下产品、停机、急停、由卡滞或锁定到恢复运行、非计划停机后的重新启动、故障查找/故障排除、清洁和保养、预防性维护、校正性维护等具体任务类型。应识别所有与各种任务相关的可合理预见的风险、风险状态或风险事件。另外，还应识别与任务不直接相关的可合理预见的风险、风险状态或风险事件，如地震、雷电、过大的冰雪载荷、噪声、机械断裂、液压软管爆裂等。

（2）机械的可能状态。机械的可能状态有两种：一是机械执行预定功能（机器正常运转）；二是由于各种原因，如被加工材料或工件的性能或尺寸变化、机械的一个（或多个）部件或辅助装置失效、外部干扰（如冲击、振动、电磁干扰）、设计错误或缺陷（如软件错误）、动力源扰动、不利的环境条件（如损坏的工作地面）等，造成机械不能执行预定功能。

（3）非预期的操作者条件反射行为或机械可合理预见的误用。如操作者对机械失去控制（特别是手持式或移动式机械）；机械使用过程中发生事故或失效时，人员的条件反射行为；注意力不集中或粗心大意导致的行为；工作中“走捷径”导致的行为；为保持机械在所有情况下运转所承受的压力导致的行为；特定人员（如儿童、残疾人等）的行为。

识别机械风险时，检查已有设计文件是一种实用的方法，特别是要检查那些与运动部件（如电机、液压缸等）相关的风险。

3. 风险估计

风险识别后，应通过确定风险要素，对每种风险或风险状态进行风险估计。

与特定状态相关的风险取决于其对人造成伤害的严重程度和发生伤害的概率两个方面的要素。其中，发生伤害的概率是人员暴露于风险中的状态、风险事件的发生概率，以及避免或限制伤害的技术和人为可能性的函数。风险要素如图 2-4 所示。

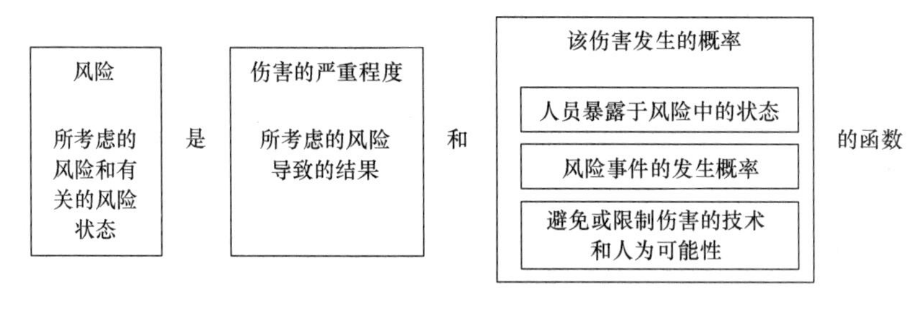

图 2-4　风险要素

风险估计过程中应考虑的内容包括：暴露人员，暴露的类型、频次和持续时间，暴露与影响之间的关系，人的因素，保护措施的适用性，废弃保护措施或避开保护措施的可能性，维持保护措施的能力和实用信息。

4. 风险评价

完成风险估计后，应以分析为依据进行风险评价，以确定是否需要进行风险减小。如果需要减小风险，则应选用适当的保护措施并按步骤实施后，进一步确定是否达到充分的风险减小。作为该迭代过程的一部分，设计者还应检查采用新的保护措施时是否引入了额外的风险或增加了其他风险。如果出现了额外的风险，则应把这些风险列入已识别的风险清单中，并提出适当的保护措施。

当满足以下条件时，可认为实现了充分的风险减小：考虑了所有的运行条件和干预程序；已消除风险，或风险减小到可接受的最低水平；已正确处理保护措施产生的额外风险；已向使用者充分告知和警告了剩余风险；所采取的保护措施相互匹配；已充分考虑专用机械用于非专业场合时产生的后果；保护措施不会对操作者的工作条件或机械的易用性产生不利影响。

5. 风险减小

风险减小的程序应按照“三步法”进行，如图 2-5 所示。

第一步：本质安全设计措施。本质安全设计措施也称直接安全技术措施，是通过适当选择机械的设计特性和暴露人员与机械的交互方式，消除风险或减小相关的风险。第一步是不采用安全防护和补充保护措施而消除风险的唯一阶段。

第二步：安全防护和补充保护措施。这种措施也称间接安全技术措施。考虑预定使用和可合理预见的误用，如果在通过本质安全设计措施消除风险或充分减小与其相关的风险实际不可行时，则可使用经适当选择的安全防护和补充保护措施来减小风险。

第三步：使用信息。使用信息也称为提示性安全技术措施。尽管采用了本质安全设计措施、安全防护和补充保护措施，但风险仍然存在时，则应在使用信息中明确剩余的风险。

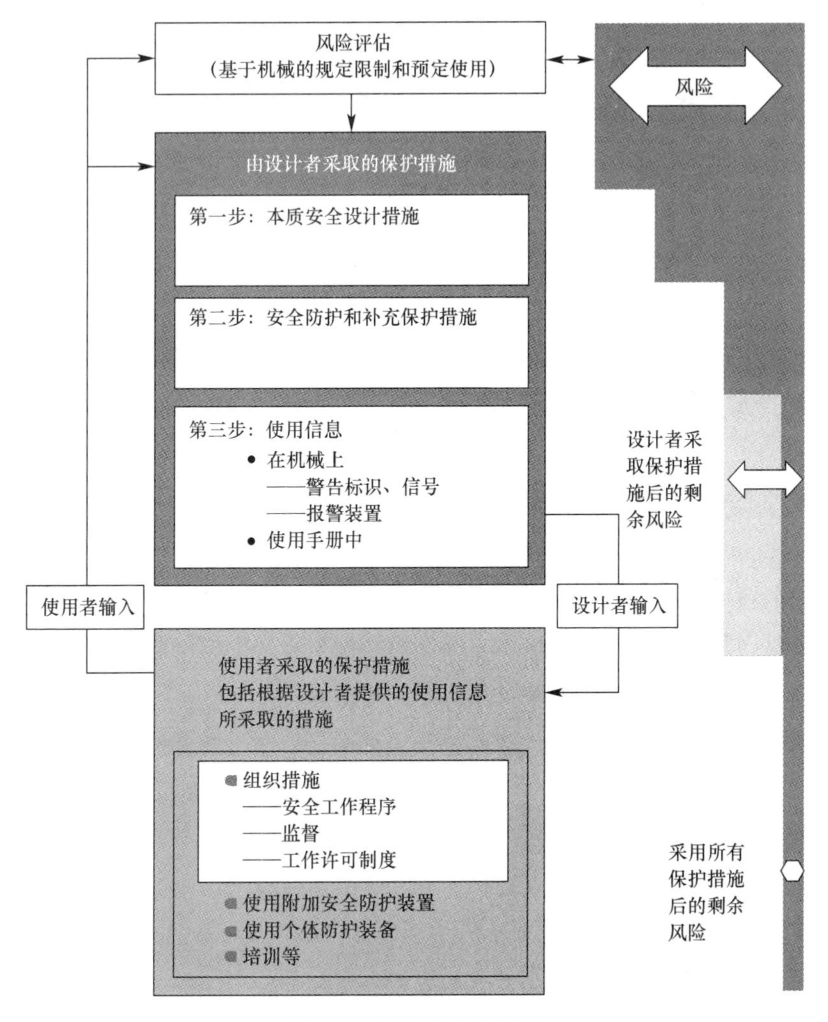

图 2-5　风险减小的程序

二、本质安全设计措施

本质安全设计措施是指通过改变机械设计或工作特性，而不是使用防护装置或保护装置来消除风险或减小风险的保护措施。本质安全设计措施是风险减小过程中的第一步，也是最重要的步骤。这是因为尽管所采取的安全防护作为机械固有特征可能是有效的，然而经验表明，即使设计得再好的安全防护也可能失效或被破坏，使用信息也有可能不被遵守。

1. 几何因素和物理特性的考虑

（1）几何因素包括：

1）机械外形的设计。设计应使得在控制位置上对工作区和危险区的直接观察范围最大，如减少盲点——考虑人类视觉的特点，在必要的地方选择和安装间接观察装置（如镜子等），尤其是需要操作者持续进行直接控制时，如移动式机器的行走和工作区域；提升物料或人员机械的轿厢运行区；物料处理时，手持式或手导式机械的工作接触区域。机械的设计应使得主控制位置上的操作者能确保危险区内没有暴露人员。

2）机械部件的形状和相对位置。如通过加大运动部件之间的最小间距来避免挤压和剪切危险，使得人体的相应部位可以安全地进入，或通过减小间距使人体的任何部位都不能进入。

3）避免锐边、尖角和凸出部件。在不影响其功能的情况下，可接近人体的机械部件不应出现可能造成伤害的锐边、尖角、凸出部位，以及可使人体部位或衣服“陷入”的开口。特别是对金属薄板，其边缘应除去毛刺、折边或倒角，并且对可能造成“陷入”的管口端进行覆盖。

4）机械外形的设计。该设计应获得合理的操作位置并提供可接近的手动控制器（执行器）。

（2）物理特性包括：

1）将操纵力限制到足够低，使得被操作的部件不会产生机械危险。

2）限制运动部件的质量和速度，从而限制其动能。

3）根据排放源（噪声、振动、有害物质、辐射等）特性限制排放，并采取措施减少排放量。

2. 考虑机械设计的技术知识

（1）通用技术知识。通用技术知识可从设计技术规范（标准、规范、计算规则等）中得到。这些知识涵盖的内容包括三个方面：

1）机械应力。如对螺栓连接装配和焊接装配等，通过采用正确的计算、构造和紧固方法限制应力；借助过载保护（防爆膜、限压阀、断裂点、力矩限制装置等）限制应力；避免交变应力（特别是循环应力）下零件产生疲劳；调整旋转件的静平衡和动平衡，避免产生应力等。如果特定部件或者装配件的可靠性对安全起关键作用（如用于提升物料或人员机械的绳、链条、提升附件），则其应力限值应乘以适当的工作系数。

2）材料性质。如抗腐蚀、抗老化、抗磨损性能，硬度、延展性、脆性，均匀性，毒性，易燃性等。

3）噪声、振动、有害物质、辐射的排放值。

（2）适用技术的选择。对于具体的应用，通过技术的选用可消除一种或多种风险，或者减小风险。如预定用于爆炸性环境中的机械，采用经适当选择的气动或液压控制系统以及机械执行器，以及本质安全型电气设备；对特定的待加工产品（如溶剂），使用确保温度远远低于溶剂燃点的设备；使用可避免高噪声的替代设备，如以电气设备代替气动设备；在某些条件下，用水切割设备代替机械加工设备。

（3）采用直接机械作用原则。如果一个机械零部件运动使另一个零部件通过直接接触或通过刚性连接件随其一起运动，这就实现了直接机械作用，如电路中开关装置的直接打开操作。

（4）稳定性的规定。机械的设计应使其具有足够的稳定性，并在规定的使用条件下可以安全使用。需要考虑的因素包括：底座的几何形状；包括载荷在内的质量分布；由于机械部件、机械本身或机械所夹持工件运动引起的，且能够产生倾覆力矩的动态力；振动；重心的摆动；设备行走或在不同安装地点（如地面、斜坡）的接触面的特性；外力，如风力、人力等。在机械全生命周期的各个阶段内，都应考虑其稳定性。

（5）维修性的规定。设计机械时，应考虑使机械可维护的维修性因素：可接近性，考虑环境和人体测量尺寸，包括工作服和所使用工具的尺寸；易于搬运，考虑人的能力；专用工具和设备的数目限制。

3. 遵循人类工效学原则

设计机械时应考虑遵循人类工效学原则，以减轻操作者心理、生理压力和紧张程度。在初步设计阶段，分配操作者和机械的功能（自动化程度）时，就应考虑这一原则，这样也能改善机械的操作性能和可靠性，从而降低其在所有使用阶段内的出错概率。应考虑机械预定使用人群的人体尺寸、力量和姿势、运动幅度、动作重复频率等，人机界面的所有元器件，如控制装置、信号或数据显示元件等，其设计应易于理解，使操作者和机械间的相互作用尽可能清楚、明确。

设计者在设计机械时，尤其应注意以下人类工效学要求：

（1）避免操作者在机械使用过程中采用紧张姿势或动作的必要性（如提供适合不同操作者使用的可调节装置）。

（2）手持式和移动式机械的设计，应考虑人力的可及范围、控制机构的位置，以及人的手、臂、腿等解剖学结构，使其容易操作。

（3）尽可能限制机械的噪声、振动、热效应。

（4）避免操作者的工作节奏与自动连续循环之间有固定联系。

（5）当机械及其防护装置的结构特征使得工作区和调整、设定与经常维护区的照明不足时，应在机械上或机械内部安装局部照明装置。如果不得不调整光源或光源的方位，则光源的位置不应存在对调整者造成任何危险的因素。

（6）手动控制装置（执行器）的选用、位置和标识应满足以下要求：清晰可识别，必要处适当加标识；可高效地进行安全操作，且作用明确（如控制装置采用标准布局，可降低操作者由一台机械转到另一台具有相同运行模式的同类型机械上工作时出错的概率）；位置（对于按钮来说）和运动（对于手柄和手轮来说）与它们的作用一致；操作不能引起附加风险。当所设计和制造的手动控制装置执行几种不同动作时，即它们不是一一对应的（如键盘等），则所执行的动作应能够清晰地显示出来，并且必要时应经过确认程序。应根据人类工效学原则，使手动控制装置的布局、行程和操作阻力与所执行的动作相匹配。另外，还应考虑由于采用必要的或预计使用的个体防护装备所带来的约束。

（7）指示器、刻度盘和视觉显示单元的选择、设计与位置。应使得它们在人员能够觉察的特征参数范围之内；对于操作者的要求和预定使用性而言，显示的信息应便于观察、识别和理解，即明亮、清晰，含义确切、易懂；操作者在操作位置能随时觉察到它们。

4. 对控制系统应用本质安全设计措施

机械控制系统的正确设计可避免无法预料的或潜在的危险状况。控制系统的设计应符合相关的原则和方法，以便于操作者与机械能进行安全互动。同时应考虑将机械的零部件、机械本身、机械夹持的工件和载荷的运动限定在安全设计参数（如范围、速度、载荷能力等）以内，且留有动态效应（如载荷摆动等）的余量。

（1）机构的启动/停止。用于机构启动或加速运动的主要动作一般是通过施加或增大电压或流体压力来实现的，或者如果考虑采用二进制逻辑元件，则通过由“0”状态转为“1”状态来实现（其中“1”代表最高能态）。停止或减速运动则采用相反的状态去实现，即用于机构停止或减速运动的主要动作一般是通过去除或降低电压或流体压力来实现的，或者如果考虑采用二进制逻辑元件，则通过由“1”状态转为“0”状态来实现。在某些应用中，如高压开关装置，不能遵循此原则，则应采用其他措施来实现同等置信等级的停止或减速。如果为了使操作者能保持对减速的持久性控制而未遵循此原则时，则在机械上应配备主制动系统失效时用于减速或停止的装置。

（2）动力源中断/重启。机械的设计应能够防止动力源中断或波动过大造成的危险状态，至少应满足以下要求：应能够保持机械的停机功能；对于为了安全而需要持久操作的所有装置（如锁紧、夹紧装置，冷却或加热装置，自行式移动机械的动力辅助导向装置等)，应以有效的方式操作来保持其功能；因势能可能产生运动的机械部件或机械所夹持的工件和载荷，应能保留允许其安全降低势能所需的必要时间。

如动力中断后重新接通时，机械自发的重新启动可能产生危险，则应有防止这种启动的装置，如采用自持式继电器、接触器或阀门等。

(3) 使用自动监控。如果执行机构的部件或元件的能力被削弱或因工艺条件变化产生危险，设计的自动监控可确保安全功能或由保护措施执行的功能不会失效。在下一次安全功能启动之前，自动监控可以即时检测故障或者可以通过周期性检查来检测故障。

(4) 可编程控制器系统执行的安全功能。含有可编程控制器系统的机械在适当时可用于执行安全功能。如果采用可编程控制器系统，有必要考虑与安全功能有关的性能要求。可编程控制器系统的设计应充分降低其对安全相关控制功能造成不利影响的随机硬件失效概率和系统失效的可能性。硬件（包括传感器、执行器、逻辑运算器等）的选择、设计和安装应同时满足待执行的安全功能的要求，软件（包括内部操作软件、系统软件和应用软件）的设计应符合安全功能规范，应用软件不宜被用户进行重新编程，可通过在不可重新编程的存储器中使用嵌入式软件（如微控制器、专用集成电路）来实现。需要用户重新编程时，应限制访问涉及安全功能的软件。

(5) 手动控制的原则。手动控制应遵守以下原则：手动控制装置的设计和定位应符合有关人类工效学原则；每个启动控制装置附近均应配置一个停止控制装置；除某些有必要位于危险区的控制器之外，手动控制器应位于在危险区内能触及的区域之外；控制装置所处位置应尽可能使操作者能观察到工作区或危险区；如果几个控制器可能启动同一危险元件，则控制回路的布置应使得在给定时间只能有一个控制装置是有效的；控制执行器的设计或防护应使其在有风险的场合只有通过主动操作才能起作用；对于依靠操作者持久、直接操控才能安全运行的机械功能，应采取措施确保操作者始终处于控制位置上；对于无线控制装置，在没有接收到正确的控制信号之前，应执行自动停机功能。

(6) 控制模式的选择。如果机械的设计和制造允许用于几种需要不同保护措施或工作流程所要求的控制模式（如允许调整、设定、维护、检查)，则应配备一个能锁定在每个位置的模式选择器。选择器的每个位置都应清晰对应各种控制模式。

(7) 辅助故障查找的诊断系统。故障诊断是通过研究机械设备运行状态变化的信息，用以识别、预测和监视机械运行状态的技术方法。控制系统中应含有辅助故障查找的诊断系统，这类诊断系统不仅能够改善机械的实用性和可维修性，还可以减少维护人员暴露在危险区域内的时间。

5. 最大限度地降低安全功能失效的概率

机械的安全不仅取决于控制系统的可靠性，而且还取决于其所有零部件的可靠性。安全功能的持续运行对机械的安全使用至关重要，因此可以通过采取使用可靠的组件、使用“定向失效模式”组件、组件或子系统功能加倍（或冗余）等措施来实现安全功能的加强。

（1）使用可靠的组件。可靠的组件是指在预定使用条件下（包括环境条件），在固定的使用期限或操作次数内，能够经受住与设备使用有关的所有干扰和应力，且能够减小机械失效概率的组件。组件的选择需要考虑的环境条件，包括冲击、振动、冷、热、潮湿、粉尘、静电、电磁场等，以及由此产生的干扰，包括绝缘失效、控制系统组件的功能暂时或永久失效。

（2）使用“定向失效模式”组件。“定向失效模式”组件是指主要失效模式已事先知道，并且能预知使用机械时此类失效的不利影响的组件或系统。

（3）组件或子系统功能加倍（或冗余）。设计机械安全相关部件时，可使组件功能加倍（或冗余），以便当一个组件失效时，另一个组件或其他多个组件能继续执行各自的功能，从而保证安全功能持续有效。

6. 限制人员暴露于危险中

（1）通过机械的可靠性限制人员暴露于危险中。机械各组成零部件可靠性的提高可降低发生需要干预的事故频率，从而使人员减少暴露于危险中的机会。应采用可靠性已知的安全相关组件（如某些传感器）、防护装置和保护装置等。

（2）通过加载（装料）/卸载（卸料）的机械化或自动化操作，避免人员暴露于危险中。可通过机器人、搬运装置、传送机构、鼓风设备实现自动化，以及进料滑道、推杆和手动分度工作台等实现机械化。

（3）将设定点和维护点的位置放在危险区之外来防止人员暴露于危险中。应将维护、润滑和设定点放在危险区之外，从而最大限度地减少人员进入危险区。

三、安全防护装置和补充保护措施

安全防护和补充保护措施是指从人的安全需要出发，采用特定技术手段，防止仅通过本质安全设计措施不足以降低或充分限制各种危险的安全措施，包括防护装置、保护装置及其他补充安全保护措施，前两者常统称为安全防护装置。

安全防护装置所针对的机械重点部位是传动部分、操作区、高处作业区、其他运动部分和移动机械的移动区域，以及某些机械由于特殊危险形式需要特殊防护等。采用何种手段防护，应根据对具体机械进行风险评价的结果来决定。

1. 防护装置

防护装置是指通过物体障碍方式，专门用于提供防护的机械部件。根据其结构，防护装置可以分为壳、罩、屏、门、封闭式防护装置等。

（1）防护装置的功能：

1）隔离作用。防止人体任何部位进入机械的危险区触及各种运动零部件。

2）阻挡作用。防止飞出物打击、高压液体意外喷射，或防止人体灼烫、腐蚀伤害等。

3）容纳作用。接受可能由机械抛出、掉落、射出的零部件及其被破坏后的碎片等。

4）其他作用。在有特殊要求的场合，还应对电、高温、火、爆炸物、振动、放射物、粉尘、烟雾、噪声等具有特殊的阻挡、隔绝、密封、吸收或屏蔽作用。

（2）防护装置的类型。防护装置可以单独使用，也可与带或不带防护锁定的联锁装置结合使用。防护装置按使用方式可分为以下几种：

1）固定式防护装置。以一定方式（如采用螺钉、焊接）固定的，只能使用工具或破坏其固定方式才能打开或拆除的防护装置。常见的有封闭式防护装置，用来防止从各个方向进入危险区，如图 2-6 所示；距离防护装置，不完全封闭危险区，但凭借其尺寸及其与危险区的距离防止或减少人员进入危险区，如围栏或通道式防护装置。

2）活动式防护装置。活动式防护装置一般通过机械方法（如铰链、滑道等）与机械构架或邻近的固定元件相连接，并且不用工具就可以打开，常见的有整个装置可调或装置的某组成部分可调的可调式防护装置，如图 2-7 所示。活动式防护装置用于防止运动的非传动部件产生的危险时，应将其设计成与机械的控制系统相连，从而实现三种功能：一是运动部件在操作者可触及的范围内则无法启动，并且一旦运动部件启动，操作者就不可触及，这可以通过联锁防护装置来实现，必要时可带防护锁定；二是只有通过有意识的动作才能对防护装置进行调整，如使用工具或钥匙；三是防护装置的某一组件缺失或失效时，运动部件则无法启动或立即停止运动，这可以通过自动监控来实现。

图 2-6　封闭式防护装置

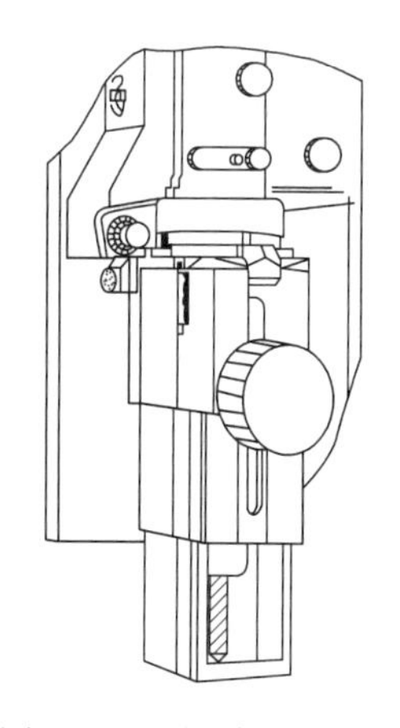

图 2-7　可调式防护装置

3）联锁防护装置。联锁防护装置同机械控制系统一起实现以下功能：在防护装置关闭前，其“遮蔽”的危险的机械功能不能执行；在危险的机械功能运行时，如果打开防护装置，则发出停机指令；在防护装置关闭后，其“遮蔽”的危险的机械功能可以运行，它的关闭不会启动危险的机械功能。图 2-8 所示为滑动型联锁防护装置。

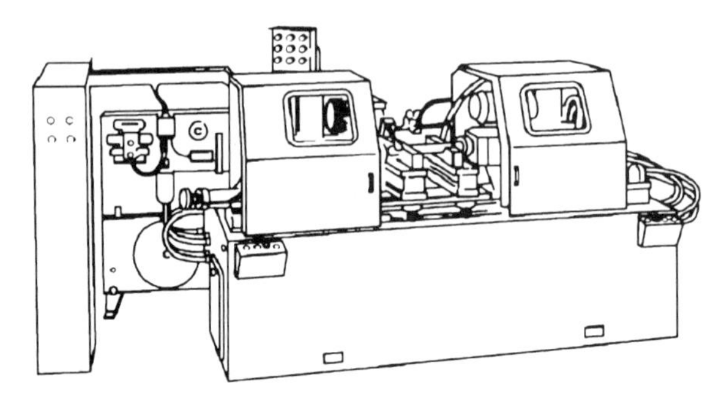

图 2-8　滑动型联锁防护装置

机械传动机构常见的防护装置有：用金属铸造或金属板焊接的防护箱罩，一般用于齿轮传动或传输距离不大的传动装置的防护；金属骨架和金属网制成的防护网，常用于皮带传动装置的防护；栅栏式防护，适用于防护范围比较大的场合，或作为移动机械临时作业、高处临边作业的防护等。

（3）防护装置的安全技术要求：

1）防护装置应设置在进入危险区的唯一通道上，并满足安全距离的要求，使人不可能越过或绕过防护装置接触危险因素。

2）固定防护装置应该用永久固定（如焊接等）方式，或借助紧固件（如螺钉、螺栓等）的方式固定，若不用工具（或专用工具）就不能使其移动或打开。

3）活动防护装置或其活动体打开时，尽可能与被防护的机械借助铰链或导链保持连接，防止挪开的防护装置或其活动体丢失或难以复原。

4）活动联锁式防护装置出现丧失安全功能的故障时，应使被其“遮蔽”的危险机械功能不可能执行或停止执行，装置失效不得导致意外启动。

5）可调式防护装置的可调或活动部分调整件，在特定操作期间应保持固定、自锁状态，不得因为机械振动而活动或脱落。

6）在要求通过防护装置观察机械运行的场合，宜提供开口大小合适的观察孔或观察窗，开口要符合相关标准的要求。

2. 保护装置

保护装置是指通过自身的结构功能限制或防止机械的某种危险，消除或减小风险的装置。

（1）保护装置的种类。按功能不同，保护装置可分为以下几类：

1）联锁装置。用于防止危险机械功能在特定条件下运行的电气装置。

2）使能装置。与启动控制一起使用，并且只有连续操动时才能使机械运行的附加手动操纵装置。

3）保持—运行控制装置。只有在手动控制器（执行器）动作时，才能触发并保持机械功能的控制装置。

4）双手操控装置。至少需要用双手同时操作才能启动和保持机械功能的控制装置，以此为该装置的操作人员提供一种保护措施，如图 2-9 所示。

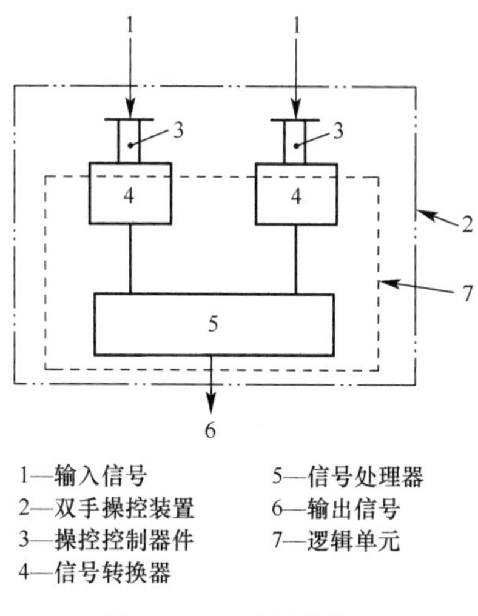

1—输入信号　　5—信号处理器
2—双手操控装置　　6—输出信号
3—操控控制器件　　7—逻辑单元
4—信号转换器

图 2-9　双手操控装置

5）敏感保护设备。用于探测人体或人体局部，并向控制系统发出正确信号以降低被探测人员风险的设备。

6）有源光电保护装置。通过光电发射元件和接收元件完成感应功能的装置，可探测特定区域内由于不透光物体出现所引起的该装置内光线的中断。

7）机械抑制装置。在机构中引入能靠其自身强度防止危险运动的机械障碍（如楔、轴、撑杆、销等）的装置。

8）限制装置。防止机械或危险机械状态超过设计限度（如空间限度、压力限度、载荷力矩限度等）的装置。

9）有限运动控制装置。也称行程限制装置，与机械控制系统一起作用，使得单次操作只允许机械部件做有限范围内运动的控制装置。

（2）保护装置的技术特征：

1）保护装置零部件的可靠性应作为其安全功能的基础，在规定的使用全生命周期各阶段，不会因零部件失效而使安全装置丧失主要安全功能。

2）保护装置应能在危险事件即将发生时，停止危险过程。

3）当保护装置动作停机后，只有重新启动，机械才能开始工作。

4）光电式、感应式保护装置应具有自检功能，当出现故障时，应使危险的机械功能不能执行或停止执行，并触发报警器。

5）保护装置必须与控制系统一起操作并与其形成一个整体，保护装置的性能水平应与之相适应。

6）保护装置的设计应采用“定向失效模式”组件或系统，考虑关键部件的功能加倍（或冗余），必要时还应采用自动监控。

3. 补充保护措施

补充保护措施也称附加预防措施，是指在设计机械时，除了采用本质安全设计措施、安全防护措施和提供各种使用信息外，还应另外采取的有关安全措施。补充保护措施要根据机械的具体情况，考虑是否需要或需要增加的种数。

（1）实现急停功能的组件和元件。如果根据风险评估结果，机械需要安装实现急停功能的组件和元件，以避免正在发生的紧急状态时，则应满足下列要求：

1）急停装置应容易识别、清晰可见且随手可及，常见的为红色掌形或蘑菇形开关和拉杆操作开关等，附近衬托色为黄色。

2）急停装置应能尽快停止危险运动或危险过程，且不产生额外的危险。

3）急停装置应触发或允许触发某些必要的安全防护装置。

4）一旦执行急停指令后，虽然急停装置的有效动作已经停止，但其应维持该指令的作用直至其复位为止，只有在触发急停指令的位置，才有可能复位。急停装置的复位不应直接重新启动机械，而仅是允许机械重新启动。

5）设计和选择实现急停功能的电气组件和元件，要符合相关标准的要求。

（2）被困人员逃生和救援的措施。被困人员逃生和救援的措施主要是指：

1）在可能使操作者陷入危险的设施中的逃生通道和躲避处。

2）供急停后人工移动某些元件的措施。

3）用于某些元件反向运动的装置。

4）下降装置的锚定点。

5）受困人员的呼救通信方式。

（3）隔离和能量耗散的措施。机械应具备通过采取以下措施实现隔离动力源和耗散储存能量的技术手段：

1）将机械（或指定的机械部件）与所有动力源隔离（脱开、分离）。

2）将所有隔离单元锁定（或采用其他方式固定）在隔离位置。

3）如果耗散能量不可能或不可行，应能抑制任何可增大危险的储存能量。

4）通过安全工作程序验证上述措施是否已达到预期效果。

（4）提供方便且安全搬运机械及其重型零部件的装置。无法移动或无法徒手搬运的机械及其零部件应配备适当的附属装置，用于通过提升机构搬运，这些附属装置包括：

1）带吊索、吊钩、吊环螺栓或用于固定螺纹孔的标准提升装置。

2）当不可能从地面安装附属装置时，采用带起重吊钩的自动抓取装置。

3）通过叉车搬运的机械叉臂定位装置。

4）集成到机械内的提升和装载机构和装置。

对于操作中可通过手动拆除的机械部件，应提供可安全移除和更换的方法。

（5）安全进入机械内部的措施。机械设计应能使操作、安装、维护等相关的所有常规作业尽可能由人员在地面完成。如果无法实现，为了执行这些任务，应提供能够安全进入机械内部的平台、阶梯或其他设施，但要确保这类平台或阶梯不会使操作者接近机械的危险区。

1）在工作条件下，步行区应尽量采用防滑材料，并且根据步行区距离地面的高度提供适当的护栏。

2）在大型自动化设备中，应特别注意给出安全进入的途径，如通道、输送带过桥或跨越点。

3）进入位于一定高度的机械部件的设施应提供防止跌落的措施（如阶梯及平台的护栏或梯子的安全护笼）。必要时，还应为防止人员从高处跌落的个体防护装备提供锚定点。

4）开口尽量都应朝向安全的位置，其设计应防止因意外打开而产生危险。

5）提供必要的进入辅助设施（台阶、把手等）。控制装置的设计和位置应防止其被用作进入时的辅助设施。

6）如果提升货物或人员的机械包含固定高度的停层，则应配备联锁防护装置，防止某一停层没有平台时发生人员跌落。当防护装置打开时，应防止提升平台自主运动。

四、使用信息

使用信息由文本、文字、标识、信号、符号或图表等组成，以单独或联合使用的形式向使用者传递信息，用以指导使用者安全、合理、正确地使用机械，警示剩余风险和可能需要应对的危险事件，也应对违规操作或可合理预见的误用而产生的潜在风险进行警告。使用信息是机械的重要组成部分之一。

使用信息应以单独或组合的形式涵盖机械的运输、装配、安装、试运转、使用以及必要的拆卸、停用和报废环节。

使用信息的类别有：险情信号；标识、符号（象形图）和书面警告；随机文件（使用手册）。

1. 信息的使用原则

（1）根据风险的大小和性质。可依次采用安全色、安全标志、警告信号以及警报器。标志、符号和文字信息应容易理解和准确无误，文字信息应采用机械使用国的语言。在使用上，图形符号和安全标志应优先于文字信息。

（2）根据需要信息的时间。提示操作要求的文字信息应采用简洁语句，长期固定在所需的机械部位附近；显示状态的信息应尽量与工作顺序一致，与机械运行同步出现；警告超载的信息在负载接近额定值时，应能提前发出警告信息；危险紧急状态的信息应即时发出，持续的时间应与危险存在的时间一致，直至操作者干预为止或信号的消失应对应危险状态被解除。

（3）根据机械结构和操作的复杂程度。对于简单的机械，一般只需提供有关标志和操作说明书；对于结构复杂的机械，特别是有一定危险性的大型设备，除了各种安全标志和使用手册（或操作说明书）外，还应配备有关负载安全的图表、运行状态信号，必要时提供报警装置等。

（4）根据信息内容和对人视觉的作用采用不同的安全色。为使人们对周围存在的不安全环境、设备等因素引起注意和警惕，需要涂以醒目的安全色。需要强调的是，安全色的使用不能取代防范事故的其他安全措施。

（5）满足人类工效学的原则。采用安全信息的方式和使用方法应与操作人员或暴露于危险区人员的能力相符合。应尽量使用视觉信号；在可能令人感觉存在缺陷的场所，例如盲区、色盲区、耳聋区或由于使用个人保护装备而导致盲区的地方，应配备可以感知有关安全信息的其他信号（如触摸、振动等信号）。

2. 险情信号

险情信号的功能是提醒注意、显示运行状态、警告可能发生的故障或出现的险情（包括人身伤害或设备事故风险）先兆，要求人们做出排除或控制险情反应。险情信号的基本属性是使信号接收区内的任何人都能察觉、辨认并做出反应。

（1）险情信号类别：

1）听觉信号。通过声源的音调、频率和间歇变化传送的信息。听觉信号利用人的听觉反应快的特点，可不受照明和物体障碍限制，强迫人们注意。险情听觉信号的特性应与相关的环境特性相匹配。

根据险情的紧急程度及其可能对人员造成的伤害，险情听觉信号可分为三类：

①紧急听觉信号。标示险情开始的信号，必要时还包括标示险情持续和终止的信号。

②紧急撤离听觉信号。标示险情开始或正在发生且有可能造成伤害的紧急情况的信号，指示人们按已确定的方式立即离开危险区。

③警告听觉信号。标示险情即将发生或正在发生，需采取适当措施消除或控制危险的险情信号。

2）视觉信号。借助装置的亮度、对比度、颜色、形状、尺寸或排列传送的信息，特点是占用空间小、视距远、简单明了。在信号接收区内的任何地方，在所有可能的照明条件下，应确保险情视觉信号清晰可见，可采用亮度高于背景的稳定光或闪烁光，以将其从一般照明和其他视觉信号中辨别出来。根据险情对人危害的紧急程度和可能后果，视觉信号分为两类：

①警告视觉信号。指示危险情形即将发生，要求采取适当措施消除或控制险情的视觉信号。

②紧急视觉信号。指示危险情形已经开始或正在发生，要求立即采取应急措施的视觉信号。

3）视听组合信号。其特点是光、声信号共同作用。当险情信号为紧急信号时，视觉信号与听觉信号应配合使用、同时出现，用以加强警告效果。视听信号特征分类见表 2-1。

表 2-1　视听信号特征分类

光	声	含义
红色	扫频声	危险，紧急行动
红色	猝发声、快脉冲声	危险，紧急行动
红色	交变声	危险，紧急行动
黄色	短声	注意，警戒
蓝色	序列声	命令，强制性行动
绿色	拖延声	正常状态，警报解除

（2）安全要求。视觉信号和听觉信号用作警告即将发生的危险事件，这些信号应在危险事件发生之前发出，同时应满足以下基本要求：

1）含义确切。信号最重要的要求之一是具有某些典型模式和赋予其特征，使信号含义明确，确保无歧义地识别、传递信息。

2）可察觉性。容易被使用者或其他人员明确识别。信号必须清晰可鉴，听觉信号应明显超过有效掩蔽阈值，在接收区内的任何位置都不应低于 65 dB（A）。紧急视觉信号应使用闪烁信号灯，以吸引人的注意并产生紧迫感。警告视觉信号的亮度应至少是背景亮度的 5 倍，紧急视觉信号的亮度应至少是背景亮度的 10 倍，即后者的亮度应至少 2 倍于前者。听觉信号和视觉信号同时使用时，声、光的同步可提高信号的可察觉性。

3）可分辨性。险情信号应能被人明显察觉到，并与所用的其他所有信号相区分。听觉信号应使其从接收区内所有其他声音中清晰地凸显；视觉信号中，警告视觉信号应为黄色或橙黄色，紧急视觉信号应为红色。无论移动信号源的移动速度或方向如何变化，险情信号都应确保在各种不利环境下得以识别。

4）有效性。险情信号应定期检查，启用新信号或发生任何其他相关变化（如背景噪声、场景发生变化等）时，都应及时检查信号的有效性。

5）设置位置。险情信号宜设置于紧邻潜在危险源的适当位置，视听险情信号应在作业地点的可视可听范围之内，使人能及时察觉、正确理解险情性质并采取应急措施。另外，险情信号设置的位置应便于检查。

6）优先级要求。任何险情信号应优先于其他所有视听信号，紧急信号应优先于其他所有警告信号，紧急撤离信号应优先于其他所有险情信号。

注意防止过多的视听信号引起“感官疲劳”，或因显示频繁导致“敏感度”降低而丧失其应有的功能。

3. 标识、符号（象形图）和书面警告

机械应加贴以下所有必要的标识：

（1）供明确识别用的标识。至少应包括制造商的名称与地址，系列或型式的说明，序列号等。

（2）表明其符合强制性要求的标识。如制造商的授权代表、机械的名称、制造年份以及预定用在潜在爆炸环境中等。

（3）针对安全使用的标识。如旋转部件的最高转速，工具的最大直径，机械本身和可移除部件的质量，最大工作载荷，穿戴个体防护装备的必要性，防护装置的调整数据，检查频次等。

直接印刷在机械上的信息应能持久保留，并在预期的机械全生命周期内保持清晰可见。标识、符号（象形图）和书面警告应易于理解且含义明确，特别是那些与机械功能相关的部分。与使用书面警告相比，宜优先使用易于理解的符号（象形图）。

4. 随机文件（使用手册）

随机文件（使用手册）或其他书面说明（如包装上的说明）应包括：运输、搬运和储存的信息，如机械的储存条件等；尺寸、质量、重心位置；搬运说明（如显示提升设备施力点的图样）。除此之外，还应包括以下几个方面的重要信息：

（1）机械安装和试运转的有关信息。如固定以及噪声和振动抑制的要求；装配和安装条件；使用和维护所需的空间；允许的环境条件（如温度、湿度、振动、电磁辐射等）；机械与动力源的连接说明（尤其是关于防止电气过载的说明）；关于废弃物的清除、处置建议；必要时，给出使用者应采取的保护措施建议，如附加安全防护装置、安全距离、安全符号和信号等。

（2）关于机械自身的信息。如机械及其配件、防护装置和保护装置的详细说明；预定的机械全部应用范围，包括禁止的用途，以及样机的变化等；图表（尤其是安全功能的图解）；由机械产生的噪声、振动，排放的辐射、气体、蒸汽及粉尘等数据，以及参考使用的测量方法；电气设备的技术文件；证明机械符合强制性标准要求的文件。

（3）有关机械使用的信息。如预定使用；手动控制器（执行器）使用说明；设定和调整；停机的模式和方法（尤其是急停）；设计者采取的保护措施无法消除的风险；由某些应用和使用某些配件后产生的特殊风险，以及关于此类应用必要的专用安全防护装置的信息；可合理预见的误用和禁止的用途；用于修理和干预后重新启动的故障识别和定位；

需要使用的个体防护装备，以及需要进行培训的信息。

（4）维护信息。如安全功能检查的性质和频次；关于使用时可能影响操作者健康与安全的详细说明；关于需要一定的技术知识或特殊技能，从而只能由熟练人员（如维护人员、专家）来完成维护工作的说明；关于无须特殊技能便可由使用者（如操作者）来完成的维护工作的说明；使维护人员能合理完成维护任务（尤其是故障查找任务）的图样和图表。

（5）关于紧急状态、拆卸、停用和报废的信息。如发生事故或损坏时应遵循的操作方法；所使用的消防设备类型；关于可能排放或泄漏有害物质的警告，尽可能地指明消除其影响的措施；需要相互明显区别开的，为技术熟练人员提供的维护说明和为非熟练人员提供的维护说明。

五、综合措施和实施阶段

机械安全应考虑其全生命周期的各阶段，特别是机械设计阶段和使用阶段，这两个阶段中的任何环节出现事故隐患都可能导致安全事故发生。当设计阶段的措施不足以避免或充分限制各种危险和风险时，则由使用者采取补充安全措施最大限度地减小遗留风险。在设计阶段采取的措施优于在使用阶段由使用者采取的措施，而且通常更有效。机械设计阶段和使用阶段的安全措施如图 2-10 所示。

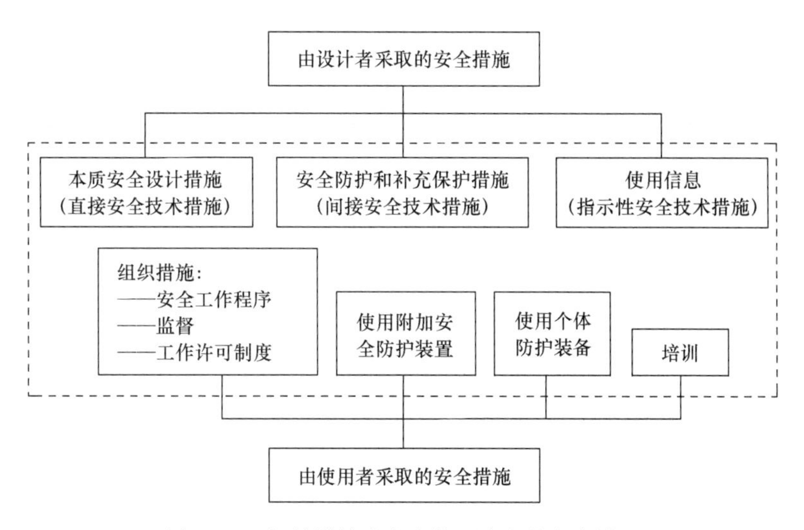

图 2-10　机械设计阶段和使用阶段的安全措施

1. 由设计者采取的安全措施

机械在投入使用之前，机械安全通过设计、制造和安装三个环节实现，设计是机械安全的源头，制造是实现产品质量的关键，安装是制造的延续，三者的结合是机械产品安全的重要保证。机械设计安全遵循以下两个基本途径：一是选用适当的设计结构，尽可能避免危险或降低风险；二是通过减少对操作者涉入危险区的需要，降低人们面临的危险。选择安全技术措施应该根据安全措施等级按下列顺序进行：

（1）直接安全技术措施。该措施也称为本质安全设计措施，是指机械本身应具有的本质安全性能，是在机械的功能设计中采用的不需要额外的安全防护装置，能直接把安全问题解决的技术措施，是机械设计优先考虑的措施。这就要求选择最佳设计方案，并严格按照专业标准制造、检验；合理地采用机械化、自动化和计算机技术，最大限度地消除危险或限制风险，实现机械本身应具有的本质安全性能。

（2）间接安全技术措施。当直接安全技术措施不能或不能完全实现安全时，则必须在生产设备总体设计阶段，设计出一种或多种专门用来保证人员不受伤害的安全防护装置和补充保护措施，最大限度地预防、控制事故危害的发生。要注意，当选用安全防护措施来避免某种风险时，有可能会产生另一种风险。

（3）指示性安全技术措施。在直接安全技术措施和间接安全技术措施对风险控制无效或不完全有效的情况下，通过使用文字、标识、信号、符号或图表等信息，向人们做出说明、提出警告，并将遗留风险通知用户。

2. 由使用者采取的安全措施

如果设计者根据上述要求采取的安全措施不能完全满足基本安全要求，这就必须由使用机械的用户采取安全技术和管理措施加以弥补。使用者的责任是考虑采取最大限度减小遗留风险的安全措施。

由使用者采取的安全措施包括：组织措施，包括安全工作程序、监督、工作许可制度；使用附加安全防护装置；使用个体防护装备；培训。使用者采用的各种安全措施是没有层次之分的，其中的附加安全防护装置用于机械预定使用没有预见的特殊工艺，或者设计者不能控制的特殊安装条件。

个体防护装备是指从业人员为防御物理、化学、生物等外界因素伤害所穿戴、配备和使用的各种防护用品的总称。在生产作业场所穿戴、配备和使用的个体防护装备也称劳动防护用品，使用时应注意根据可能接触危险因素的作业类别和可能出现的伤害，按规定正确选配，其规格、质量和性能要求必须达到保护目标要求，并符合相应的技术指标。必须明确个体防护装备不是也不可取代安全防护装置，它不具有避免或降低面临危险的功能，只是当危险来临时起一定防御作用，必要时可与安全防护装置配合使用。

必须指出，由使用者采取的安全措施对减小遗留风险是很重要的，但是这些措施与机械产品设计阶段的安全技术措施相比，可靠性相对较低，因此不能用来代替设计阶段的有关技术措施。

机械往往是一个复杂的系统，每一种安全技术管理措施由于都有其特定的适用范围并受一定条件制约而具有局限性。实现机械安全靠单一措施难以奏效，需要从机械全生命周期各阶段采用多种措施，考虑各种约束条件，综合分析、权衡、比较，选择可行的最好的对策，最终达到保障机械系统安全的目的。

复习思考题

1. 机械的组成部分及其工作原理是什么?

2. 由机械产生的常见危险有害因素有哪些?

3. 机械安全事故产生的主要原因有哪些?

4. 机械的危险区是如何界定的?机械的危险区主要集中在哪些区域?请列举机械设备的危险部位。

5. 机械安全风险评估的内容有哪些?

6. 防护装置的安全技术要求有哪些?

7. 实现机械安全的途径与措施有哪些?

8. 某啤酒厂灌装车间有传送带、洗瓶机、烘干机、装箱机、封箱机等设备。为减轻职业危害的影响，企业为职工配备了防水胶靴、耳塞等劳动防护用品。2019 年 7 月 8 日，维修工甲对洗瓶机进行维修时，将洗瓶机长轴上的一颗内六角螺栓丢失。为了图省事，甲用 8 号铅丝插入孔中，缠绕固定。7 月 22 日，新到岗的洗瓶机操作女工乙在没有接受岗前安全培训的情况下就开始操作。乙没有扣好工作服纽扣，致使工作服内的衣角翘起，被随长轴旋转的 8 号铅丝卷绕在长轴上。情急之下，乙用双手推长轴，致使其整个人都随着旋转的长轴而倒立。由于乙未按规定佩戴工作帽，所以倒立时头发自然下垂，被旋转的长轴紧紧缠绕，导致其头部严重受伤而当场死亡。

（1）指出该起事故的直接原因和间接原因。

（2）结合本起事故，分析在此类人机系统作业场所中，常见的机械伤害有哪些形式。

第三章
金属切削加工安全

切削加工是指利用切削刀具或工具从毛坯（如铸件、锻件和型材坯料等）上切除多余的材料，获得符合设计图样技术要求的零件的加工方法。切削加工分钳工和机械加工（简称机工）两大部分：钳工一般是由操作人员手持工具对工件进行切削加工的，其主要工作内容包括划线、锯削、锉削等；机工是由操作人员操纵机械对工件进行切削加工的，其主要方式有车削、铣削、磨削等，所使用的机械相应地为车床、铣床、磨床等。

金属切削机床是指运用切削、特种加工等方法加工金属工件，使之获得所要求的几何形状、尺寸精度和表面质量的机械（便携式除外）。金属切削机床的安全是指在按说明书规定的预定使用条件下（或给定期限内）执行其功能，以及在运输、安装、调整、维修、拆卸时对人员不产生损伤或危害健康及设备损坏的情况。

第一节　金属切削加工的主要危险有害因素

一、金属切削机床的种类和工作特点

1. 金属切削机床的种类

金属切削机床（以下简称机床）的品种规格繁多，为便于区别、使用和管理，必须加以分类。机床的分类方法很多，按其工作原理可分为车床、钻床、镗床、磨床、齿轮加工机床、螺纹加工机床、铣床、刨插床、拉床、锯床和其他机床共 11 类，详见表 3-1。

表 3-1　机床的分类与代号

类别	车床	钻床	镗床	磨床			齿轮加工机床	螺纹加工机床	铣床	刨插床	拉床	锯床	其他机床
代号	C	Z	T	M	2M	3M	Y	S	X	B	L	G	Q
读音	车	钻	镗	磨	二磨	三磨	牙	丝	铣	刨	拉	割	其

除上述基本分类方法外，机床还可以根据其他特征进行分类。如按照通用程度可分为通用机床、专门化机床、专用机床；按照加工精度可分为普通精度机床、精密机床、高精度机床；按照自动化程度可分为手动机床、机动机床、半自动机床、全自动机床；按照机

床质量与尺寸可分为仪表机床、中型机床（一般机床）、大型机床（10~30 t）、重型机床（30~100 t）、超重型机床（大于 100 t）；按机床主要部件的数目可分为单轴机床、多轴机床、单刀机床、多刀机床。金属切削机床的通用特性代号有统一的规定含义，它在各类机床的型号中表示的意义相同，按其相应的汉字字意读音。机床的通用特性及其代号详见表 3-2。

表 3-2　机床的通用特性及其代号

通用特性	高精度	精密	自动	半自动	数控	加工中心（自动换刀）	仿形	轻型	加重型	柔性加工单元	数显	高速
代号	G	M	Z	B	K	H	F	Q	C	R	X	S
读音	高	密	自	半	控	换	仿	轻	重	柔	显	速

2. 金属切削机床的工作特点

金属切削机床的种类很多，在结构上也有所差别。但其基本装置都是一样的，包括传动装置、制动装置、支撑装置、附属装置等。

机床在进行切削加工时需要将被加工的工件和切削工具都固定在机床上，机床的动力源通过传动系统将动力和运动传给加工工具与工件，使两者产生相对运动（包括主运动和进给运动，主运动形成机床切削速度或消耗主要动力，进给运动使工件的多余材料不断被去除）。在两者的相对运动过程中，切削工具将工件表面多余的材料切去，将工件加工成为达到设计要求的尺寸和精度的零件。由于切削的对象是金属，因此加工工具的旋转速度快、锋利，这是金属切削加工的主要特点。正是由于机床是高速精密机械，其加工精度和安全性不仅影响产品质量和加工效率，而且关系操作者的安全。

二、金属切削机床存在的主要危险

金属切削机床危险是指机床在静止或运转时，可能使人员损伤、设备损坏的情况。机床危险部位（区）是指机床静止或运转时，可能使人员损伤、设备损坏的区域，主要包括加工区和工作区。加工区是指机床上刀具切削工件经过的区域；工作区是指可能出现在工作过程的区域，包括机床部件运动所需的位置、上下料所需的位置，以及操作、调整和维护机床所需的位置。操作者是指对机床进行安装、使用、调整、维护、清理、修理或运输的人员。进行风险分析时，需要对操作者和其他人员在机床正常使用时可能遇到的风险进行分析，还应对由于可预见的误用产生的危险特别加以注意。

1. 机械危险

机床存在的机械危险大量表现为人员与可运动部件的接触伤害，是导致机床发生事故的主要原因。

（1）挤压、剪切和冲击危险。机床的两个部件相对运动，其结果是两个部件相对距离越来越近，甚至完全闭合，会造成接近型的挤压。如工作台、滑鞍（滑板）与墙或其他物体之间，刀具与刀座之间，刀具与夹紧机构或机械手之间，以及由于操作者预料不到的运动或观察加工情况时产生的挤压。两个部件相对错过或擦肩而过，可能造成通过型的剪切危险。如工作台与滑鞍之间，滑鞍与床身之间，主轴箱与立柱（滑板）之间，刀具与刀座之间的剪切。工作台、滑座、立柱等部件快速移动，主轴箱快速下降，机械手移动，有惯性冲击等机械往复运动部件限位装置故障，紧急停止或动力系统发生故障而使垂直或倾斜运动部件等下沉，均会引起冲击危险。

（2）切割或切断危险、刺伤或扎伤危险。机床可接触的外露部分有可能导致人员伤害的锐边、尖角和开口，机床的凸出部分、移动部分、分离部分可能会造成人员磕伤、碰伤、划伤、剐伤。

（3）缠绕危险、吸入或卷入危险。可能造成此类危险的运动部件和传动装置包括链、链轮、齿轮、齿条、皮带轮、皮带、蜗轮、蜗杆、轴、丝杠、排屑装置等。

（4）摩擦或磨损危险。可能由于超负荷发生损坏的运动部件造成的危险。

（5）高压流体喷射危险、机床零部件甩出危险。控制系统出现故障时，可能导致运动部件或机床上工件、刀具掉下或抛出，以及流体喷出；机床液压系统、气动系统超压易引起高压流体喷射；松脱的零部件、刀具运动中有可能坠落或被甩出中；手动夹持装置造成的意外危险如钥匙或扳手停留在夹持装置上随机床运转；装有自动上下料装置的机床，允许在上下料时主轴旋转，但有可能造成工件被甩出。

（6）稳定性丧失危险。机床外形布局如不具有足够的稳定性，使用机床时，可能存在意外翻倒、跌落或移动；与机床部件及其运动有关的配重，由于其系统元件断裂而造成的危险；机床的储存没有足够的稳定性，在搬运和吊装时可能出现意外的移动、倾斜和转动。

（7）滑倒、绊倒和跌落危险（与机床有关）。机床的各种管线布置排列不合理、有障碍，产生人员绊倒等危险；不能在地面操作的机床会设置钢梯和工作平台，易造成人员滑倒和跌落；冷却液、切屑飞溅造成人员滑倒、受伤等危险；机床液压系统液体渗漏、机床未有效回收冷却液造成地面湿滑等。

2. 电气危险

电气设备绝缘不良、带电体的屏蔽保护不当、电气设备接地不良可能导致人员触电；带电体无保护或保护不当、电气设备绝缘不当或绝缘失效、电气设备未按规定采取接地措施，可能造成人员触电；电气设备无短路保护或保护不当，电动机无过载保护或过载保护不当，电动机超速，电压过低、电压过高或电源中断等引起的危险；电气设备引起的燃烧、爆炸危险。

3. 热危险

接触高温加工件、高温机床部件（电气元件、照明灯等）、高温金属切屑以及热加工设备的热源辐射引起的人员被烧伤和烫伤；接触液压系统发热的元件或油液引起的人员被烫伤；接触或靠近极高温度的机械零件或材料造成的人体损伤，以及作业环境过热对健康造成的危害。

4. 噪声危险

由于作业场所的噪声不符合规定而对人听力造成损伤和其他生理紊乱；对语言通信和声音信号造成干扰。机床的噪声超标会导致接触人员耳鸣、听力下降或疲劳、精神压抑等疾病。

5. 振动危险

切削过程中，刀具与工件之间经常会产生自由振动、强迫振动或自激振动（颤振）等类型的机械振动，会影响工件的表面质量，缩短机床和刀具的寿命，并引起噪声。

6. 辐射危险

电弧、激光辐射造成人员视力下降、皮肤损伤；特种加工的电火花加工、电子束离子束加工产生较强X射线等电离辐射源造成危害；电磁干扰使电气设备无法正常运行或产生误动作，电磁辐射损害人体健康。

7. 物质和材料产生的危险

机床用的有害液体、工作时产生的有害气体或大量烟雾、油雾、粉尘等产生的危害；现场的发火因素，如干式磨削产生的火花，易燃冷却液、油液或加工易燃材料引起的火灾；抛光金属（如镁、铝合金）零件产生具有爆炸性的粉尘；冷却液、油液发霉和变质，外来物进入等造成的生物和微生物危害。

8. 设计时忽视人类工效学产生的危险

作业频率和强度不当，造成操作者精神过分紧张、心理负担过重及疲劳；作业位置（工作台、座椅）和操纵装置（手轮、手柄、按钮）设计不当，导致不利健康的姿势或过度用力；没有充分考虑人体手臂、腿、脚的结构要求；忽视个体防护装备的使用，未使用个体防护装备或使用不当；不适当的区域照明，如照度不够，出现阴影、眩光、频闪等；符号、标识不清，操作方向不一致引起的误操作。

9. 能量供应中断、机械零部件破损及其他功能紊乱造成的危险

机床或控制系统能量供应中断，如动力中断或波动造成机床误动作；动力中断后重新接通时，机床自行再启动引起的危险；机床零件、工件意外甩出，压力液体或气体的意外喷出；控制系统的故障或失灵，选择和安装不符合设计规定，引起机床意外启动或误动作、速度变化失控或运动不能停止；机床主轴过载和进给机构超负荷工作；控制件功能不可靠，数控系统由于记忆失灵和保护不当及与各种外部装置间的接口连接使用不当；机床零部件装配错误和导管、电缆、电线或液压、气动管件等连接错误；机床稳定性意外丧失，机床及其附件产生翻倒、落下或异常移动；配重系统中元件断裂引起倾翻。

10. 安全措施错误、安全装置安装不正确或定位不准确产生的危险

防护装置性能不可靠，存在漏保护区，使人员有可能在机床运转过程中进入危险区；互锁装置、限位装置、压敏防护等防护装置性能不可靠或失灵；能量供应切断装置和机床危险部位未提供必要安全信息（安全色和安全标志）或信息损污不清，报警装置未设置或失灵；急停装置性能不可靠，安装位置不合适；安全调整和维修用的主要设备和附件未提供或提供不全；气动排气装置安装、使用不当，气流将切屑和灰尘吹向操作者；进入机床（操作、调整、维修等）措施没有提供或措施不到位；机床液压、气动、润滑、冷却等系统压力过大、压力损失、泄漏或射出等。

三、安全要求和措施

应通过设计尽可能排除或减少机床所有潜在的危险因素。通过设计不能避免或充分限制的危险，应采用必要的安全防护装置（防护装置、安全装置）。对于无法通过设计排除或减少的，而且安全防护装置对其无效或不完全有效的遗留危险，应使用信息通知和警告操作者。

1. 机床结构

（1）稳定性。机床的外形布局应确保其具有足够的稳定性，不应存在按规定使用机床时存在意外翻倒、跌落或移动的危险。

（2）外形。机床可接触的外露部分不应有可能导致人员伤害的锐边、尖角和开口；机床的各种管线布置应排列合理、无障碍，防止产生人员绊倒等危险；机床的凸出、移动、分离部分应采取安全措施，防止造成人员磕伤、碰伤、划伤、剐伤。

（3）运动部件：

1）有可能造成缠绕、吸入或卷入等危险的运动部件和传动装置（如链、齿轮、齿条、皮带轮、皮带、蜗轮、蜗杆、轴、丝杠、排屑装置等）应予以封闭或设置防护装置或使用信息提示，除非它们所处位置是安全的。通常传动装置采用隔离式防护装置，如齿轮、链传动采用封闭式防护罩，带传动采用具有金属骨架的防护网，保护区域较大的范围采用防护栅栏。需要人员近距离作业的操作区，刀具和运动部件的防护，应针对性采用符合要求的安全保护装置。

2）运动部件之间或运动部件与静止部件之间，不应存在挤压危险和剪切危险，否则应限定防止人体各部位受到伤害的最小安全距离（表3-3所列为防止受挤压的最小间距）或按有关规定采用防止挤压、剪切的安全保护装置。

表3-3　防止人体各部位受挤压的最小间距　　单位：mm

身体部位	最小间距	身体部位	最小间距	身体部位	最小间距
身体	500	臂	120	腿	250
头部	300	手指	25	脚趾	50

注：根据《机械安全　避免人体各部位挤压的最小间距》（GB 12265.3—1997）整理。

3）有惯性冲击的机动往复运动部件应设置可靠的限位装置，必要时可采取可靠的缓冲措施。在设置限位装置有困难时，应采取必要的安全保护装置。

4）可能由于超负荷发生损坏的运动部件应设置超负荷保险装置，因结构原因不能设置时，应在机床上（或说明书中）标明运动部件的极限使用条件。

5）运动中有可能松脱的零部件应设置防松脱装置。

6）对于单向转动的部件应在明显位置标出转动方向。

7）在紧急停止或动力系统发生故障时，运动部件应就地停止或返回设计规定的位置，垂直或倾斜运动部件的下沉不应造成危险。

8）多个运动部件不允许同时运动时，其控制机构应联锁。不能实现联锁的，应在控制机构附近设置警告标识，并在说明书中加以说明。

（4）夹持装置：

1）夹持装置应确保不会使工件、刀具坠落或被甩出。必要时，应在说明书中规定随机供应的夹持装置的最高安全转速。

2）手动夹持装置应采取安全措施，防止意外危险，如避免钥匙或扳手留在夹持装置上随机床运转等。

3）机动夹持装置：机床运转的开始应与机动夹紧过程的结束联锁；机动夹持装置的放松应与机床运转的结束联锁；装有自动上下料装置的机床，允许在上下料时主轴旋转，但应防止工件被甩出。

4）紧急停止或动力系统发生故障时，机动夹持装置或电磁吸盘应采取安全措施，防止产生危险。

5）采用气动夹持装置时，应避免将切屑和灰尘吹向操作者。

（5）平衡装置：

1）与机床部件及其运动有关的构成危险的配重，应采取完善的安全防护措施（如将其置于机床体内或置于固定式防护装置内使用等），并应防止配重系统元件断裂而造成的危险。

2）采用动力平衡装置时，应防止动力系统发生故障时机床部件坠落。

（6）排屑装置。采取断屑措施（控制刀具角度、采用断屑槽）防止产生长带状切屑，设防护挡板防止磨屑、切屑崩飞；产生大量切屑的机床应设机械排屑装置，排屑装置不应对操作者构成危险，必要时可与防护装置的打开和机床运转的停止联锁；手工清除废屑，应提供适宜的手用工具，严禁手抠嘴吹。

（7）工作平台、通道、开口。不能在地面操作的机床，则应设置钢梯和工作平台，对其应设置防滑和防跌落措施，尽量使操作者不接近机床的危险区，必要时可设置踏板和栏杆，钢梯、栏杆和平台应符合有关标准的规定。当可能坠落的高度超过 500 mm 时，应安装防坠落护栏、安全护笼或防护板等。一般情况下，工作平台和通道上的最小净高度应为

2 100 mm，通道的最小净宽度应为600 mm、最佳净宽度为800 mm。经常通过或有多人同时交叉通过的通道宽度应为1 000 mm。如果通道用作事故应急撤离线路，其宽度应满足法规的相关要求。

根据操作需要，机床可设置用于进出的开口，开口的尺寸应符合有关规定。为了避免绊倒危险，相邻地板构件之间的最大高度差应不超过4 mm，工作平台或通道地板的最大开口应使直径为35 mm的球体不能穿过该开口。对下面有人工作的非临时通道，其地板最大开口应使直径为20 mm的球体不能穿过，否则应采用其他适当安全设施。

2. 电气系统

为防止触电危险，电气设备按照规定要求，应加强带电体、绝缘防护、保护接地和电磁兼容等的规范设置；为防止意外危险，电气设备过电流的保护，电动机的过载、超速保护，电压波动、电源中断的保护，接地故障（或残余电流）保护等各种电气设备的保护应符合有关规定；电气设备应防止或限制静电，必要时可设置放电装置。

3. 控制系统

（1）控制系统应确保其功能安全可靠，应能经受预期的工作负荷和外来影响以及逻辑（不包括操作程序）的错误。

（2）控制装置的位置应确保操作时不会引起危险，应设置在危险区以外（紧急停止装置、移动控制装置等除外）；控制装置的设置应清晰可见，易与其他装置区分，必要时设置表示其功能和用途的标识；一个控制装置用于多重控制时（如键盘），执行的动作应清楚标明，不会引起误操作和附加危险；在操作位置不能观察到全部工作区的机床，应设置视觉或听觉的启动警告信号装置或警告信息，以便工作区内人员发现事故时能及时撤离或迅速制止启动；有一个以上操作位置的机床，应设置控制联锁装置。

（3）启动和停止。机床只应在人为启动控制下才能启动，包括在停止后重新启动、操作状况（如速度、压力）有重大变化时；机床应设置停止装置且位于每个启动装置附近，按下停止装置时，机床的运动应能完全安全地停下来。

（4）紧急停止装置。机床应设置一个或数个紧急停止装置，这些装置应能明确识别、容易看见、易于接近，且操作无危险；紧急停止装置的动作不应影响保护操作者或机床的其他装置的功能，能使机床或运动部件尽快地停止运行；执行机构的任何危险动作应能使控制装置锁紧，并持续到重调（不锁紧）；复位不应使机床或任何危险部件启动。

（5）模式选择。机床有一种以上工作或操作方式（如自动控制、调整或检查等）时，应设置模式选择控制装置，且每个被选定的模式只允许对应一种操作或控制模式；在特别的安全措施（如减速、减功率或其他措施）下，机床的危险运动部件才允许运转。

（6）数控系统。应满足预期的操作条件和环境要求；应防止非故意的程序损失和电磁故障；当信息中断或数据损毁时，程序控制系统不应再发出下一步指令，但仍可完成在故障前预先选定的工序；当输入错误信息时，工作循环不能进行；设置访问口令或钥匙开关，防止程序被有意或无意改动；有关安全的软件不允许用户改变。

（7）控制系统故障。控制系统出现故障时，不应导致危险产生，特别是机床不应意外启动；运动部件速度变化不应失控；运动部件或机床上工件、刀具不应掉下或被抛出，流体不应喷出；安全装置不应失效。

4. 物质和材料

主要通过消除或最大限度减少危险物质和材料的设计措施来实现；优先采用无毒和低毒的物质或材料，构成机床的材料应是不可燃、不易燃或已降低可燃性的材料（如阻燃材料）。若使用危险和有害的生产物料时，应采取相应的防护措施，并制定使用、处理、储存、运输的安全卫生操作规程。

总体设计应采取有效措施消除或最大限度减少有害物质排放，最大限度地减少人员暴露于有害物质中的机会。对机床工作时难以避免的生产性毒物、有害气体、烟雾或油雾应加强监测，采取有效的通风、净化和个体防护措施，将其控制在标准规定的范围内。工作时产生大量粉尘的机床，应采取有效的防尘、除尘、净化等措施和设置监测装置，使机床附近的粉尘浓度最大值不超过 10 mg/m^3。机床的油箱、冷却箱等宜加盖并便于清理，定期更换冷却液和油液，以防止外来生物和微生物进入。对剩余风险使用信息告知，对可能有毒物泄漏造成重大事故的设备，应有应急防护措施。

消除或最大限度减小机械自身或物质的过热风险，限制现场可燃、助燃物的量，控制爆炸性气体、粉尘的浓度，防止气体、液体、粉尘等物质产生火灾和爆炸危险。有可燃性气体和粉尘的作业场所，应采取避免产生火花的措施和良好的通风系统（通风空气不应循环使用），综合考虑防火防爆措施和报警系统，合理选择和配备消防设施。

5. 人类工效学

机械设计的工作强度、运动幅度、可见性、姿势等应与人的能力和极限相适应，工作位置应适合操作者的身体尺寸、工作性质及姿势，防止操作时出现干扰、紧张、生理或心理危险。对于操作机床会造成伤害的，应提示用户采用个人防护装置。

人机交流集中体现的操纵器和显示装置的设计、性能和型式选择、数量和空间布局等，应符合信息特征和人的感觉器官的感知特性，以保证能够迅速、通畅、准确地接收信息。显示器的视距应至少为 0.3 m，安装高度距地面或操作站台应为 1.3~2.0 m。对安全性有重大影响的危险信号和报警装置，应配置在机床相应的易发生故障或危险性较大的部位，优先采用声、光组合信号。

操纵装置的形状、尺寸和触感等表面特征的设计和配置应与人体操作的运动器官的运动特性相适应，与操作任务要求相适应。其行程和操作力应根据控制任务、生物力学及人体测量参数确定，操纵力不应过大而使劳动强度增加，行程应不超过人的最佳用力范围，避免操作幅度过大而引起疲劳。

6. 安全防护装置

（1）一般要求。安全防护装置应符合有关规定和下列要求：性能可靠，能承受抛出零件冲击和危险物质、辐射等的影响；不应引起附加危险和限制机床的其他功能，也不应过多地限制机床的操作、调整和维护；安全防护装置与机床危险部位间的距离应符合有关规定；防护罩、屏、栅栏的材料，以及采用网状结构、孔板结构和栅栏结构时的网眼或孔的最大尺寸和最小安全距离应符合有关规定；安全防护装置的可移动部分应便于操作、移动灵活；经常拆卸徒手搬动的安全防护装置应装拆方便，其质量不宜大于 16 kg；不便于徒手搬动的安全防护装置，应设置吊装孔、吊环、吊钩等，并在其本体或说明书中标明整体质量；观察机床运行的透明安全防护装置应透明度高，以便于观察。

（2）防护装置。固定式防护装置应牢靠地固定或连接，可拆卸部分只能用工具拆卸。活动式防护装置应满足下列要求：采用重力、卡子、定位螺栓、铰链或导轨等固定；打开时应尽量与机床保持相对固定；一些附属装置只能用工具拆卸；采用联锁的活动式防护装置，关闭前机床不能启动，一旦打开，机床应停止运转（调整状态除外），必要时可设置防护锁。整个装置可调或带有可调部分的固定式或活动式防护装置，在特定操作期间，调整件应能保持固定，不需用工具也能方便地调整。

（3）安全装置。联锁装置的联锁保护应符合有关规定；机床的限位装置应尽量安装到无振动、不受影响的合适位置上，动作应可靠；压敏装置应性能可靠，并应符合有关规定。

第二节　磨削加工安全

磨削加工是指用砂轮或其他磨具加工工件表面的方法，磨削加工机床常简称为磨床。磨床是以磨料磨具（如砂轮、砂带、油石、研磨料）为工具对工件进行切削加工的机床，被广泛应用于零件的精加工，除了某些形状特别复杂的表面外，机械零件的各种表面大多能用磨床加工。磨床的种类很多，如外圆磨床、内圆磨床、平面磨床、砂轮机等。磨床最常用的刀具是砂轮，砂轮是由结合剂将磨料颗粒黏结而成的多孔体，其中每一个磨粒都可以看成是一个不规则的刀齿，整个砂轮则可看成为有无数刀齿的铣刀。磨床的主运动指砂轮的高速运动。

一、磨削加工的特点

从安全角度看，磨削加工有以下几个特点：

1. 磨具的运动速度快

普通磨削时磨具的速度为 30~35 m/s，高速磨削时磨具的速度可达 45~60 m/s，甚至更高。随着工程技术的飞速发展，磨具的运动速度还有日益提高的趋势。

2. 磨具的非均质结构

磨具是由磨料、结合剂和气孔三要素组成的复合结构，其结构强度大大低于由单一均匀材质组成的一般金属切削刀具。

3. 磨削的高热现象

磨具的高速运动、磨削加工的多刃性和微量切削，都会产生大量的磨削热，这不仅可能烧伤工件，而且高温会使磨具本身发生物理、化学变化，产生热应力，进而降低磨具的强度。

4. 磨具的自砺现象

在磨削力作用下，磨钝的磨粒自身脆裂或脱落的现象，称为磨具的自砺性。磨削过程中的磨具自砺作用以及修整磨具的作业，都会产生大量磨削粉尘。

二、磨削加工的危险有害因素

1. 机械伤害

磨削加工机械伤害是指磨削机械本身、磨具或被磨削工件与操作者接触、撞击所造成的伤害，主要包括：

（1）高速运动磨具破坏后碎块飞甩打击伤人，这是磨削加工机械最常见、最严重的伤害事故。

（2）磨削时磨屑飞溅进入眼内。

（3）在砂轮运转的情况下，调整机床、紧固工件或测量工件时，可能与高速旋转的砂轮或磨床的其他运动部件相接触造成磨伤、碰伤。

（4）工件夹固不牢、工件位置过高或电磁吸盘失灵等原因使工件飞出造成伤害。

（5）磨削作业时佩戴手套或未束紧衣袖导致手臂被缠入旋转的主轴上造成伤害。

2. 粉尘危害

磨削加工是微量切削，切屑细小，尤其是磨具的自砺作用，以及对磨具进行修整时，都会产生大量的粉尘。据测定，干式磨削产生的粉尘中，空气动力学直径小于 5 μm 的颗粒约占总粉尘量的 90%，长期大量吸入磨削粉尘会导致肺组织纤维化，引起尘肺病。

3. 噪声危害

磨削加工机械是高噪声机械。除了磨削加工机械自身的传动系统噪声、干式磨削的排风系统噪声和湿式磨削的冷却系统噪声外，磨削加工的切削比性能高、速度快是产生磨削噪声的主要原因。尤其是粗磨、切割、抛光和薄板磨削作业以及使用风动砂轮机时，所产生的噪声更大，有时高达 115 dB（A）以上，会严重损伤操作者的听力系统。

4. 磨削液危害

湿式磨削采用磨削液，对改善磨削的散热条件，防止工作表面烧伤和裂纹，冲洗磨屑、减少摩擦、防治粉尘危害有很重要的作用。但是，长期接触磨削液可引起皮炎；油基磨削液的雾化会损伤人的呼吸系统；磨削液的种类选择不当，会侵蚀磨具、降低其强度、增加磨具被破坏的危险；湿式磨削和电解磨削若管理不当，还会影响电气设备安全。

5. 火灾危险

磨削加工时使用的易燃稀释剂、油基磨削液及其雾化物，加上磨削产生的火花是引起火灾的常见事故隐患。

三、砂轮装置安全技术

砂轮装置是磨削机械的执行机构，由砂轮、砂轮主轴、砂轮卡盘、衬垫和紧固螺母共同组成，如图 3-1 所示。另外，大部分砂轮装置还包括防护罩。砂轮的两侧面用卡盘夹持，二者共同被安装在与传动系统相连的主轴上，外面用防护罩罩住。磨削机械安全防护的重点是砂轮，砂轮的安全不仅由自身的特性和速度决定，而且与砂轮装置的各组成部分有直接关系。组成砂轮装置的各元件通过各自的安全技术措施，保障磨削加工作业的安全。《磨削机械安全规程》（GB 4674—2009）规定了磨削机械的设计与制造、使用、管理和维护的安全技术要求。

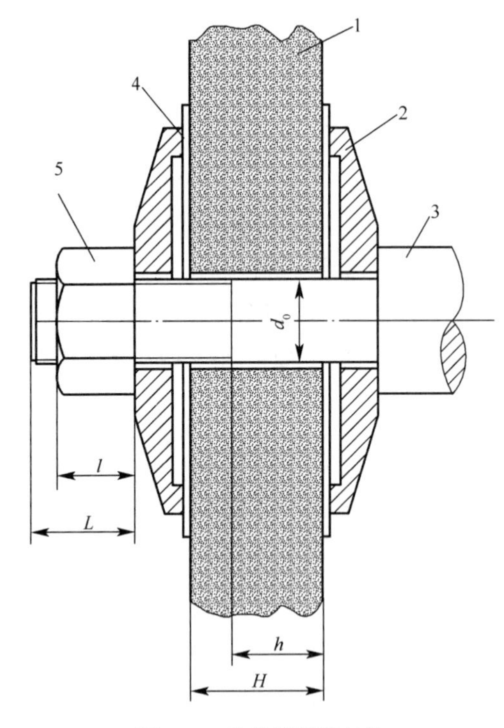

图 3-1　砂轮装置的结构

1—砂轮；2—砂轮卡盘；3—砂轮主轴；4—衬垫；5—紧固螺母

1. 砂轮

砂轮是最常用的磨削工具，是由磨料与结合剂混合，经过高温、高压制造而成，由磨料、结合剂和气孔三要素组成的非均质结构体。其中，锋利的磨料颗粒作为刀具起切削作用，结合剂黏结磨粒使磨具成形，气孔用来容屑、散热，均匀产生自砺效果。磨料、粒度、结合剂、组织、硬度、形状和尺寸是砂轮的六大特性，对砂轮的使用安全有很大影响。

（1）磨料。磨料是指砂轮中磨粒的材料。磨料直接参与切削，要求具有很高的硬度和锋利度，一定的韧性和耐磨性，同时具有一定的脆性以便磨钝后及时更新，实现自砺性；具有较稳定的物理和化学性能，使之在高温和高湿环境下不会过早丧失磨削性能。

（2）粒度。粒度是指磨料的颗粒大小和粗细程度。磨料的粒度通常由占比例最大的磨粒的粒度大小决定，粒度大小对砂轮的强度、加工精度以及磨削生产率有很大影响。一般来说，构成砂轮磨料的颗粒越细小，砂轮的抗裂性越好。

（3）结合剂。结合剂是将磨粒固结在一起形成砂轮的黏结材料。结合剂使砂轮成形并对其自砺性有很大影响，直接关系砂轮的强度和使用的安全。结合剂分为无机结合剂和有机结合剂两大类。代表性的无机类结合剂是陶瓷结合剂（代号 V），突出优点是化学、物理性能稳定，受温度和湿度的影响小，抗腐蚀性好，适于各种磨削液。其参与制造的砂轮具有强度较高、耐磨损、外形容易保持等优点。缺点是脆性大、弹性差、摩擦发热量大，因此不耐冲击、振动，不适于制作薄砂轮。代表性的有机类结合剂主要有人造树脂（代号 B）和橡胶（代号 R）。有机结合剂的突出优点是强度高、韧性好、耐冲击，制造出的砂轮不易破碎，使用速度可高达 50 m/s 以上。缺点是黏结性较差（但自砺性好）、磨损快，砂轮外形不易保持；化学、物理性能不太稳定，高温下结合剂易变软、老化，强度降低，甚至易被烧毁；抗腐蚀性差，不耐碱、酸，尤其是橡胶类结合剂耐酸和耐油性均较差。另外，有机类结合剂的稳定性稍差，存放期过长或在潮湿环境下会降低强度，使用时应注意结合剂对不同磨削液的适应性不同，以防因磨削液选择不当使磨具强度受到影响。

（4）组织。组织是指组成砂轮的磨料、结合剂和气孔三者的比例关系，显示砂轮结构紧密程度的特性，用磨料在砂轮总体积中所占百分比表示。组织紧、气孔小的砂轮外形易保持，磨削质量相对高，但砂轮易堵塞，磨削产热较高；组织松、气孔多，有利降低磨削产热，避免砂轮堵塞。

（5）硬度。硬度是结合剂固结磨料的牢固程度的参数，表明在外力作用下，磨料从砂轮表面脱落的难易程度。砂轮硬度不仅影响生产效率，而且与使用安全卫生关系很大，与结合剂的黏合能力、结合剂在砂轮中所占比例及砂轮的制造工艺等因素有关。同一种结合剂在相同使用条件下，所占比例越大，磨料越不易脱落，砂轮硬度越高，自砺性越差。砂轮硬度过高，会产生高磨削热，不仅工件磨削质量降低，同时严重影响结合剂强度，并且发出很大噪声，甚至引起磨床振动。

（6）形状和尺寸。砂轮的基本形状有很多种，正确地选择其形状和尺寸，是保障磨削加工安全的重要条件，一般应根据磨床条件、工件形状和加工需要，参考磨削操作手册选择。

砂轮的非均匀组织结构，决定了它的机械性能大大低于同一均匀金属材料构成的其他切削刀具，再加上使用不当，是造成砂轮有关事故多发的重要原因，对其安全使用要统筹考虑各因素的综合作用效果。磨削加工最严重的事故是高速旋转的砂轮破裂，碎块飞甩出去造成人员伤害。在磨削加工中，作用在砂轮上的力有磨削力、砂轮卡盘对砂轮的夹紧力、磨削热使砂轮产生的热应力、砂轮高速旋转时的离心力等，其中对砂轮安全影响最大的作用力是离心力。防止砂轮因离心力作用受到破坏的关键是使由离心力作用而产生的应力低于砂轮的机械强度，砂轮的机械强度通常是以砂轮的安全速度（也称安全圆周线速度）作为标志，当砂轮以超过安全速度旋转时，可能会因离心力作用而使其遭到破坏。安全速度一般标记在砂轮上，产品手册中也可以查到，操作者在使用前，必须核准、控制砂轮的实际安全速度，严禁超速使用。

2. 砂轮主轴

砂轮主轴的设计应使其能够在允许的最大负荷下工作。砂轮或砂轮卡盘应采取防松措施，紧固砂轮或砂轮卡盘的主轴端部螺纹的旋向应与砂轮工作旋转方向相反。

砂轮主轴轴端紧固砂轮和砂轮卡盘的螺纹长度（L）如图 3-1 所示，应满足下列条件：应有足够的长度，以使整个压紧螺母旋入，即 $L>l$；应延伸到砂轮中心孔内，但不得超过设计允许使用的最小厚度砂轮内孔长度的 1/2，即 $h>H/2$。

3. 砂轮卡盘

砂轮卡盘的直径不得小于被安装砂轮直径的 1/3，切断砂轮用砂轮卡盘的直径不得小于砂轮直径的 1/4。任何形式的砂轮卡盘，其左右两部分的直径和压紧面的径向宽度尺寸应相等。砂轮卡盘应能将驱动力可靠地传到砂轮上，应有足够的刚性，压紧面在紧固后应与砂轮保持平整和均匀的接触。砂轮卡盘和砂轮两侧面的非接触部分应有足够的间隙，其最小尺寸为 1.5 mm。砂轮卡盘的各表面应保证平滑及无锐棱，且动平衡性能好。砂轮卡盘材料选用抗拉强度不低于 415 N/mm^2 的钢材，也可以采用强度和刚度不低于标准规定的其他材料、形式和尺寸。

砂轮卡盘的形状分为：带槽式砂轮卡盘（如图 3-2a 所示），用于安装孔径尺寸较小的直接装在砂轮主轴上的砂轮；套筒式砂轮卡盘（如图 3-2b 所示），用于安装孔径尺寸较大的砂轮；衬套式砂轮卡盘（如图 3-2c 所示），用于安装大孔径及厚度超过 32 cm 的砂轮；锥形砂轮卡盘（如图 3-2d 所示），用于安装双斜边砂轮。

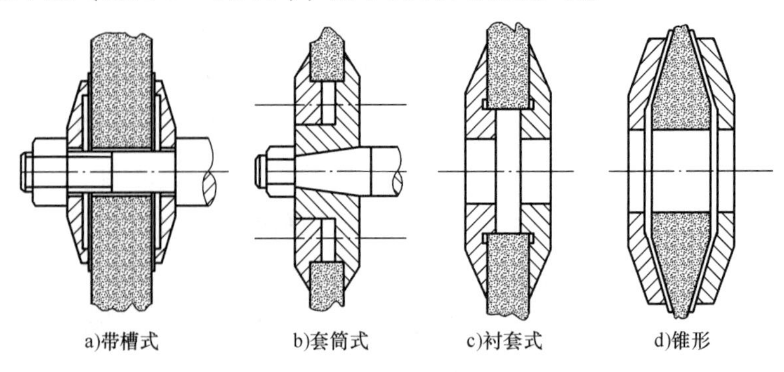

图 3-2　砂轮卡盘的形状

4. 砂轮防护罩

除内圆磨削用砂轮、直径不大于 50 mm 的手提砂轮机上的砂轮，以及金属基体的金刚石和立方氮化硼砂轮外，其他所有砂轮和砂瓦应在装有砂轮防护罩的磨削机械上使用。

砂轮防护罩一般由圆周构件和两侧构件组成，将砂轮、砂轮卡盘和砂轮主轴端部罩住，其结构如图 3-3 所示。砂轮防护罩的作用是当砂轮在工作中因故破坏时，能有效地罩住砂轮碎片，保证人员安全。砂轮防护罩的结构应使其在更换砂轮时不必卸下，并应满足以下安全技术要求：

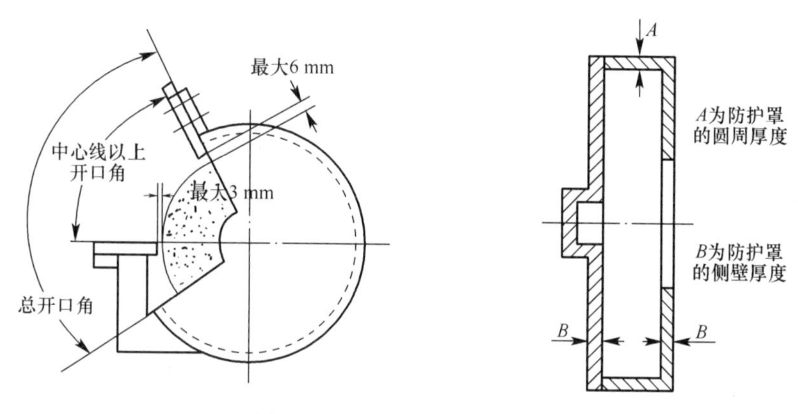

图 3-3　砂轮机防护罩的结构

（1）形状和最大开口角度。外圆和无心磨削砂轮机用砂轮防护罩可以呈圆形（如图 3-4a 所示）或方形（如图 3-4b 所示），最大开口角度不准超过 180°，在砂轮主轴中心线水平面以上部分的角度不准超过 65°，中心部位的半径 R 不应小于规定的砂轮卡盘的半径。

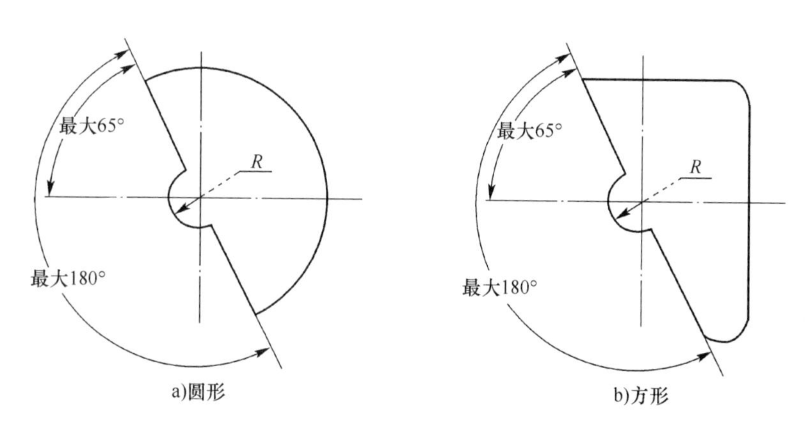

图 3-4　外圆和无心磨削砂轮机用砂轮防护罩的形状和开口角度

台式和落地式砂轮机用砂轮防护罩可以呈圆形（如图 3-5a 所示）或方形（如图 3-5b 所示），最大开口角度不准超过 90°，在砂轮主轴中心线水平面以上部分的角度不准超过

65°，中心部位的半径 R 不应小于砂轮卡盘的半径。

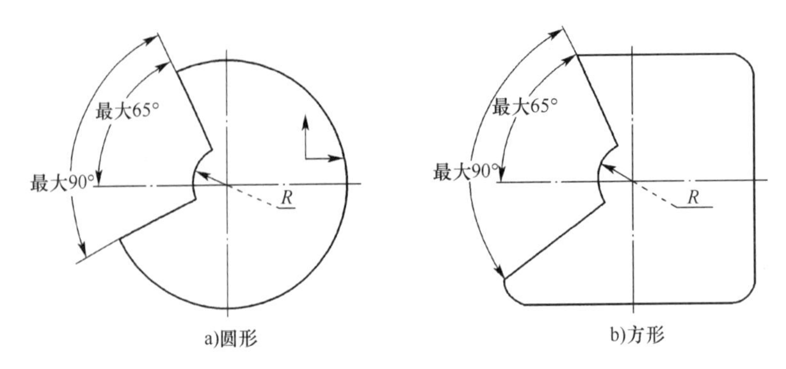

图 3-5　台式和落地式砂轮机用砂轮防护罩的形状和开口角度

如果还要使用在砂轮主轴中心线水平面以下砂轮部分加工时，砂轮防护罩的最大开口角度可以增大至 125°，如图 3-6 所示。

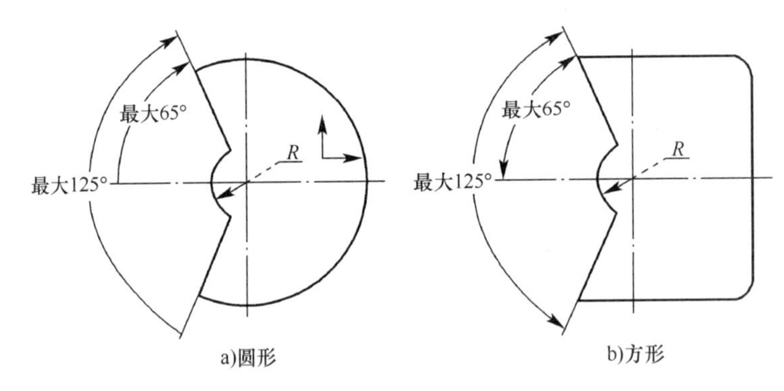

图 3-6　台式和落地式砂轮机用砂轮防护罩的形状和开口角度

（使用在砂轮主轴中心线水平面以下砂轮部分加工时）

卧轴平面磨削砂轮机用砂轮防护罩可以呈圆形（如图 3-7a 所示）或方形（如图 3-7b 所示），最大开口角度不准超过 150°，开口的端部不准高于砂轮主轴中心线水平面以下 15°处，中心部位的半径 R 不应小于砂轮卡盘的半径。

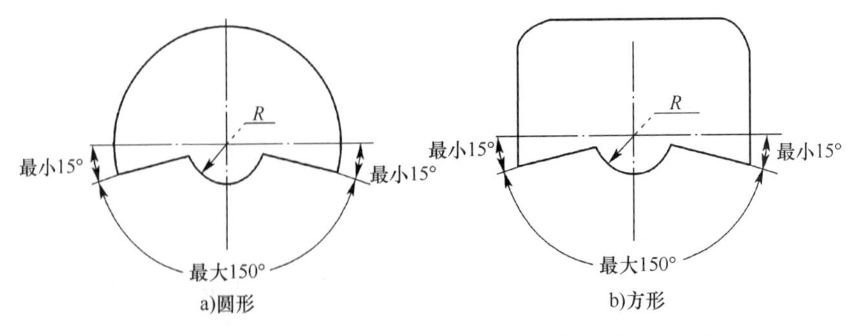

图 3-7　卧轴平面磨削砂轮机用砂轮防护罩的形状和开口角度

悬挂式、切割和直向手提式砂轮机用砂轮防护罩可以呈圆形（如图 3-8a 所示）或方形（如图 3-8b 所示），最大开口角度不准超过 180°，任何时候都应将砂轮的上半部罩住，中心部位的半径 R 不应小于砂轮卡盘的半径。

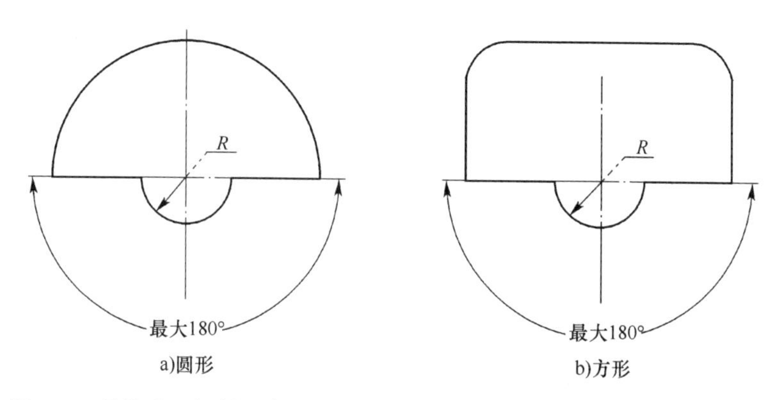

图 3-8　悬挂式、切割和直向手提式砂轮机用砂轮防护罩的形状和开口角度

顶部磨削砂轮机用砂轮防护罩在使用砂轮中心线水平面以上部分时，砂轮防护罩可以呈圆形（如图 3-9a 所示）或方形（如图 3-9b 所示），顶部最大开口角度不准超过 60°，中心部位的半径 R 不应小于砂轮卡盘的半径。

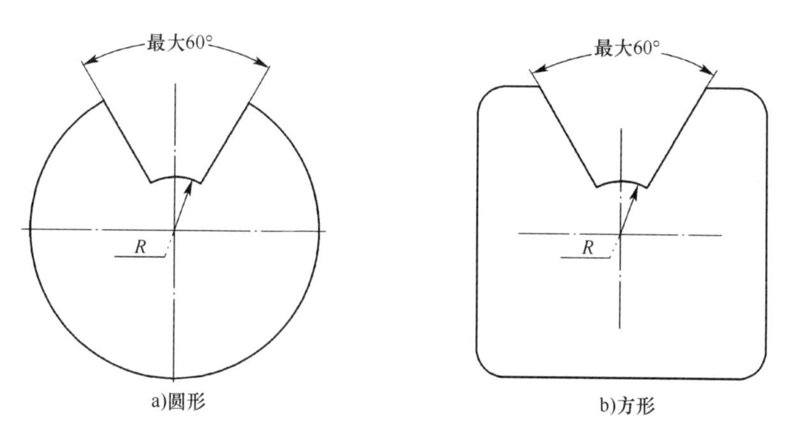

图 3-9　顶部磨削砂轮机用砂轮防护罩的形状和开口角度

立轴平面磨削砂轮机用砂轮防护罩呈环带形，允许砂轮最大外露量见表 3-4。

表 3-4　立轴平面磨削砂轮机允许砂轮最大外露量　　单位：mm

砂轮厚度 H	≤13	>13~25	>25~50	>50~75	>75~100	>100	
允许砂轮最大外露量 C	6	13	20	25	35	50	C H

（2）材料和壁厚。砂轮防护罩的材料应选用抗拉强度不低于 415 N/mm² 的钢板，组

合式或焊接式砂轮防护罩，其连接强度或焊缝强度不低于砂轮防护罩构件的强度。用于砂轮工作速度高于 80 m/s 的砂轮防护罩内壁应附有可以吸收冲击能量的缓冲材料层，如聚氨酯塑料、橡胶等。

砂轮工作速度小于或等于 35 m/s 时，环带形砂轮防护罩有关尺寸见表 3-4，其壁厚最小尺寸见表 3-5；固定式砂轮防护罩有关尺寸如图 3-3 所示，其壁厚最小尺寸见表 3-6。

表 3-5　环带形砂轮防护罩最小壁厚　　单位：mm

砂轮直径 D_1	≤200	>200~600	>600~750
最小厚度 A	1.5	3	6

表 3-6　固定式砂轮防护罩最小壁厚　　单位：mm

砂轮工作速度/(m/s)	砂轮 H	砂轮直径 D_1																	
		≤150		>150~200		>200~300		>300~400		>400~500		>500~600		>600~750		>750~900		>900~1 250	
		A	B	A	B	A	B	A	B	A	B	A	B	A	B	A	B	A	B
≤35	≤50	2	2	2.5	2	3	2.5	4	3	5	4	6	5	7	5	8	5	9	6
	>50~100	3	2	4	2.5	5	3	5	4	6	5	7	6	8	6	9	6	10	7
	>100~160	4	3	5	3	6	4	7	5	8	6	9	6	10	7	11	7	12	8
>35~50	≤50	3	2	4	2.5	5	3	6	4	7	5	8	6	10	7	11	7	12	8
	>50~100	5	3	5	3	6	4	7	5	8	6	9	7	11	8	12	8	14	9
	>100~160	6	4	7	4	8	5	9	6	10	7	11	8	12	9	14	9	16	10
>50~63	≤50	4	3	5	3	6	4	7	5	8	6	10	7	12	8	14	9	16	10
	>50~100	6	4	7	5	8	6	10	6	10	7	12	8	14	9	15	10	18	12
	>100~160	7	5	8	6	10	7	12	8	12	8	14	9	15	10	18	12	20	14
	>160~200	10	7	12	8	14	9	15	10	15	10	18	12	20	14	22	14	24	16
	>200~250	14	9	15	10	16	12	18	12	18	12	22	14	24	16	26	16	28	20
	>250~400	15	0	18	12	20	14	22	14	24	16	26	18	28	20	30	20	32	22
	>400~500	18	12	20	15	24	16	25	18	28	18	30	20	32	22	34	22	36	25
>63~80	≤50	5	3	7	5	8	6	10	7	11	8	13	10	15	10	18	12	20	14
	>50~100	7	5	10	6	10	7	12	8	14	10	15	10	18	12	20	14	24	16
	>100~160	10	7	12	8	13	10	15	10	16	12	18	12	20	14	22	15	26	18
	>160~200	12	8	14	10	16	12	18	12	18	14	20	14	24	16	26	18	28	20
	>200~250	14	10	16	12	18	13	20	15	20	16	22	18	25	18	28	20	30	22
	>250~400	18	13	20	14	24	16	26	18	28	20	30	22	32	24	34	25	36	26

（3）护板和工作托架。砂轮防护罩开口的上端部应设有可以调整的护板，可随砂轮的磨损来调节护板与砂轮圆周表面的间隙。护板应固定在砂轮防护罩上，连接强度应不低于砂轮防护罩构件的强度，护板的宽度应大于砂轮防护罩外圆部分的宽度。砂轮防护罩在砂轮主轴中心线水平面以上的开口角度小于30°时，可不设护板。砂轮圆周表面与可调护板边缘之间的间隙应小于6 mm。安装设计允许的最厚砂轮时，砂轮卡盘外侧面与砂轮防护罩开口边缘之间的间隙应小于15 mm。环带形砂轮防护罩内壁与砂轮圆周表面之间的间隙应不大于15 mm。砂轮回转中心线与操作者位置面向方向相同的磨削机械可以不执行6 mm间隙的规定，砂轮防护罩在砂轮主轴中心线水平面以上的开口角度小于30°时，不必保证6 mm的间隙。

手持工件进行磨削的磨削机械上应设有工作托架，其位置应随砂轮的磨损可独立进行调整而保持紧固，工作托架台面高度应与砂轮主轴中心线等高，并有足够的面积来保证被磨工件的稳定。工作托架靠近砂轮一侧的边棱上应无凹陷、缺角等缺陷，与砂轮之间的距离应小于被磨工件最小外形尺寸的1/2，最大不准超过3 mm。

四、磨削机械使用安全

1. 砂轮的检查

砂轮安装前应进行标记检查、目测检查和音响检查，如发现砂轮有裂纹或其他损伤，则严禁安装使用。

（1）标记检查。没有标记或标记不清，无法确认其特性的砂轮，不管是否有缺陷，都不应使用。

（2）目测检查。直接用肉眼或借助其他器具察看砂轮表面是否有裂纹或破损等缺陷。

（3）音响检查。音响检查又称敲击试验，检查方法是将砂轮通过中心孔悬挂（质量较小者）或放置于平整的硬地面上，用200～300 g的小木槌敲击，敲击点在砂轮任一侧面上，垂直中线两旁45°角，距砂轮外圆表面20～50 mm处，如图3-10所示。敲打后将砂轮旋转45°角再重复进行一次。若砂轮无裂纹，便会发出清脆的声音，则允许使用；若发出闷声或哑声，则不应使用。

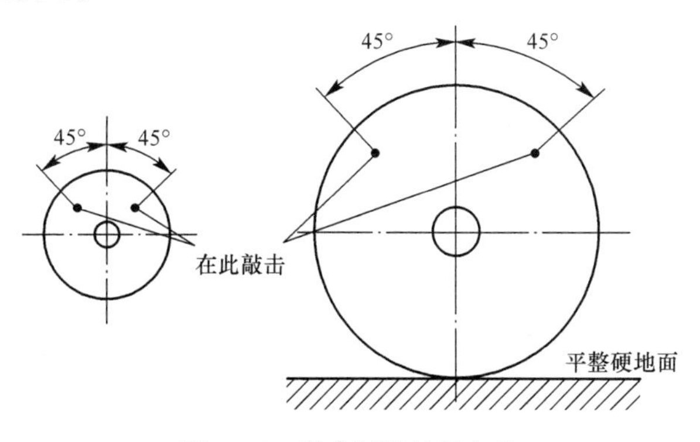

图3-10　敲击试验的敲击点

安装砂轮前应核对砂轮主轴的转速，不准超过砂轮允许的最高工作速度。

2. 砂轮的安装

砂轮、砂轮主轴、衬垫和砂轮卡盘安装时，相互配合面和压紧面应保持清洁，无任何附着物。砂轮孔径过大时可使用缩孔衬套，衬套的宽度不得超出砂轮的两侧面，不得小于砂轮厚度的 1/2。不应使用缩孔衬套安装直径大于磨削机械允许使用的最大直径的砂轮。砂轮与砂轮卡盘压紧面之间应衬以柔性材料制作的衬垫（如石棉橡胶板等），其厚度为 1~2 mm，直径应比压紧面直径大 2 mm。衬垫应将砂轮卡盘接触面全部覆盖，如图 3-11 所示。

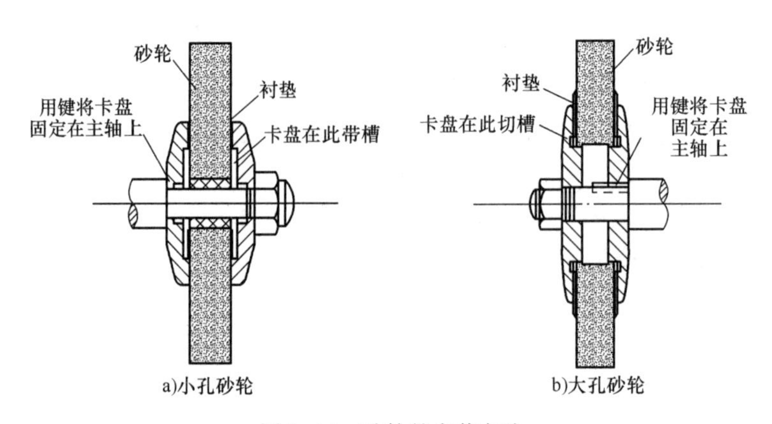

图 3-11　砂轮的安装方法

安装时应注意压紧螺母或螺钉的松紧程度，压紧到足以带动砂轮并且不产生滑动的程度为宜，但要防止压力过大造成砂轮的破损。如有多个压紧螺钉时，应按对角顺序（如图 3-12 所示）逐步旋紧，旋紧力要均匀。

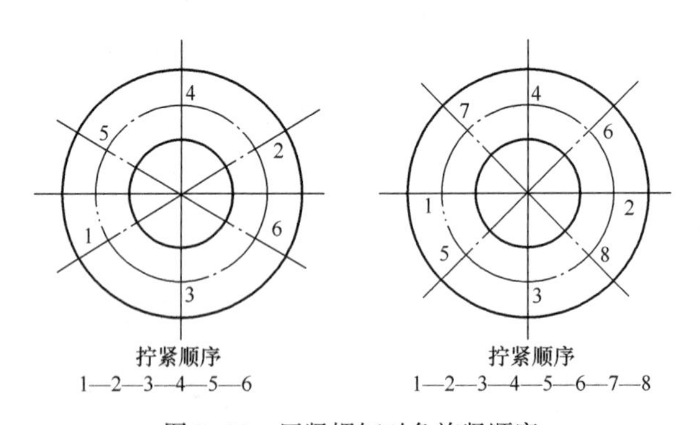

图 3-12　压紧螺钉对角旋紧顺序

在一个砂轮卡盘上同时安装多于一片的砂轮时，砂轮之间允许使用隔离片隔开，隔离片的直径以及与砂轮压紧面的尺寸应与砂轮卡盘相等。对专门制造的砂轮可允许黏结或叠放在一起安装。砂轮和砂轮卡盘的总质量超过 16 kg 时，应采用吊装机械辅助安装。

3. 砂轮的静平衡和空运转

砂轮在安装了砂轮卡盘后，应先进行静平衡。砂轮经过第一次整形修整后或在工作中发现不平衡时，应重复进行静平衡。

新安装的砂轮应先以工作速度进行空运转，空运转时间为：直径≥400 mm，空运转时间大于 5 min；直径<400 mm，空运转时间大于 2 min。

4. 砂轮的安全操作

（1）用圆周表面做工作面的砂轮不允许使用侧面进行磨削，以免砂轮破碎。

（2）砂轮使用的最高工作速度不得超过砂轮上标明的安全速度。加工件的磨削速度、进给量和磨削深度不得超过磨床的额定范围，以免磨削量过大造成危险。

（3）无论是正常磨削作业、空运转还是修整砂轮，操作者都应站在安全位置，不应站在砂轮的前面及其切线方向。禁止多人共用一台砂轮机同时操作。

（4）手动进给的磨削机械不应利用杠杆等工具增加工件对砂轮的压力。使用手动砂轮机和磨削工件速度超过 60 m/s 的磨削机械时，应附加防护挡板。

（5）所有砂轮卡盘应定期检查，有下列情况之一者应维修或更换：

1）压紧面不平整。

2）在直径或厚度上过量磨损。

3）丧失精度（偏摆）。

4）平衡块螺纹损坏。

5）压紧螺钉连接副损坏。

（6）采用磨削液时，不允许砂轮局部侵入磨削液中。准备停止工作时，应先停供磨削液，砂轮继续旋转至磨削液甩净为止。磨削液应清洁无杂质，对操作者的健康无害，不会降低砂轮的强度。

（7）磨削机械的除尘装置应定期检查和维修，以保持其除尘能力。在正常工作条件下，操作者呼吸带的粉尘浓度应不高于 10 mg/m^2。

（8）发生砂轮被破坏事故后，应及时检查砂轮防护罩是否有损伤，砂轮卡盘有无变形或不平衡，砂轮主轴端部螺纹和压紧螺母是否有损伤。检查合格后方可重新安装使用。

5. 砂轮的储运

所有砂轮和砂瓦均属易碎品，在搬运、储存中，不可受强烈振动和冲击，防止跌落或碰撞，不准滚动搬运，使用车辆搬运时应采用有充气轮胎的车辆。印有砂轮特性的标志不得随意涂抹或损毁。

砂轮存放场地应保持干燥、温度适宜，避免与其他化学品混放。砂轮需仔细放置于货架上或箱匣内。砂轮应在有效期内使用，树脂和橡胶结合剂的砂轮出厂存储一年后，应再按国家标准的规定进行回转试验，合格者方可使用。

6. 其他要求

砂轮机一般应设置专用的砂轮机房，不得安装在正对着附近设备、操作人员或经常有人过往的地方。如果因条件限制不能设置专用的砂轮机房，则应在砂轮机正面装设不低于1.8 m高度的防护挡板。

磨削加工的操作人员和有关工作人员，应经过安全教育和安全知识培训，考核合格后取得操作证方能上机操作。干磨及修整砂轮时应佩戴相关劳动防护用品。

第三节　金属切削加工事故案例分析

一、车床卷入事故

1. 事故经过

2016年4月23日7时50分左右，靖江市新桥镇某泵阀加工厂（本案例中简称泵阀加工厂）一名车工在车削加工作业过程中被卷入车床受伤，送靖江市人民医院经抢救无效死亡。事故造成1人死亡，直接经济损失101万元。

当天7时30分左右，车工徐某到达企业车间换好工作服即开始工作，工作任务是用C6150卧式车床对泵轴进行车削作业。由于泵轴的长径比（轴长度与直径比）大，需用中心架提高刚性，在预车一段光径后，7时50分左右，徐某左手从正在旋转的泵轴与车床间的缝隙穿过去调整中心架上南侧下方的支撑螺栓时，左手袖管及手臂被泵轴绞入，随即整个身体也被绞入并随着旋转的泵轴转动。事故发生后，徐某头部朝南面部朝上躺在C6150卧式车床南侧的工作台上，下半身倚靠机床，此时上半身工作服被撕裂绞在泵轴上，普通工作帽和手机掉在C6150卧式车床北侧工作台上。C6150卧式车床加工的泵轴上留有徐某的工作服、大量毛发和少量脑组织。事故发生时，听到声响的本厂同事车工郭某立即赶到车间西面将机床电闸关闭，并喊来泵阀加工厂负责人与另外一名车工将徐某从车床上救下来。其后拨打110报警电话和120急救电话，约10 min后，120急救车赶到泵阀加工厂将徐某送往靖江市人民医院急救室抢救，后因伤势严重经抢救无效于当日8时50分左右死亡。

2. 事故原因分析

（1）直接原因。泵阀加工厂车工徐某安全意识淡薄，违反车床操作规程，调整中心架时，左手违规从旋转的工件下方穿过，导致衣服和身体被绞入。

（2）间接原因。泵阀加工厂对从业人员安全教育培训不到位，未教育和督促从业人员严格执行本单位的安全操作规程。

3. 事故防范和整改措施建议

（1）泵阀加工厂要吸取这起事故的教训，按照“四不放过”（事故原因没有查清不放过；事故责任人没有受到处理不放过；相关人员没有受到教育不放过；没有制定整改措施不放过）原则落实好事故防范和整改措施；建立健全各类安全生产管理制度，采取措施教育和督促从业人员严格执行本单位的安全生产规章制度和操作规程。

（2）新桥镇人民政府要针对这起事故，在所辖区域范围内开展一次事故宣讲活动，提升小微企业负责人安全生产管理能力和从业人员安全生产意识，举一反三，深刻吸取这起事故的教训，落实好事故防范和整改措施，防止同类事故的再次发生。

二、砂轮机物体打击事故

1. 事故经过

2018 年 5 月 29 日 8 时 40 分许，位于常州市天宁区郑陆镇花园村工业园区的某管业有限公司（本案例中简称管业公司）打磨车间内，修磨工江某在操作公司自制砂轮直磨机打磨钢管外壁时，高速转动的砂轮突然破裂，其中一片残片飞出后直接击中江某右腰部。江某向车间出口方向移动 1 m 后倒地，后在工友帮助下经 120 急救车送常州市第一人民医院，抢救无效死亡。

2. 事故现场勘查情况

（1）事故发生车间修磨工安全操作规程和砂轮机安全警告警示标识未上墙。修磨工安全操作规程不规范，规程中未规定修磨工在测量壁厚时须保证砂轮机电源先关闭，待砂轮停止转动后再测量。

（2）涉事自制砂轮直磨机的砂轮防护罩、转速、卡盘、存放、使用管理等均不符合安全标准要求。

1）砂轮防护罩角度不符合《磨削机械安全规程》（GB 4674—2009）规定，防护罩不能有效地罩住砂轮碎片。

2）砂轮转速过快。事故中的砂轮片经磨损后直径为 413 mm，线速度为 62 m/s，远超过厂家合格证上规定的 40 m/s 线速度，砂轮运转产生的离心力远超过了砂轮的抗张应力，加速了砂轮的破裂。

3）砂轮卡盘与砂轮接触面距离为 11 mm，小于《磨削机械安全规程》（GB 4674—2009）中的表 2 规定的 16~32 mm 的距离要求，造成砂轮与砂轮卡盘的接触面不足，抓紧力不够。

4）砂轮与砂轮卡盘之间无柔性材料衬垫，造成局部接触点压力过大，过大的压力加速了砂轮的破裂。

5）存放砂轮的仓库不符合干燥要求，砂轮受潮导致其强度降低，在运行过程中易破碎。

6）打磨作业前未检查砂轮是否有裂纹、螺栓是否紧固，没有及时发现砂轮存在的事故隐患。

3. 事故原因分析

（1）直接原因。管业公司自制的砂轮直磨机砂轮防护罩防护不合格，未能将砂轮、砂轮卡盘和砂轮主轴端部全部罩住，江某在磨单壁过程中测量壁厚时未先关闭砂轮直磨机电源，致使高速运转的砂轮破裂后碎片直接击中其腰部，导致其死亡。

（2）间接原因：

1）管业公司违规使用不符合国家安全标准的自制砂轮直磨机，砂轮的存放、使用和管理上存在事故隐患。

2）管业公司安全生产主体责任不落实，安全生产管理和事故隐患排查工作不到位。

3）修磨工安全操作规程不规范，事故发生车间内修磨工安全操作规程和砂轮机安全警告警示标识未上墙。

4. 事故防范和整改措施建议

（1）管业公司应落实好安全生产主体责任，加强企业安全生产管理和事故隐患排查治理工作，规范并完善各工种安全操作规程。

（2）完善并落实砂轮安全管理制度，增加砂轮卡盘压紧面的径向宽度，在砂轮与砂轮卡盘之间设置柔性材料衬垫，砂轮存放场地应保持干燥，砂轮应放置于货架上，减少砂轮直磨机的转速或减小砂轮直径，确保砂轮机各项技术参数满足国家安全标准要求。

（3）进一步合理设置打磨工艺，向机械化、自动化转变，降低人员的劳动强度，减小与砂轮的接触距离与频次，提高作业过程中的本质安全性水平。

（4）天宁区郑陆镇人民政府要加强对辖区内企业安全生产工作的监督管理，督促企业落实安全生产主体责任，加大对企业安全生产检查力度，确保企业安全生产责任制落到实处。

三、数控铣床机械伤害事故

1. 事故经过

2019 年 11 月 5 日凌晨 0 时 31 分，东莞市大朗镇某精密模具有限公司（本案例中简称模具公司）发生一起机械伤害事故。该公司员工宋某在铣床车间操作数控铣床时，被铣床碰伤头部流血倒地，经抢救无效死亡。

事故车间为铣床车间，涉事设备为 14 号数控铣床，涉事设备安全门未采用联锁防护装置；涉事设备上贴有安全操作规程、作业指导书、日常设备点检表、金属铭牌、安全警示标识和相关安全警示标语。事故发生后，事故调查组邀请技术专家到事故现场进行勘验，对事故设备进行测试显示设备运转正常，未见故障。

事故调查组通过监控录像、事后现场勘查和相关人员的调查询问等方法，基本还原事故发生经过。2019 年 11 月 5 日 0 时 22 分，宋某在公司用餐后回到铣床车间，根据安排，操作 1 号、14 号和 15 号数控铣床加工五金配件。0 时 31 分，宋某在操作 14 号数控铣床时，打开安全门探身进机台，头部不慎触碰到主轴旋转刀具，随后倒地昏迷。0 时 32 分，车间副班长马某发现宋某倒在地上，满地鲜血，立即大声呼喊当日班组长黄某过来查看，同时上前捂住宋某头部的伤口，并按停了涉事设备。0 时 36 分，车间员工杨某拨打 120 急救电话呼救。

2. 事故原因分析

（1）事故技术分析：

1）根据《机械安全　安全防护的实施准则》（GB/T 30574—2014）第 3. 30 条“安全开口防护”、第 3. 31 条“安全防护方法”、第 3. 35 条“安全模块”、第 3. 36 条“安全相关功能”的要求，急停按钮、安全门、联锁防护装置等为确保安全相关功能的性能或消除、减少危险情况而设计的装置属于安全设备。

2）根据《机械安全　安全防护的实施准则》（GB/T 30574—2014）第 7. 2. 2. 4 条：“联锁防护装置的联锁部分在危险运动停止前应防止被打开，或防护装置的安装应确保当联锁部分打开时在危险运动停止之前人员不能触及危险区”；第 7. 2. 2. 8 条：“用户应确保经常移动的、有可移动或有铰接部分的防护装置是联锁的”要求，涉事设备应安装联锁防护装置。

3）根据模具公司制定的《CNC 安全守则》第 18 条：“试运转或切削工件时，在主轴未停止前，不可打开安全门及其他窗口”的要求，宋某在主轴未停止前打开机台安全门属于违章作业。

根据上述技术分析，涉事设备的安全装置（数控铣床联锁防护装置）的安装、使用不符合国家标准，打开安全门未能触发紧急制动指令，宋某在涉事设备运转时打开安全门探身进机台中，违反安全操作规程。

（2）事故直接原因。宋某违反数控铣床安全操作规程，在数控铣床未停止运转时探身进机台中，头部触碰到主轴上旋转的刀具。

（3）事故间接原因：

1）模具公司设备安全装置（数控铣床联锁防护装置）的安装、使用不符合国家标准或者行业标准。

2）模具公司未建立健全事故隐患排查治理制度，未采取技术、管理措施，未及时发现并消除事故隐患。

3. 事故防范和整改措施建议

（1）严格落实企业安全生产主体责任，吸取事故教训。事发企业应深刻吸取本次事故教训，严格遵守有关法律法规，加大力度对从业人员进行安全生产教育培训，保证从业人员具备必要的安全生产知识，熟悉有关安全生产规章制度和安全操作规程，掌握本岗位的安全操作技能，建立健全事故隐患排查治理制度，如实记录事故隐患排查治理工作，采取技术、管理措施，及时发现并消除事故隐患。应对企业内的数控铣床安装联锁防护装置，防止同类事故再次发生。

（2）加大事故警示力度，深化事故预防宣传教育。各级行业主管部门应当加强预防机械伤害的相关宣传工作，充分利用“双微”（即微博、微信）平台、报刊、电视、安全宣传刊物、门户网站等进行事故警示，定期召开安全生产会议。针对辖区事故特点以及事故隐患，行业主管部门应集中开展重点企业事故警示，通过向企业发送整改通知、短信、推送微信、通报事故情况及案例等方式开展对企业的事故警示、提示。

（3）提升业务知识能力，加强辖区监管力度。行业主管部门应定期开展安全生产培训，提升工作人员对设备安全装置的安装、使用等方面的技能，加强排查辖区内涉及生产、使用数控机床的企业，发现不符合国家标准或行业标准的数控机床，依法责令整改。加强监管力度，覆盖全辖区企业，消除机械事故隐患，防范和杜绝生产安全事故的发生。

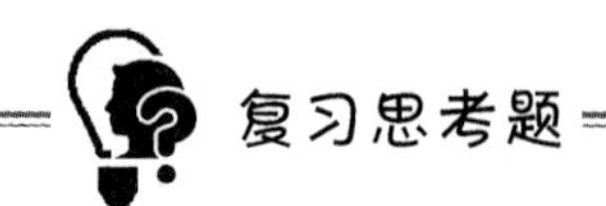

1. 金属切削机床有哪些种类？

2. 金属切削机床存在哪些主要危险？

3. 磨削加工的特点是什么？

4. 磨削加工主要存在哪些危险有害因素？这些危险有害因素产生的原因及造成的危害分别是什么？

5. 砂轮装置的安全技术要求有哪些？

6. 如果对企业在用的砂轮机进行安全检查，检查内容应包括哪些？

7. 尚小美是某公司的一名车工，是一个年轻漂亮的姑娘。这天，她穿着新买的皮凉鞋，披着新染的长发，高高兴兴地去公司上班。一看时间快来不及了，她便直接来到了车间，启动了车床。刚准备工作，看看自己精心护理的纤纤玉手，她赶紧找出一双线手套戴上。工作中，小美发现车床有一点脏，她赶忙用抹布擦了擦。过了一会，旁边的同事芳芳看见小美的新发型不错，就问她是在哪儿做的，两人聊了聊发型和时装。时间过得很快，眼看就要下班了，小美停下车床，做了清理和润滑，然后切断电源，便和芳芳一同下班了。

请指出尚小美的哪些行为是错误的、不安全的。

第四章
压力加工安全

金属压力加工是指利用压力使金属产生塑性变形，使其改变形状、尺寸及改善性能，获得型材、棒材、板材、线材或锻压件的加工方法，包括锻造、冲压、挤压、轧制、拉拔等。锻造和冲压总称为锻压，是指对坯料施加外力，使其产生塑性变形，改变尺寸、形状及改善性能，用以制造机械零件、工件或毛坯的成形加工方法，其使用的设备称为锻压机械（或成形加工机床），主要有机械压力机、液压机、自动锻压机、锤、锻机、剪切与切割机、折弯校正机等。压力加工是一种无屑加工工艺，无屑加工是指金属坯料经铸造、锻压或其他金属加工工艺直接得到的制件，不需要再切削加工。压力加工广泛应用于航空、轻工、冶金、汽车、船舶、电气、装潢等行业生产部门。

第一节　压力加工危险有害因素与冲压事故分析

一、压力加工危险有害因素

从职业安全健康角度看，压力加工的危险有害因素有机械危险、电气危险、噪声危险、振动危险、材料和物质产生的危险、忽略人类工效学原则产生的危险等。其中，以机械伤害的危险性最大，包括人员与运动零部件接触伤害、冲压工件的飞崩伤害等。除一般机械伤害事故外，压力机械在作业危险区特有的冲压事故危害尤为突出，因冲压事故导致操作者的手指被切断的事故常发。压力机械在冲压作业过程中，使人员受到冲头的挤压、剪切伤害的事件称为冲压事故，本章就开式机械压力机预防冲压事故的安全技术予以重点讨论。

机械压力机是指金属或非金属材料通过在模具间成形而进行冷加工的机械，从主传动到模具间的能量传递是用机械方式来完成的。这种能量传递可通过飞轮和离合器或直接通过传动机构来进行，如图 4-1 所示。

二、冲压事故分析

1. 机械压力机工作原理

图 4-2 所示为机械压力机结构组成示意图，电动机输入的动力通过传动系统传到曲柄

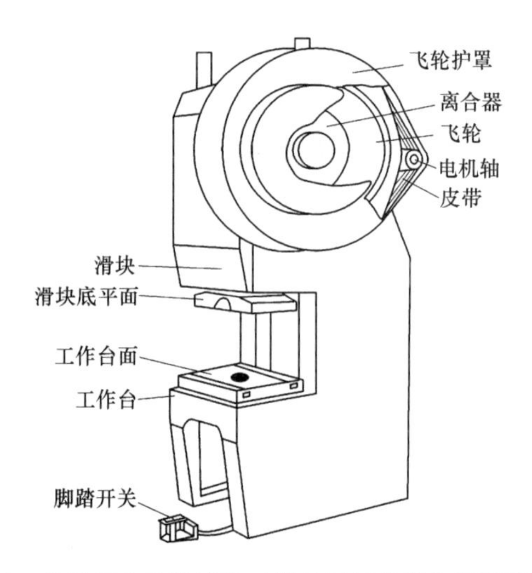

图 4-1　机械压力机的结构（模具区域的安全装置未画出）

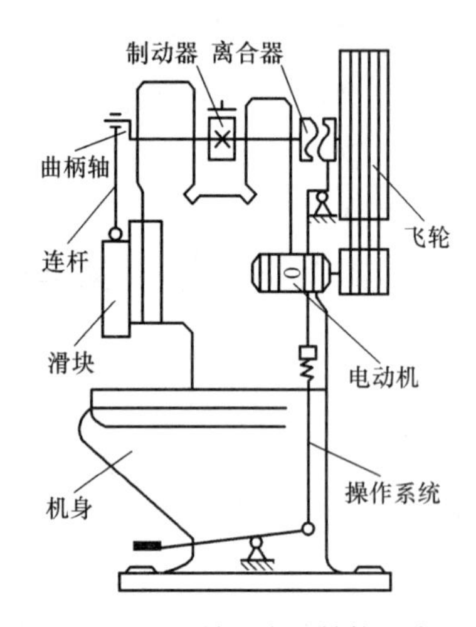

图 4-2　机械压力机结构组成

连杆机构上，曲柄连杆机构是机械压力机的工作机构，由曲柄轴、连杆、滑块组成，曲柄轴做旋转运动，通过连杆将其旋转运动转变为滑块的直线往复运动。

在电动机电源不被切断的情况下，滑块的动与停是通过操纵脚踏开关来控制离合器和制动器实现的。踩下脚踏开关，制动器松闸，离合器结合，将传动系统与曲柄连杆机构连通，动力输入，滑块运动；当需要滑块停止运动时，松开脚踏开关，离合器分离，将传动系统与曲柄连杆机构脱开，同时运动惯性被制动器有效地制动，使滑块运动及时停止。

滑块有两个极端位置，当其向下移至最低位置，即曲柄轴转角为0°（$\alpha=0°$）时的位置，称为下死点（如图 4-3a 所示）。当滑块向上移至最高位置，即曲柄轴转角为 180°（$\alpha=180°$）时的位置，称为上死点（如图 4-3b 所示）。在这两个位置，滑块的运动速度为零，加速度最大，滑块从上死点到下死点的直线距离称为滑块的行程。当 $\alpha=90°$、$\alpha=270°$时，滑块的速度最大，加速度最小。当曲柄轴与铅垂线的夹角达到某一值时（如图 4-3c 所示），对工件实施冲压，在冲压瞬间，工件变形力通过滑块和连杆作用在曲柄轴上。然后滑块到达最低位置下死点，继而上行程，开始下一个工作循环。工作循环是指从工作行程起始点（通常是上死点）到下死点再返回到工作行程起始点的滑块运动，包括滑块运动的所有过程。曲柄轴机械压力机的公称压力（或额定压力、名义压力）是指滑块离下死点前某一特定距离或曲柄轴旋转到离下死点前某一特定角度时，所允许承受的最大压力。

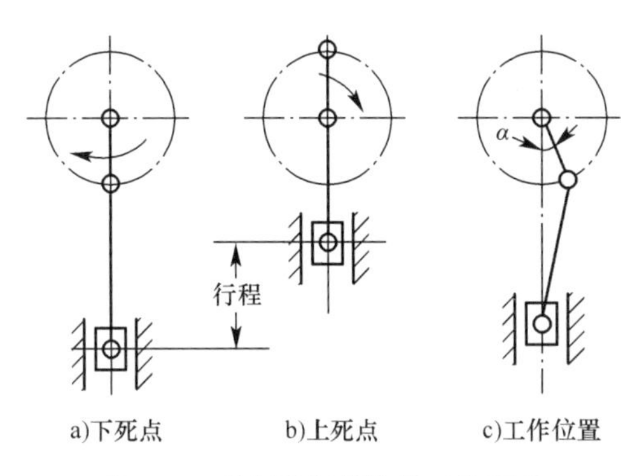

图 4-3　曲柄连杆机构的工作原理

2. 冲压事故的共同特点

压力加工的工艺过程是上模具安装在机械压力机滑块上并随之运动，下模具固定在工作台上，被加工材料置于下模具上，通过上模具相对于下模具做垂直往复直线运动，完成对加工材料的冲压。滑块每上下往复运动一次，实现一个全行程。当上行程时，滑块上移离开下模，操作者可以按操作规程进行出料、清理废料、送料、定料等作业；当下行程时，滑块向下运动实施冲压。如果在滑块下行程期间，人体任何部位处于上下模闭合的模口区，就有可能受到夹挤、剪切，发生冲压事故。冲压危险性分析如下：

（1）危险状态。滑块的往复直线运动形式。

（2）工作危险区。机械压力机安装冲模（滑块）后，冲模（滑块）的垂直投影面的范围，即为上下模具之间形成的模口区，也即工作危险区。

（3）危险时间。随着滑块的下行程，上下模具的相对距离变小甚至闭合的阶段。

（4）危险事件。在特定时间（滑块的下行程），操作者在危险区域进行安装调试冲模，对放置的材料进行剪切、冲压成形或组装等零部件加工作业，当人的手臂仍然处于危险空间（模口区）时会发生挤压、剪切等机械伤害。

3. 冲压事故的风险分析

冲压事故可能发生在冲床设备的非正常状态，例如，离合器或制动器元件缺陷、故障或破坏，电气元件失效等造成滑块运动失控形成连冲，模具设计不合理或有缺陷引发事故。从冲压事故统计资料来看，绝大多数是发生在冲压作业的正常操作过程中。表 4-1 为日本工业安全与健康协会对 500 例冲压伤手事故的统计分析资料。

表 4-1　500 例冲压伤手事故的统计分析表

操作内容	模具种类				共计/例	百分比/%
	冲裁	弯曲	拉延、成形	其他		
送料	66	57	51	33	207	41.4
定料	32	35	26	4	97	19.4
取料	15	14	15	9	53	10.6
清废	14	0	3	0	17	3.4
协作失调	4	3	5	0	12	2.4
调整模具	9	11	9	9	38	7.6
设备故障	16	12	8	5	41	8.2
其他	12	6	10	7	35	7.0
合计/例	168	138	127	67	500	100
百分比/%	33.6	27.6	25.4	13.4	100	-

另有统计数字表明，因送取料而发生的事故数约占总事故数的 38%，因校正加工件而发生的约占 20%，因清理边角加工余料和废料或其他异物的约占 14%，因多人操作不协调或模具安装调整操作不当的约占 21%，其他一般是因机械故障引起的。

从事故受伤部位看，多发生在手部（右手偏多），其次是面部和脚部（工件或加工余料的崩伤或砸伤），较少发生在其他部位。从后果上看，造成人员死亡的事故少，而造成局部永久残疾率高。

4. 冲压事故的原因

（1）人的因素。冲压作业中，人的行为是脚踏开关操纵设备，腾出手去取加工好的工件，并向模口区放置原料。操作简单，动作单一，单调重复的作业极易使操作者产生厌倦情绪；作业频率高，操作者需要被动配合冲床，手频繁地进出模口区操作，精力和体力都有很大消耗；冲压机械噪声和振动大，作业环境恶劣，会对操作者生理和心理造成不良影响；人的手脚配合不一致，或多人操作彼此动作不协调等，极易发生事故。

（2）物的因素。冲床本身的缺陷，离合器、制动器故障或工作不可靠，如刚性离合器的转键、键柄和直键断裂；电气控制系统失控，如操纵器的杆件、销针和弹簧折断，牵引电磁铁的触点粘连不能释放；缺少必要的安全防护或安全防护装置失效，以及附件工具有缺陷等，均是造成事故的重要原因。

模具担负着使工件加工成形的主要功能，是整个系统能量的集中释放部位。如果模具结构设计不合理或有缺陷，没有考虑作业人员在使用时的安全，在操作时手就要直接或经常性地伸进模具才能完成作业，就增加了受伤的可能。有缺陷的模具则可能因磨损、变形或损坏等原因在正常运转条件下发生意外而导致事故。

(3) 管理因素。如果企业现行的冲压工艺规程中没有明确注明安全要求和安全技术措施等有关规定，没有针对具体零部件的不同特点而有针对性地标明安全技术措施，使安全管理流于形式，操作者忽视使用安全装置和工具而冒险作业，就会造成事故。此外，安全生产规章制度不严、模具管理不善、设备事故隐患多、组织生产不合理、违章指挥等，也是造成事故多发的原因。

从上面分析可见，仅单方面要求操作者在整个作业期间，一直保持高度注意力和准确协调的动作来实现安全生产是不现实的，也是难以保证的。必须首先从安全技术措施上，在机械压力机的设计、制造与使用等诸环节全面加强控制，才能最大限度地避免危险并减少事故的发生。

三、实现冲压安全的主要措施

(1) 采用手用工具送取料，避免人的手部伸入模口区。冲压事故率最高的时段是发生在送取料阶段，而我国目前相当数量的冲压机械还仍然靠手工送取料，一个较经济简便的方法就是利用手用工具来降低事故发生率。手用工具是指在机械压力机主机以外，为用户安全操作额外提供的手用操作工具，用来送进或取出工件，常用的有手用钳、钩、镊、各式吸盘（电磁、真空、永磁）及工艺专用工具等，是安全操作的辅助手段，又被称为安全操作附件。手用工具必须符合人类工效学要求，手持电磁吸盘还应符合电气安全的规定。

(2) 设计安全化模具，缩小模口危险区，设置滑块小行程，使人手无法伸进模口区，如使用具有自身安全保护功能的闭合模具。图 4-4 所示为机械压力机上的闭合模具，闭合模具应是本质安全的，模具开口应不超过 6 mm。

(3) 提高送取料的机械化和自动化水平，代替人工送取料。机械化是指在生产过程中采用一些机械、电动、气动、液压传动等装置或其他装备代替某些人工操作，以减轻劳动强度和提高生产率。自动化是指采用某些装置和机械全部代替人工操作，使生产过程顺序地组织在一个能够自动检测、自动控制、自动调节和自动管理的统一系统中。

(4) 在操作区采用安全装置，保障滑块在下行程期间人手处于危险模口区之外。需要强调指出，手用工具本身并不具备安全装置的基本功能，因而不是安全装置，它是安全操作的辅助手段，只能代替人手伸进危险区，不能取代安全防护装置。

(5) 加强对机械设备的检查、维护、保养工作，发现设备出现事故隐患，应及时进行维修。

(6) 加强操作人员安全培训，提高其安全生产水平。

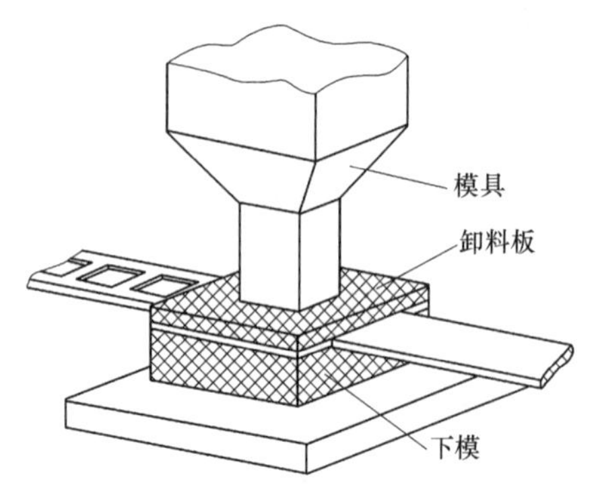

图 4-4　机械压力机上的闭合模具

第二节　机械压力机作业区的安全保护

《机械压力机　安全技术要求》（GB 27607—2011）给出了机械压力机类产品的设计、制造、改造、使用的术语和定义，以及严重危险、安全要求和措施、检验和使用信息，指出设计者、制造者、供应商在考虑机械压力机以及辅助上下料装置的严重危险和操作模式的基础上，应选择尽可能减少风险的安全防护措施。《压力机用安全防护装置技术要求》（GB 5091—2011）对安全防护装置提出了具体的技术要求。机械压力机的安全功能部件包括离合器和制动器、紧急制动装置、安全防护装置和安全辅助装置等与安全相关的部件。

一、操作控制系统

操作控制系统包括离合器、脚踏式制动器和手操作装置。离合器是控制滑块运动的动力结合装置，脚踏式制动器是停止滑块运动的制动装置，由于可解放双手进行台面操作。制动器和离合器是操纵曲柄连杆机构的关键控制装置，若性能异常，会导致滑块运动失去控制，引发冲压事故。

制动器和离合器设计基本要求包括：

（1）离合器和制动器的结合和脱开不应影响其安全功能，应避免离合器和制动器同时结合的可能性。一般采用离合器和制动器组合结构，以减少二者同时结合的可能性。

（2）采用多组压缩弹簧使制动器接合和离合器脱开；所有弹簧在规格尺寸、质量、刚度上应一致；压紧弹簧进行调整时，压紧装置应锁定，以防止弹簧松弛；弹簧的导槽和导向销应尽量减小约束，以使弹簧伸缩自如。

（3）制动器和离合器设计时应保证任一零件（如能量传递或螺栓）不能失效，不能使其他零件快速产生危险的联锁失效。

（4）产生的热量如能造成危险，应采取散热措施。

（5）不允许使用液压或气动装置来操控制动器制动，也不允许使用膜片来操控制动器。

（6）禁止在机械压力机上使用带式制动器来停止滑块。

（7）制动器设计时应采取有效措施防止润滑剂浸入制动器的摩擦表面。

（8）离合器和制动器在设计上应保证具有破坏或侵蚀密封材料（如密封圈、密封垫）的水汽、灰尘或润滑油不会对所要求的功能产生不利影响，如堵塞空气管路或其他不利影响。

（9）在设计上应保证使灰尘、液体或微粒的积聚降低到最低程度，避免随着积聚严重程度影响制动器性能，使得部件损坏或松弛进而引起制动失效。

离合器的结构形式关系作业区安全防护装置的选型和安装。离合器分为刚性离合器（整转式离合器）和摩擦离合器（分转式离合器）。刚性离合器是指一次结合或操作，滑块完成全行程后才能够脱开的离合器，如键式离合器，也包括只有在工作循环的一定位置时才能脱开的离合器。刚性离合器以刚性金属键作为接合键，如图 4-5 所示，构造简单，不需要额外动力源，但不能使滑块停止在行程的任意位置，只能使滑块停止在上死点。摩擦离合器是指在滑块行程的任意位置上都能结合和脱开的离合器，如图 4-6 所示，它借助摩擦副的摩擦力来传递扭矩，结合平稳，冲击力和噪声小，可使滑块停止在行程的任意位置。

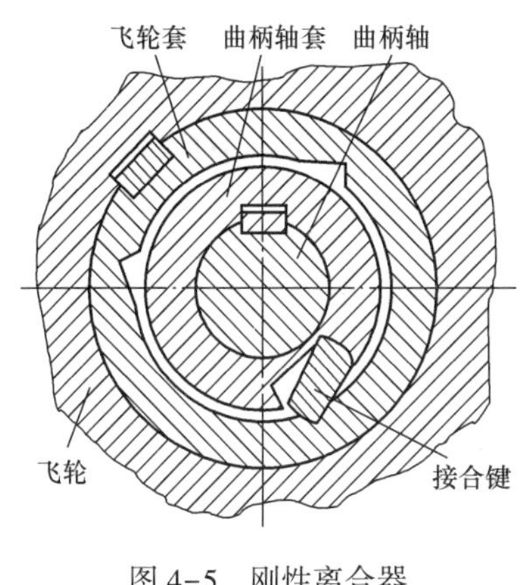

图 4-5　刚性离合器

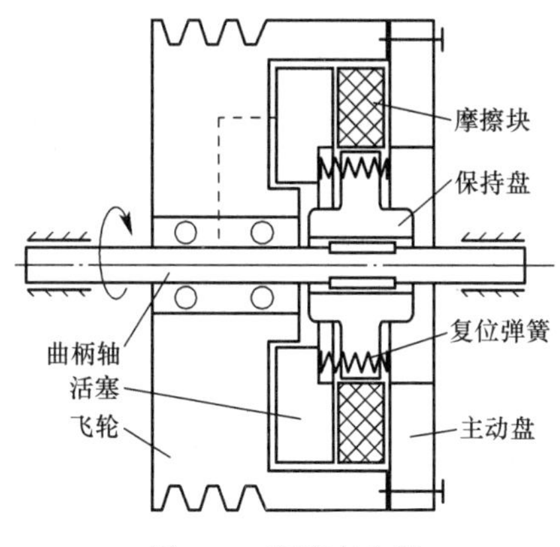

图 4-6　摩擦离合器

采用刚性离合器的机械压力机应具有急停功能，并应同时符合以下规定：急停响应时间应不大于 0.20 s；平均无故障工作次数不应少于 2 000 次；应在供电中断时实现快速制动；应具有本质安全性，并应采用冗余技术。对于行程次数大于 120 次/min 和公称力小于 20 kN 的刚性离合器机械压力机、滑块行程小于 6 mm 的刚性离合器机械压力机或有自动送料装置的刚性离合器机械压力机，可以不具有急停功能。根据机械压力机操作模式，应采取一种以上的组合和辅助安全防护措施，如配置双手操纵装置、光电保护装置和安全操作附件等。操纵离合器脱开机构电磁铁的接合频率应不低于 30 次/min，电磁铁在接合频率为 30 次/min 时应工作可靠，并应符合标准的规定。

摩擦离合器机械压力机的离合器应保证在行程的正确位置上接合和脱开，在满负荷条件下其温升应符合规定。应保留足够的工作间隙，以保证不会发生因摩擦而使滑块产生误动作。离合器应能防止杂物积聚在摩擦面上影响其性能，并应能有效排除进入的杂物。离合器和制动器在设计时应保证在气动、液压和电气失灵的情况下，离合器能立即脱开，制动器立即制动。如果在离合器系统中使用膜片，应采取措施避免因锐棱剪切或粗糙面磨损而造成的损坏，不允许因膜片松弛（如因材料疲劳）而妨碍排气。离合器和制动器的联锁控制动作应灵敏、可靠、互不发生干涉。离合器的操作应采用安全双联阀，应具有监控系统，并应符合标准的规定。

二、安全防护装置

机械压力机工作危险区应安装安全防护装置，并确保其被正确使用、检查、维修和可能的调整，以保护暴露于危险区的人员。安全防护装置分为防护装置与保护装置。依据《压力机用安全防护装置技术要求》（GB 5091—2011）的第 4. 1 条，安全防护装置应满足三个方面的安全功能要求之一：一是在滑块运行期间，人体的任一部分不能进入工作危险区；二是在滑块向下行程期间，人体的任一部位不能进入工作危险区；三是在滑块向下行程期间，当人体的任一部位进入危险区之前，滑块能停止向下行程或超过下死点。

1. 防护装置

通过在危险区周围设置实体隔离，确保人体任何部位无法进入，从而保护一切有可能进入危险区人员的安全。常见的防护装置有固定式防护装置、活动式防护装置（如图 4-7 所示）和联锁防护装置（如图 4-8 所示）。

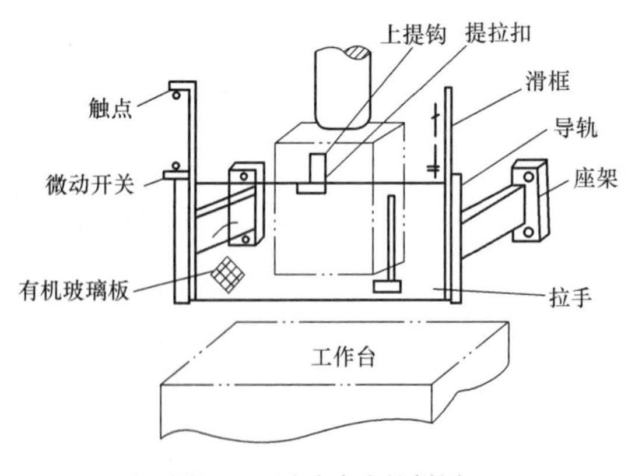

图 4-7　活动式防护栏罩

固定式防护装置应固定在机身或工作台上，送料入口可随被送材料的尺寸和形状进行调节，安装位置和送料口的开口尺寸、栅栏本身的垂直（或水平）间隙尺寸应符合相关规定。

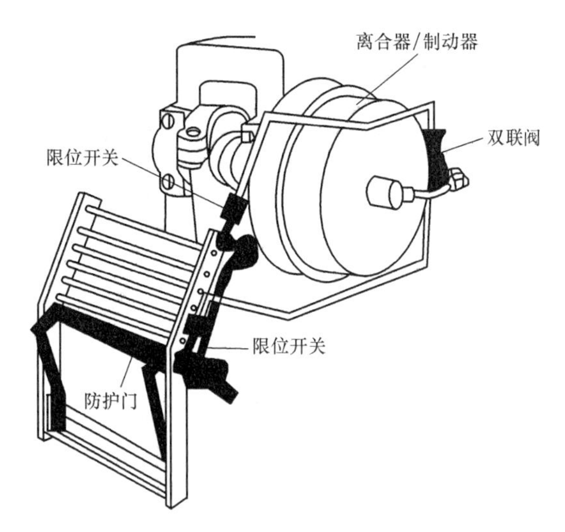

图 4-8　带冗余和监控的联锁防护装置

活动式防护装置包括动力操作式防护装置、自关闭式防护装置、可控防护装置。活动式防护装置的动力不是来自机械压力机的滑块或连杆时，应与机械压力机离合器的控制系统联锁。只有活动式防护装置处在规定的位置时才能启动滑块行程，并应在滑块向下行程期间一直保持这个位置。活动式防护装置的安装位置和送料口的开口尺寸、栅栏本身的间隙尺寸应符合相关的规定，其联锁、限位开关等应防止与人体、材料等其他物件接触，应有防护锁定装置，其联锁装置应符合相关的规定。

联锁防护装置应符合《机械安全　防护装置　固定式和活动式防护装置的设计与制造一般要求》（GB/T 8196—2018）的要求，只有护栏门关闭后才能启动工作行程。联锁装置应按照相关的要求设计和制造，控制系统与安全相关的部分应符合相关要求。联锁防护装置的安装位置和送料口的开口尺寸、栅栏本身的间隙尺寸应符合规定。如有防护锁，应保证直到工作危险区危险运动停止后护栏门才能够被打开；如无防护锁，应通过设计保证人员接触危险区域之前停止危险运动。提前开启联锁防护装置也可作为控制防护装置使用而不需防护锁。

2. 双手操纵装置

双手操纵装置的工作原理是将滑块的下行程运动与对双手的限制联系起来。根据操纵控制器件的型式不同，双手操纵装置包括双手柄式操纵装置（如图 4-9 所示）和双手按钮式操纵装置（如图 4-10 所示），双手柄式操纵装置适用于直接操纵离合器的机械压力机。双手操纵装置必须符合的安全要求有：

（1）双手操作的原则。双手操纵装置不能只用一只手、同一手臂的手掌和手肘、小臂或手肘、手掌和身体的其他部位来启动输出信号；在滑块下行过程中松开任一按钮，滑块应能立即停止运行。

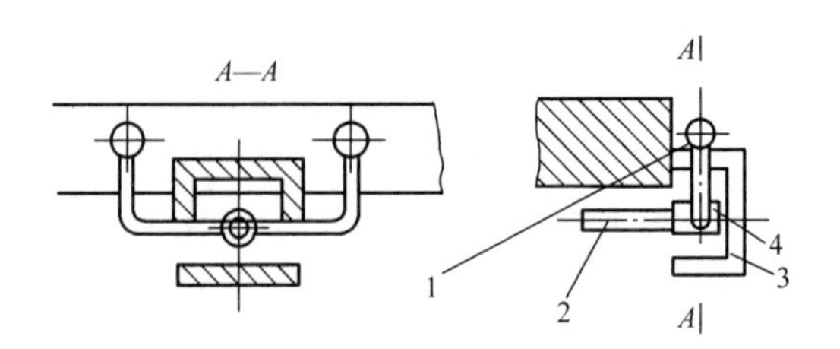

图 4-9　双手柄式操纵装置

1—双手柄；2—启动杆；3—限位板；4—轴套

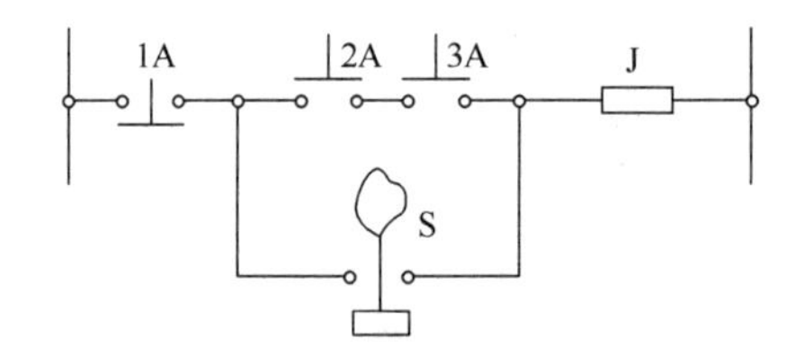

图 4-10　双手按钮式操纵装置

1A—停止按钮；2A，3A—启动按钮；S—凸轮开关；J—中间继电器

（2）重新启动的原则。在单次行程操作时，每次全行程终止（滑块到达上死点），即使双手或单手继续操纵控制器件，滑块也不能再启动，只有双手离开操作器后，才能进行再启动。被中断的操作控制需要恢复时，应先松开全部操纵控制器件，然后再次双手按压后才能恢复运行。

（3）最小安全距离原则。安全距离是指操纵控制器件到机械压力机危险线的最短直线距离。最小安全距离应根据机械压力机离合器的性能，通过计算来确定，还应考虑手和手臂的速度、双手操纵装置的形状及布置、响应时间等。

（4）操纵控制器件的装设要求。防止单手造成不当使用的预防措施是将操纵控制器件之间的内缘距离至少相隔 260 mm；防止使用同臂手和肘造成不当使用的预防措施是将操纵控制器件之间的内缘至少相距 550 mm，考虑人类工效学的原因，这个距离不宜超过 600 mm；为防止意外触动，按钮不得凸出台面或加以遮盖。双手柄式操纵装置在启动离合器时，每个操纵手柄的推（或拉或压）力不得超过 1.5 N。

（5）对须多人协同配合操作的机械压力机，应为每位操作者都配置双手操纵装置，并且只有全部操作者协同双手操纵装置时，滑块才能启动运行。

对此需要说明，双手操纵装置只能保护使用该装置的操作者，不能保护其他人员的安全。

3. 光电保护装置

光电保护装置依据光幕中光线的通或断的状态，输出控制机械压力机滑块机构运行或停止命令，是目前机械压力机使用最广泛的保护装置，人员或其身体部位只能通过光电保护装置监测区才能进入危险区。光电保护装置一般由光幕装置、信号电缆、控制器、控制电缆组成，根据光幕产生方式不同一般分对射式和反射式两种类型。对射式是光幕中发光元件发出的光直接传递给受光元件的工作形式，由发光器和受光器配合形成光幕，如图 4-11 所示。反射式是光幕中发光元件发出的光经反射后再传递给受光元件的工作形式，由光电传感器和反射器配合形成光幕，如图 4-12 所示。光电保护装置应满足以下功能：

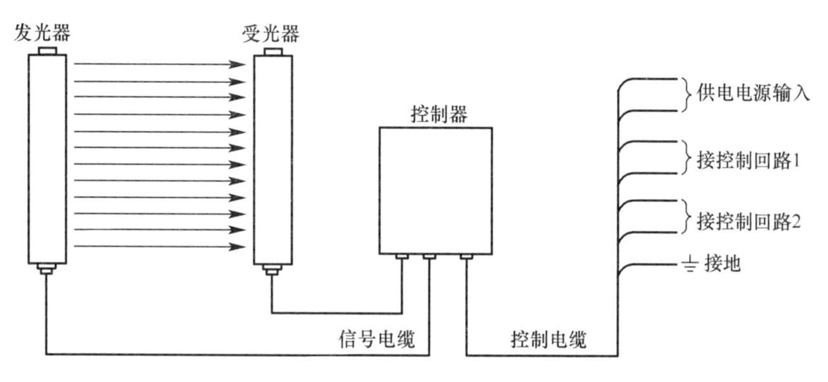

图 4-11　对射式光电保护装置

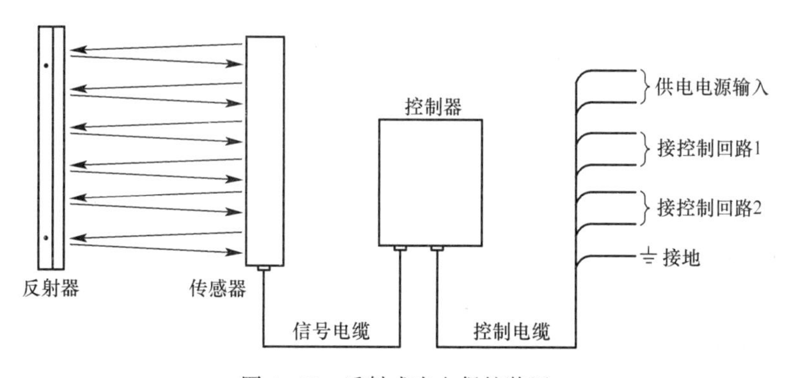

图 4-12　反射式光电保护装置

（1）保护区域。光电保护装置由保护高度和保护长度构成保护范围，一般为矩形区域。保护高度是指光电保护装置在传感器（发光器、受光器）光束排列方向的有效保护范围，应能覆盖机械压力机滑块机构运动方向（通常是铅垂线方向）的操作危险区。保护长度是指光电保护装置具备感应功能的保护区域在长度方向上的尺寸，对于反射式光电保护装置而言，是指从传感器前平面到反射器前平面之间的距离；对于对射式光电保护装置而言，是指从发光器前平面到受光器前平面之间的距离。保护长度应能覆盖操作危险区，如能覆盖工作台面。

（2）工作功能。当光幕通光时，向机械压力机输出允许运行信号的功能。通光是指光电保护装置的光幕不被遮挡或存在不被大于试件直径的物体遮挡时所呈现的通光的状态。通光状态是允许机械压力机工作的状态，是正常状态，通光由绿色光信号显示。

（3）感应功能。当光幕遮光时，在响应时间内向机械压力机输出停止运行信号的功能。遮光是指光幕中的部分或者全部光束被遮挡，导致任一或者全部受光器件接收不到发光器件所发射的光信号时所应呈现的不通光的状态。遮光状态下不允许机械压力机工作，是异常状态，遮光由红色光信号显示。

（4）回程不保护功能。在机械压力机滑块机构回程期间和在工作行程中的一段区间内关闭（或屏蔽）光电保护装置的正常功能，使其不起保护作用。滑块回程时光回保护装置不起作用，在此期间即使光幕被破坏，滑块也不停止运行，以利操作者的手出入操作。

（5）自保功能。自保功能是指光电保护装置在接通电源启动时，或在正常工作中光幕被遮光一次后又恢复通光时，应具有的保持遮光状态的功能，也称为自锁功能，或称为启动—重启动联锁功能。设置有自保功能的光电保护装置在启动时，或者当遮光使机械压力机滑块机构停止运行后，再恢复通光时，滑块机构不能恢复运行。要使滑块机构恢复运行，必须先按动“复位”按钮使光电保护装置复位（即进入正常工作状态）。

（6）自检功能。自检功能是指光电保护装置对自身发生的故障进行检查和控制并防止出现系统失灵的功能。光电保护装置可对自身发生的故障进行检查和控制，使滑块处于停止状态，在故障排除以前不能恢复运行。

（7）响应时间。响应时间是从光电保护装置的光幕被遮光到向机械压力机输出停止信号之间的最长时间。无论输出信号开关形式为晶体管形式还是继电器触点形式，光电保护装置的响应时间均不应大于20 ms。响应时间对于用户而言，应是不可调整的。

（8）安全距离。安全距离是指光电保护装置安装在机械压力机上时，应保证的光幕平面与危险区外边界之间的最小距离，应根据机械压力机离合器的性能通过计算来确定。

对于滑块不能在任意位置停止的机械压力机，计算公式为：$S=KT_s+C$。

对于滑块能在任意位置停止的机械压力机，计算公式为：$S=KT+C$。

两个公式中：S 为安全距离，mm；K 为人的身体或其某部位靠近危险区域的速度，mm/s；T 为系统的总制动时间，s；T_s 为从手离开光幕至机械压力机的滑块到达下死点的时间，s；C 为附加距离，mm。

（9）抗干扰能力。光电保护装置在承受光、电磁、射频场干扰，静电放电，电压快速瞬变脉冲、浪涌时应能正常工作。如抗光干扰能力规定光电保护装置在白炽灯、高频电子电源的荧光灯干扰下应能正常工作，在受到频闪灯光干扰时不应失灵。

4. 感应式安全装置

机械压力机用感应式安全装置是指人体或遮挡物进入感应幕时，输出控制机械压力机滑块机构不能启动或停止命令的装置。当人体或遮挡物的某一部位进入这个区域时，安全装置能发出使机械压力机不能启动或停止的信号，这个区域称为感应幕。感应式安全装置的感应元件由一定电容的电容器组成，这些电容器构成一定的保护长度和保护高度的矩形感应幕。当操作者的手送进或取出工件时，必须通过感应幕，从而使电容器的电容量发生变化，于是使与其相连的振荡器的振幅减弱或停止振荡，再通过放大器和继电器控制机械压力机的离合器，以达到安全防护的目的。

感应式安全装置的感应幕厚度不应超过 50 mm，保护长度和保护高度应符合标准的规定，保护长度至少保留 20%的冗余量，感应幕部件上应有标明保护高度的界限标志。感应式安全装置的功能与光电保护装置相比，其灵敏度受粉尘、油和水以及操作者穿着等外界因素的影响较大。

三、其他保护措施

1. 超载保护装置

机械压力机应装备剪切式、压塌式、液压式等超载保护装置，当发生超载时，使动力不能继续输入，后续机构运动停止，从而保护后续主要受力件不致遭到损坏。

如压塌式过载保护装置是根据破坏式保护原理，机械压力机在曲柄连杆机构传动链中人为制造一个机械薄弱环节——压塌块，当发生超载时，这个薄弱环节首先被破坏，切断传动线路，从而保护主要受力件——曲柄轴免受超载造成的破坏。压塌块一般装在滑块球铰与滑块之间的部位，如图 4-13 所示，当机械压力机过载时，压塌块薄弱截面首先遭到剪切破坏，使连杆相对于滑块滑动一段距离，触动开关切断控制线路，机械压力机停止运转，保障机械安全。压塌式过载保护装置的缺点是不能准确地限制过载力，因为压塌块被破坏不仅由作用在它上面的外力决定，同时还与压塌块的材料疲劳度有关。

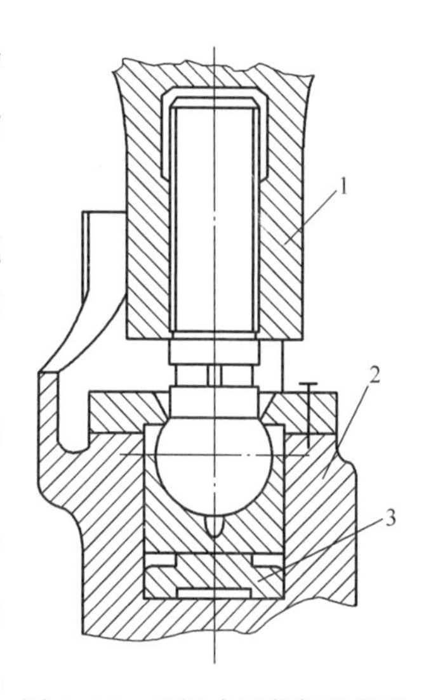

图 4-13　压塌式过载保护装置

1—连杆；2—滑块；3—压塌块

2. 维护或检修时的止落保护装置

滑块重力超过 150 N 时，为了进行维修或在模腔从事其他必要的作业（手动送料除外）时，应提供支撑装置。如果该支撑装置不能承受全部力，则其应同机械压力机控制装置联锁。只要支撑装置处在保护位置，机械压力机就不能启动行程并且滑块应保持在上死点。

对于行程大于 500 mm 且工作台深度大于 800 mm 的机械压力机，可安装滑块锁紧装置。如果锁紧装置不易被操作者观察，则应在锁紧装置处加一个明显的标识。

3. 急停按钮

急停按钮应能停止所有的危险运动，必须装设红色紧急停止按钮。该装置在供电中断时，应以不大于 0.2 s 的时间快速制动。如果有多个操作点时，各操作点上一般均应有急停按钮。

4. 解救被困人员的措施

应提供解救在模区被困人员的措施，如辅助驱动装置、手动旋转飞轮的开口等，手动旋转飞轮应与机械压力机控制系统联锁。

第三节　冲压加工事故案例分析

一、连冲事故

1. 事故概况

某年3月11日上午，天津市某设备修造厂（本案例以下简称设备修造厂）第二编织厂厂房内，冲压班陈某某和张某某操作80 t机械压力机压制家属楼信报箱小门盖，陈某某负责向机械压力机台具上送信报箱小门毛片，并用脚控制机械压力机电源开关按钮，张某某在机械压力机右侧负责从机械压力机台具上取出冲压后的成品片。工作了10 min左右，机械冲压机出现了一次连冲现象，两人停下来不放毛片开机空冲压几次，没发现连冲后继续操作。10时40分左右，张某某见机械压力机冲头抬起后用手去取成品盖时，机械压力机又出现连冲，其手回撤不及，右手食指、中指、无名指被冲头部分切断。事故发生后，陈某某立即切断电源并喊人抢救，随后将张某某送职工医院治疗，确诊为右手食指、中指、无名指离断伤。经手术治疗，张某某右手食指、中指、无名指自近指间关节以远离断，构成重伤。

2. 事故原因分析

（1）直接原因：

1）80 t机械压力机离合器弹簧材质不好，且与原机件不配套，长期使用造成该弹簧扭曲及压缩形变，因此在机械运转时不能及时复位而锁定抬起的冲头，造成连冲，从而引发了造成张某某重伤的事故。

2）在工作前，维修人员已告诫张某某本机有连冲现象，并且在操作过程中曾发生过一次连冲，却没有被重视；未严格执行安全操作规程，工作时思想不集中，在冲头连冲仅两秒钟时间间隔内伸手取成品，造成右手三指部分被切断。

（2）间接原因：

1）设备修造厂管理薄弱，操作人员长期休假复工后未进行复工安全教育，复工后转到冲床操作岗位也未进行转岗安全教育，只简单交代机械操作方法，未强调安全操作规程和要求。

2）厂领导和厂安全管理人员以及班组长对操作人员违章操作冲床不使用专用工具而用手进入冲程范围直接拿工件的操作方法未有效制止，也未给操作人员创造合适的安全操作条件，听之任之，造成事故发生。

3. 事故防范和整改措施建议

（1）机械压力机不得带病运转，弹簧材质不好，与原机件不配套，应及时更换或维修。发现连冲要停电停机，认真查找原因，彻底排除事故隐患，确保机械压力机安全可靠。

（2）操作人员长期休假后要进行复工安全教育，转到机械压力机岗位的操作人员要进行转岗安全教育。要使每一名压力加工操作人员熟悉安全规程并严格遵守。

（3）机械压力机操作人员必须使用专用安全工具，确保手不进入模口或手不进入冲程范围内。

二、矫正工件定位时发生事故

1. 事故经过

某年 3 月 16 日，某冲压厂在生产过程中，一名操作人员严重违反安全规程，将手伸入模具危险区矫正工件，造成右手压伤事故。3 月 16 日 18 时 30 分左右，冲压厂冲二车间冲压工李某某（女，21 岁），在上二班期间独自一人操作 250 t 冲床加工冲压工件。在操作过程中，由于思想麻痹、疏忽大意、忽视安全，在机械压力机滑块下行 2/3 的过程中，右手进入模具危险区矫正工件定位，致使其右手被压伤，造成右手拇指脱套伤，食指、中指各一节和无名指、小指全部离断。

2. 事故原因分析

（1）直接原因。李某某在冲压过程中严重违章操作。按照操作规程规定，“滑块运动时，不准将手伸入模具空间矫正或取、放工件”。

（2）间接原因。一是现场管理粗放，现有的工艺制度中安全防护措施内容不细，未明确每种模具的取送料方式，纵容了操作人员在操作时的随意性。二是冲压厂临时用工管理不到位，车间安全管理及操作人员遵章守纪、按章操作的教育未落到实处，对操作人员的习惯性违章未采取强有力的措施，未严格执行工艺要求及安全措施。

3. 事故教训与防范措施

（1）事故教训。在这起事故中可以看出，一方面应强调操作人员的安全操作和对违章行为的纠正。另一方面应严格要求冲压机械的安全。按照冲压安全管理的要求，冲压机械需要设置安全装置，其功能有下列四种：

1）在滑块运行期间（或滑块下行程期间），应使人体的任一部位不能进入危险区，如设置固定栅栏式等安全装置。

2）当操作人员的双手脱离启动离合器的操纵按钮或操纵手柄后，伸进危险区之前，滑块应能停止下行程或已超过下死点，如设置双手按钮式、双手柄式、活动栅栏式等安全装置。

3）在滑块下行程期间，当人体的任一部位进入危险区之前，滑块应能停止或已超过下死点，如设置光电式、感应式、翻板式等安全装置。

4）在滑块下行程期间，能够把进入危险区的人体部位推出来，或能够把进入危险区的操作人员手臂拉出来，如设置推手式、拉手式等安全装置。

在对事故进行分析时，除了对操作人员的操作行为进行分析之外，还应注意技术方面的原因。例如在这起事故的发生过程中，安全装置未能发挥保护作用，应当说这也是造成事故的一个原因。在企业安全管理中，应加强对机械设备安全的管理，从技术措施上注意防范事故的发生。

（2）应采取的防范措施：

1）技术部门应根据冲压机械状况，对安全装置进行检查；对现有的生产工艺认真排查，完善工艺安全技术条件，包括每种模具送取料安全措施并制订出具体的整改计划，按期整改，在今后的工作中严格执行、严格考核。

2）企业、车间、班组都需要加强安全管理和安全教育，强化安全监控和考核力度，认真组织有针对性的安全检查及安全培训，对查出的违章作业、违章指挥、习惯性违章等，绝不能姑息迁就，必须严肃处理。

3）要加强临时用工管理，对临时用工要严格执行有关用工规定，真正做到“谁用工、谁负责”的安全管理和安全教育，坚决杜绝用工管理中存在的脱节现象，杜绝违章和重复性事故的发生。

三、更换模具时发生事故

1. 事故经过

某年 3 月 19 日，某标准件生产厂在夜班生产过程中，冲压工杨某某操作 100 t 开式双柱机械压力机加工 802 缸盖螺栓。生产一段时间后，因模具拉毛需要更换（此机为单人单机生产），杨某某在未关掉电源和未采取安全措施的情况下，单人站在设备操作工位处卸上模具。上模具滑块突然下落，杨某某右手被突然下行的压头压住，造成右手食指第一节，中指、无名指各两节离断伤。

2. 事故原因分析

（1）直接原因。冲压工杨某某违反安全操作规程，在未关闭电源和未采取安全防护措施的情况下，进行模具更换并误操作，由此而导致事故。

（2）间接原因。该厂和车间安全管理、安全教育、安全检查不到位，特别是对从事特殊作业的作业人员本岗位安全操作规程的教育不够、要求不严。

3. 事故教训与防范措施

冲压作业属于危险性较高的工作，稍有不慎容易发生断指、断手事故，每年因冲压作业而发生的事故经常发生，是相关企业安全管理的重点。按照安全操作规程规定，对冲压机械进行维护修理时必须可靠切断电源并挂“禁止合闸，有人操作”的警示牌，将上下模具锁紧并进行支护，然后才能工作。这起事故的发生，很显然属于严重违章事故。

在防范措施上，需要加强对冲压作业人员的安全教育和进行有针对性的岗位安全操作规程的培训，并对实际操作技能进行严格考核。该企业要吸取事故教训，加强安全管理，对于违反安全操作规程的行为要加大处罚力度，发现一起处罚一起，从而杜绝严重违章现象。

复习思考题

1. 压力加工的特点是什么？

2. 压力加工的危险有害因素有哪些？

3. 冲压机械常用的安全防护装置有哪几类？各有什么功能特点？

4. 冲压机械双手操纵式安全装置的工作原理是什么？按照操纵器的形式不同，可分为哪两类？

5. 机械压力机用光电保护装置的工作原理是什么？应具备的基本功能要求有哪些？

6. 请简述实现冲压作业安全的措施建议。

第五章 起重机械安全

起重机械是指用于垂直升降或者垂直升降并水平移动重物的机电设备，依据《特种设备目录》，规定其范围为额定起重量大于或者等于 0.5 t 的升降机；额定起重量大于或者等于 3 t（或额定起重力矩大于或者等于 40 t · m 的塔式起重机，或生产率大于或者等于 300 t/h 的装卸桥），且提升高度大于或者等于 2 m 的起重机；层数大于或者等于 2 层的机械式停车设备。

第一节　起重机械基本知识

一、起重机械类型

起重机械形式多样，种类繁多，根据《起重机械分类》（GB/T 20776—2006）和《起重机　术语　第 1 部分：通用术语》（GB/T 6974.1—2008），起重机械按其功能和结构特点分为轻小型起重设备、起重机、升降机、工作平台、机械式停车设备五类，如图 5-1 所示。

1. 轻小型起重设备

轻小型起重设备一般只有一个升降机构，它只能使重物作单一的升降运动，特点是轻便、机构紧凑、动作简单，作业范围投影以点、线为主，包括千斤顶、滑车、起重葫芦、卷扬机等。其中，电动葫芦常配有运行小车与金属构架以扩大作业范围。

2. 起重机

起重机是指用吊钩或其他取物装置吊挂重物，在空间进行升降与运移等循环性作业的机械。起重机有很多分类方法，可按构造、取物装置、移动方式、驱动方式、回转能力、支承方式、操作方式等进行分类。

（1）桥式起重机。桥式起重机是指桥架梁通过运行装置直接支承在轨道上的起重机。桥式起重机中使用广泛的有单主梁或双梁桥式起重机，分别由主梁和两个端梁组成桥架，整个起重机直接运行在建筑物高架结构的轨道上。最简单的是梁式起重机，采用电动葫芦在工字钢梁或其他简单梁上运行。

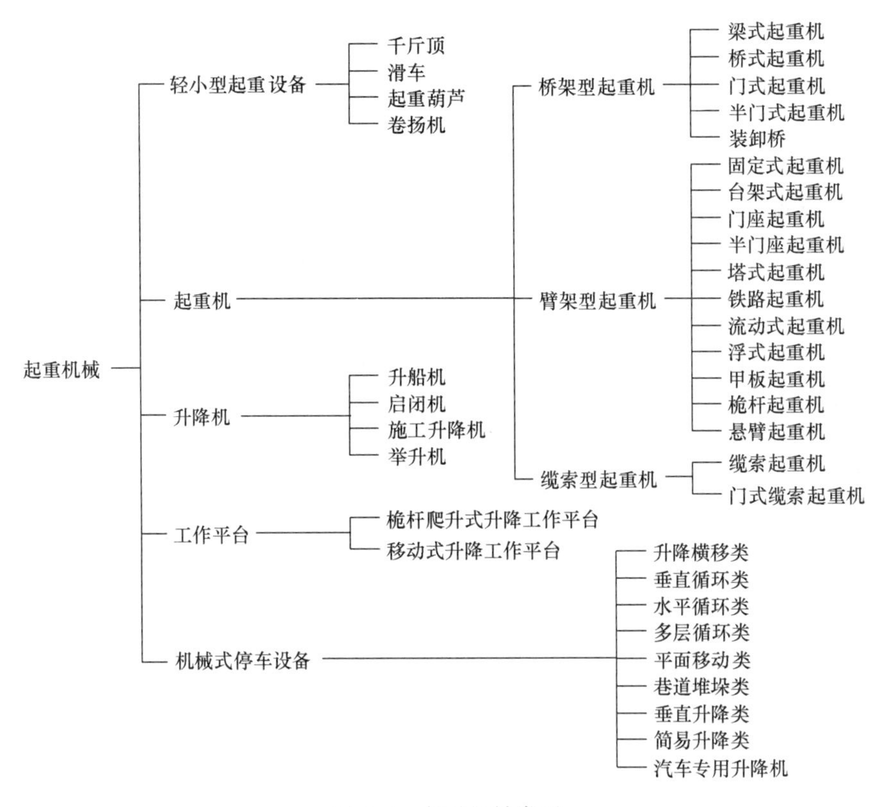

图 5-1　起重机械类型

（2）门式起重机。门式起重机是指桥架梁通过支腿支承在轨道上的起重机，又被称为带腿的桥式起重机。其主梁通过支承在地面轨道上的两个刚性支腿，形成一个可横跨铁路轨道或货场的门架，外伸到支腿外侧的主梁悬臂部分可扩大作业面积。门式起重机有时被制造成单支腿的半门式起重机。装卸桥是专门用于装卸作业的门式起重机，供货站、港口等部门常用来进行散粒物料的堆取，其特点是小车运行速度快、跨度大（一般为 90 m 以上），生产率高（可达 500~1 000 t/h 或更高）。轨道式集装箱门式起重机是 20 世纪 80 年代发展起来的重要机种，是专门用来进行集装箱的堆垛和装卸作业的门式起重机。

（3）门座起重机。门座起重机是指被安装在门座上，下方可通过铁路或公路车辆的移动式回转起重机，其回转臂架安装在门形座架上，沿地面轨道运行的门座架下可通过铁路或公路车辆，主要用于港口码头货物装卸作业，或船厂的船体组装和水电站的建筑工程中。门座起重机由上旋转和下运行两大部分组成，上旋转部分包括臂架系统、人字架、平衡配重、旋转平台、机器房和司机室等，在机器房内装有起升机构、变幅机构和回转机构，下运行部分包括门架结构及起重机的运行机构，如图 5-2 所示。

（4）塔式起重机。塔式起重机是指臂架安装在垂直塔身顶部的回转式臂架型起重机。塔式起重机（简称塔吊）是一种塔身直立、起重机臂铰接在塔帽下部，能够作 360°角回转的起重机（如图 5-3 所示），通常用于房屋建筑和设备安装的场所，具有适用范围广、起升高度高、回转半径大、工作效率高、操作简便、运转可靠等特点。

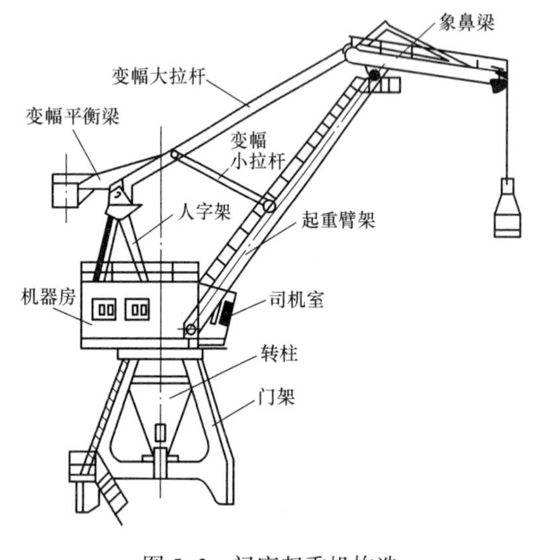

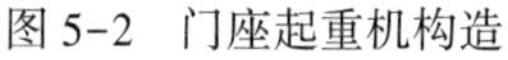
图 5-2 门座起重机构造

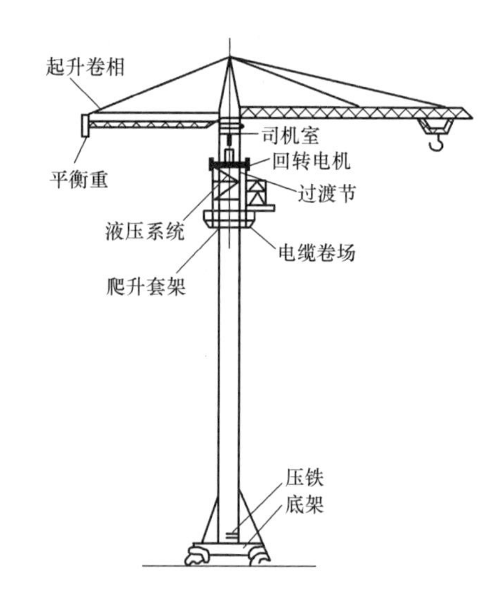

图 5-3 塔式起重机

（5）流动式起重机。流动式起重机是臂架型起重机中无轨运行的起重机械。它具有自身动力驱动的运行装置，转移作业场地时不需要拆卸和安装，具有操作方便、机动灵活、转移迅速等优点，被广泛地应用于建筑施工、工矿企业、市政建设、港口车站、石油化工、水利建设等部门的装卸和安装工程。流动式起重机按其运行方式、性能特点及适用范围，可分为汽车起重机、轮胎起重机、履带起重机和专用流动式起重机等。其中以汽车起重机使用最为广泛。

（6）缆索起重机。缆索起重机是指以固定在支架顶部的承载索作为承载件的起重机械。它适用于跨度大、地形复杂的货场、水库或工地作业，由于跨度大，固定在两个塔架顶部的缆索取代了桥形主梁，悬挂在起重小车上的取物装置被牵引索高速牵引，沿承载索往返运行，两塔架分别在相距较远的两根轨道上可以低速运行。

3. 升降机

升降机的特点是重物或取物装置只能沿导轨升降，虽然也只有一个升降机构，但由于配有完善的安全装置及其他附属装置，其复杂程度是轻小起重设备不能比拟的，故单独列为一类，包括升船机、启闭机、施工升降机、举升机等。

4. 工作平台

工作平台是一种多功能起重装卸机械设备，按构造可分为桅杆爬升式升降工作平台和移动式升降工作平台。

5. 机械式停车设备

机械式停车设备是机械式汽车库中运送和停放汽车的设备总称，可分为升降横移类、垂直循环类、水平循环类、多层循环类、平面移动类、巷道堆垛类、垂直升降类、简易升降类和汽车专用升降机等。

二、起重机械的基本组成

起重机械通常由驱动装置、工作机构、取物装置、操纵控制系统和金属结构组成（如图 5-4 所示）。通过对控制系统的操纵，驱动装置将动力能量输入，转变为机械能，将作用力和运动速度传递给取物装置，取物装置将被搬运物料与起重机械联系起来，通过工作机构单独或组合运动，完成物料搬运任务。可移动的金属结构将各组成部分连接成一个整体，并承载起重机械的自重和吊重。

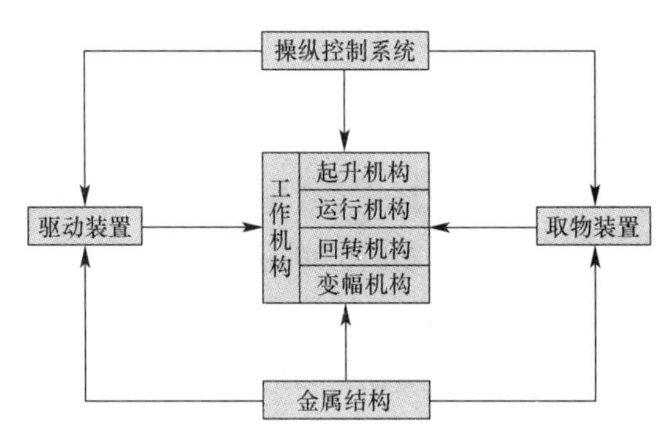

图 5-4　起重机械的组成

1. 驱动装置

驱动装置是用来驱动工作机构的动力设备。常见的驱动装置有电力驱动、内燃机驱动和人力驱动等。电能是清洁、经济的能源，电力驱动是现代起重机械的主要驱动形式，几乎所有的在有限范围内运行的有轨起重机、升降机、电梯等都采用电力驱动。对于可以远距离移动的流动式起重机（如汽车起重机、轮胎起重机和履带起重机），多采用内燃机驱动。人力驱动适用于一些轻小起重设备，也用作某些设备的辅助、备用驱动和意外（或事故状态）的临时驱动。

2. 工作机构

能使起重机械实现某种作业动作的传动系统，统称为起重机械的工作机构。起重机械实现升降、移动、旋转、变幅、爬升及伸缩等动作，均由相应的工作机构来完成。起升机构、运行机构、回转机构（又称旋转机构）和变幅机构，被称为起重机械的四大机构。起重机械通过某一机构的单独运动或多机构的组合运动，达到搬运物料的目的。每个工作机构均由四种装置组成，其中必然有驱动装置、制动装置和传动装置，另外一种装置是与工作机构的作用直接相关的专用装置，如起升机构的取物缠绕装置、运行机构的车轮装置、回转机构的旋转支承装置和变幅机构的变幅装置。

（1）起升机构。起升机构是指使载荷升降的机构，是起重机械最主要、最基本的机构。一般情况下，当起重量超过 10 t 时，常设两个起升机构，即主起升机构和副起升机构。最基本、最典型的起升机构的组成如图 5-5 所示。

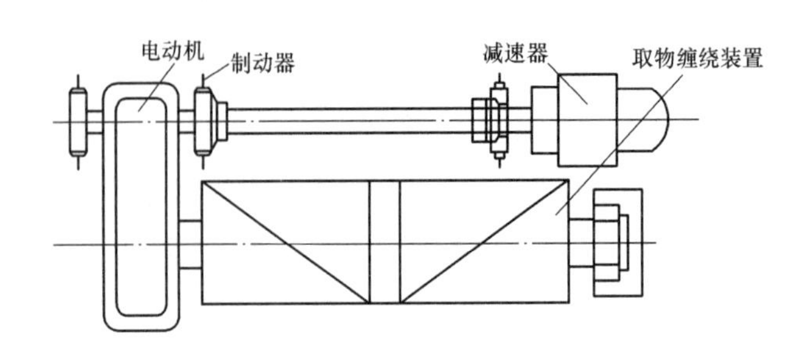

图 5-5　起重机械的起升机构组成

（2）运行机构。运行机构是指使起重机械运行的机构，使起重机械本身或其载重小车做水平运动，用来实现水平搬运物料。运行机构可分为轨行式运行机构和无轨行式运行机构（如轮胎、履带式运行机构），按其驱动方式不同分为集中驱动和分别驱动两种形式：集中驱动是由一台电动机通过传动轴驱动两边车轮转动的运行机构形式；分别驱动是两边车轮分别为两套独立的无机械联系的驱动装置的运行机构形式。

随着技术的发展，电动机采用锥形制动电动机，将驱动与制动两种性能合二为一，进一步发展为将电动机、制动器和减速器三者合三为一，三者不再需要联轴器连接，电机轴同时也是制动器轴和减速器高速轴，三者不可再分，构成一种十分紧凑的整体的锥形制动减速电动机，或称为“三合一”驱动装置。这种驱动装置目前已经为起重小车和起重机大车的分别驱动所采用。如图 5-6 所示，分别驱动的运行机构由独立的“三合一”驱动装置和车轮装置组成。

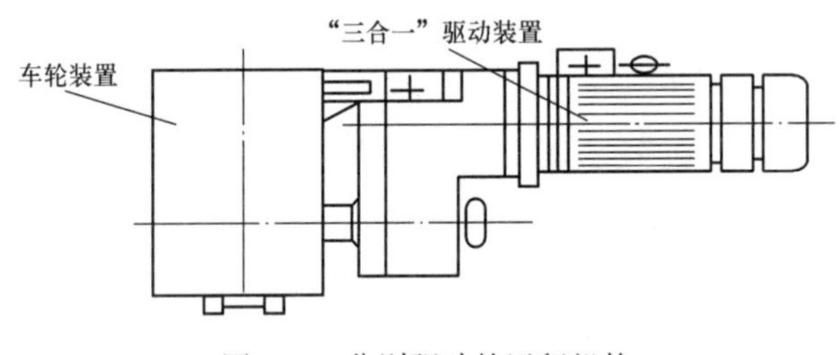

图 5-6　分别驱动的运行机构

（3）回转机构。回转机构是指使起重机械回转部分在水平面内转动的机构。臂架绕着起重机械的垂直轴线作回转运动，使被起升的物料能够绕起重机械的回转轴线也做回转运动，以实现物料在水平面内被搬运。

（4）变幅机构。变幅机构是指通过改变起重机械臂架的长度和仰角来改变作业幅度和起升高度的机构。

回转机构和变幅机构是臂架型起重机特有的工作机构。

3. 取物装置

取物装置是指通过吊、抓、吸、夹、托或其他方式，将物料与起重机械联系起来进行吊运的装置。根据被吊物料不同的种类、形态、体积，可采用不同种类的取物装置（吊具）。例如，成件的物品常用吊钩、吊环；散料（如粮食、矿石等）常用抓斗、料斗；液体物料使用盛筒、料罐等。也有针对特殊物料的特种吊具，如吊运长形物料的起重横梁，吊运导磁性物料的起重电磁吸盘，专门供冶金等部门使用的旋转吊钩，还有螺旋卸料和斗轮卸料以及集装箱专用吊具等。合适的取物装置可以减轻作业人员的劳动强度，大大提高工作效率。防止吊物坠落，保证作业人员的安全和吊物不受损伤是对取物装置安全的基本要求。

4. 操纵控制系统

操纵控制系统是驱动和控制各工作机构进行相应动作的机构，通过控制系统来改变起重机械的运动形式，以实现各机构的启动、调速、变向、制动及停止等动作，从而完成起重作业任务。操纵控制系统包括各种操纵器、显示器及相关元件和线路，是人机对话的接口，安全人机学的要求在这里得以集中体现。该系统的状态直接关系起重作业的质量、效率和安全。

5. 金属结构

金属结构是起重机械的重要组成部分，它是整台起重机械的骨架，将起重机械的机械、电气设备连接组合成一个有机的整体，承受和传递作用在起重机械上的各种载荷并形成一定的作业空间，以便使起吊的重物能够顺利搬运到指定地点。金属结构以金属材料轧制的型钢（如角钢、槽钢、工字钢、钢管等）和钢板作为基本构件，通过焊接、铆接、螺栓连接等方法，按一定的组成规则连接，承受起重机械的自重和载荷。金属结构按其构造可分为实腹式（由钢板制成，也称箱形结构）和格构式（一般用型钢制成，常见的有根架和格构柱）两类，组成起重机械金属结构的基本受力构件。这些基本受力构件有柱（轴心受力构件）、梁（受弯构件）和臂架（压弯构件），各种构件的不同组合形成功能各异的起重机械。受力复杂、自重大、耗材多和整体可移动性是起重机械金属结构的工作特点，若其遭到破坏垮塌，会给起重机械带来极其严重甚至灾难性的后果。

三、起重机械的主要技术参数

起重机械主要技术参数是表征主要技术性能指标的参数，是起重机械设计的依据，也是起重机械安全技术要求的重要依据。

1. 起升载荷

（1）额定起重量。在正常工作条件下，对于给定的起重机械类型和载荷位置，设计能起升的最大净起重量。

（2）有效起重量。吊挂在起重机械可分吊具上，或无此类吊具直接吊挂在固定吊具上起升的重物质量 m_{PL}。

（3）总起重量。直接挂在起重机械上，例如挂在起重小车或臂架头部上的重物的质量 m_{GL}，是有效起重量 m_{PL}、可分吊具质量 m_{NA}、固定吊具质量 m_{FA} 和起重挠性件质量 m_{HM} 之和，即 $m_{GL}=m_{PL}+m_{NA}+m_{FA}+m_{HM}$。

2. 线性参数

（1）幅度（L）。起重机械置于水平场地时，从其回转平台的回转中心线至取物装置（空载时）垂直中心线的水平距离。空载时幅度符号为 L_0；带载时幅度符号为 L_1。

（2）起升高度（H）。起重机械支承面至取物装置最高工作位置之间的垂直距离：对于吊钩和货叉，量至其支承面；对于其他取物装置，量至其最低点（闭合状态）。对于桥式起重机，起升高度应从地平面量起。测定起升高度时，起重机械应空载置于水平场地上。

（3）下降深度（h）。起重机械支承面至取物装置最低工作位置之间的垂直距离：对于吊钩和货叉，量至其支承面；对于其他取物装置，量至其最低点（闭合状态）。对于桥式起重机，下降深度应从地平面量起。测量下降深度时，起重机械应空载置于水平场地上。

（4）起升范围（D）。取物装置最高和最低工作位置之间的垂直距离，即 $D=H+h$。

3. 工作运动速度参数

（1）起升（下降）速度（v_n）。在稳定运动状态下，起重机械工作载荷的垂直位移速度。

（2）回转速度（ω）。在稳定运动状态下，起重机械回转部分的回转角速度。在 10 m 高处风速不超过 3 m/s 的条件下，起重机械置于水平场地上，带工作载荷、幅度最大时进行测定。

（3）运行速度（v_k）。在稳定运动状态下，起重机械的水平位移速度。在 10 m 高处风速不超过 3 m/s 的条件下，起重机械带工作载荷沿水平路径运行时进行测定。

（4）小车运行速度（v_t）。在稳定运动状态下，起重机械小车作横移时的速度。在 10 m 高处风速不超过 3 m/s 的条件下，小车带工作载荷沿水平轨道横移时进行测定。

（5）变幅速度（v_r）。在稳定运动状态下，起重机械工作载荷水平位移的平均速度。在 10 m 高处风速不超过 3 m/s 的条件下，起重机械置于水平道路上，其幅度从最大值变成最小值的过程中进行测定。

4. 与起重机械路径有关的参数

（1）跨度（S）。（桥式）起重机运行轨道中心线之间的水平距离。

（2）起重机械轨（轮）距（K）。（臂架）钢轨轨道中心线或起重机械运行车轮踏面中心线之间的水平距离。

（3）坡度（i）。起重机械在其上工作的道路坡度，由 $i=h/b$ 确定，用百分数表示，为起重机械基距的两点之间的标高差值 h 与在坡道上的水平距离 b 之比。该标高差值应在此段线路上起重机械空载条件下测定。

5. 起重机械的工作级别

（1）起重机械整机工作级别。根据起重机械的 10 个使用等级（$U_0\sim U_9$）和 4 个载荷状态级别（Q_1～Q_4），将其整机的工作级别划分为 A1～A8 共 8 个级别，详见表 5-1。

表 5-1　起重机械整机工作级别

载荷状态	名义载荷谱系数 K_p	使用等级									
		U_0	U_1	U_2	U_3	U_4	U_5	U_6	U_7	U_8	U_9
Q_1——轻	0.125			A1	A2	A3	A4	A5	A6	A7	A8
Q_2——中	0.25		A1	A2	A3	A4	A5	A6	A7	A8	
Q_3——重	0.50	A1	A2	A3	A4	A5	A6	A7	A8		
Q_4——特重	1.00	A2	A3	A4	A5	A6	A7	A8			

（2）机构的工作级别。根据机构的 10 个使用等级（T_0～T_9）和 4 个载荷状态级别（L_1，L_2，L_3，L_4），机构的工作级别划分为 M1～M8 共 8 个级别，详见表 5-2。

表 5-2　机构的工作级别

载荷状态	名义载荷谱系数 K_m	使用等级									
		T_0	T_1	T_2	T_3	T_4	T_5	T_6	T_7	T_8	T_9
L_1——轻	0.125			M1	M2	M3	M4	M5	M6	M7	M8
L_2——中	0.25		M1	M2	M3	M4	M5	M6	M7	M8	
L_3——重	0.50	M1	M2	M3	M4	M5	M6	M7	M8		
L_4——特重	1.00	M2	M3	M4	M5	M6	M7	M8			

四、起重机械的工作特点

（1）起重机械通常具有庞大的机构和比较复杂的结构，作业过程中常常是几个不同方向的运动同时操作，操作技术难度较大。

（2）能吊运的重物多种多样，载荷是变化的。有的重物重达上百吨，体积大且不规则，还有散粒、热融和易燃易爆危险品等，使吊运过程复杂而危险。

（3）需要在较大的范围内运行，活动空间较大，一旦发生事故，影响面积较大。

（4）有些起重机械需要直接载运人员做升降运动，其可靠性直接影响人身安全。

（5）暴露的、活动的零部件较多，且常与吊运作业人员直接接触（如吊钩、钢丝绳等），潜在许多偶发的危险因素。

（6）作业环境复杂，如涉及企业、港口、工地等场所，涉及高温、高压、易燃易爆等环境危险因素，对设备和作业人员形成威胁。

（7）作业中常常需要多人配合，共同完成一项操作。

起重机械与其他一般机器的显著区别是庞大、可移动的金属结构和多种机械组合工作。间歇式的循环作业、起重载荷的不均匀性、各机构运动循环的不一致性、机构负载的不等时性、多人参与的配合作业等特点，又导致了起重机械作业复杂、事故隐患多、危险范围大。上述诸多危险因素的存在，决定了起重伤害事故易发点多、事故后果严重，因而起重机械的安全性格外重要。

第二节 起重机械安全防护装置

设置安全防护装置是防止起重机械事故的必要措施，包括限制运动行程与工作位置的安全装置、防超载的安全装置、抗风防滑和防倾翻装置、联锁保护和其他安全防护装置。本节依据《起重机械安全规程 第1部分：总则》（GB 6067.1—2010，本章中简称《规程》）列出了典型起重机械安全防护装置，其设置要求详见本章最后的表5-3。

一、限制运动行程与工作位置的安全装置

1. 起升高度限位器

起升高度限位器是用于限制起升高度的安全防护装置，也称吊钩高度限位器。《规程》规定，起升机构均应装设起升高度限位器。对用内燃机驱动，中间无电气、液压、气动等传动环节而直接进行机械连接的起升机构，可以配备灯光或声响报警装置，以替代限位开关。

当取物装置上升到设计规定的上极限位置时，起升高度限位器应能立即切断起升动力源。在此极限位置的上方，还应留有足够的空余高度，以适应上升制动行程的要求。在特殊情况下，如吊运熔融金属，应装设防止越程冲顶的第二级起升高度限位器，第二级起升高度限位器应分段更高一级的动力源。需要时，应设置下降深度限位器；当取物装置下降到设计规定的下极限位置时，应能立即切断下降动力源。

上述运动方向的电源被切断后，仍可进行相反方向运动（第二级起升高度限位器除外）。

目前常用的QGX型起升高度限位器（如图5-7所示）由蜗轮、蜗杆、凸轮和限位开关及其他配件组成，具有质量轻、体积小、安装调试方便、响应灵敏准确、平稳可靠、使用寿命长等优点，对上升和下降都能起限制作用，并能与老式螺杆结构高度限位器进行互换。

QGX型起升高度限位器的工作原理是，由卷筒轴带动蜗杆、蜗轮转动，在蜗轮轴上的凸轮随之转动，转到某一位置时，凸轮的凸缘部分与限位开关接触，使限位开关动作，切断上升和下降动力源，使吊具停止在极限位置上。限位器设有4个可调节限位位置的限位开关（a、b、c、d），一般可以对上升和下降各设两道保护，即报警限位和保护限位。

2. 运行行程限位器

运行行程限位器是限制起重机（大车和小车）在一定范围内运行的保护装置。《规

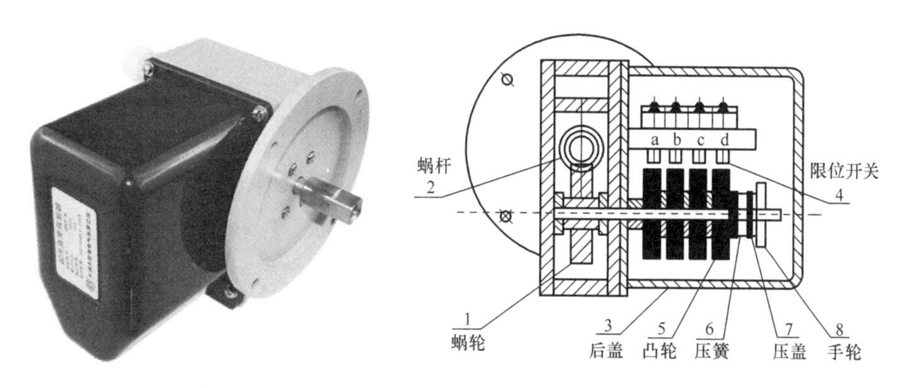

图 5-7　QGX 型起升高度限位器及其组成

程》规定，起重机械和起重小车（悬挂电动葫芦运行小车除外），应在每个运动方向装设运行行程限位器，在达到设计规定的极限位置时自动切断前进方向的动力源。在运行速度大于 100 m/min，或停车定位要求较严的情况下，宜根据需要装设两级运行行程限位器，第一级发出减速信号并按规定要求减速，第二级应能自动断电并停车。如果在正常作业时起重机械和起重小车经常到达运行的极限位置，司机室的最大减速度不应超过 2.5 m/s^2。

目常常用的 DXZ 型多功能行程限位器（如图 5-8 所示），被广泛应用于建筑、港口、矿山等行业的起重、传输机械的空间三坐标的控制和限位，具有体积小、功能多、精度高、限位可调、通用性强及维护安装和使用调整方便等特点。

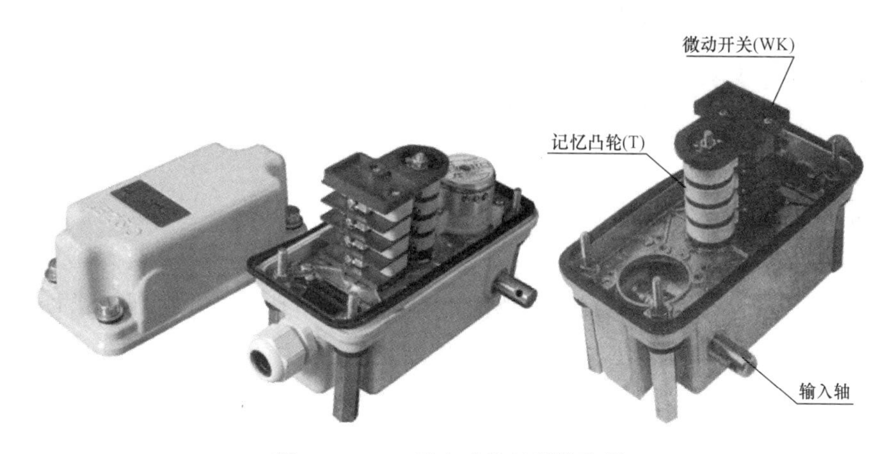

图 5-8　DXZ 型多功能行程限位器

DXZ 型多功能行程限位器是多功能转角式行程限位器，采用可调式机械记忆结构，由高精度的大传动比减速器和与其输出轴同步的机械记忆控制机构及微动开关组成。其工作原理是，与被控制机构同步的位移信号经外接挂轮变速后与限位器的输入轴连接，经减速器变速转换成输出轴的角位移信号而实现（如图 5-9 所示）。输出轴同步的机械记忆机构带动 4 个记忆凸轮（可分别人为调整）先后使微动开关瞬时切换，实现行程控制及极限限位。

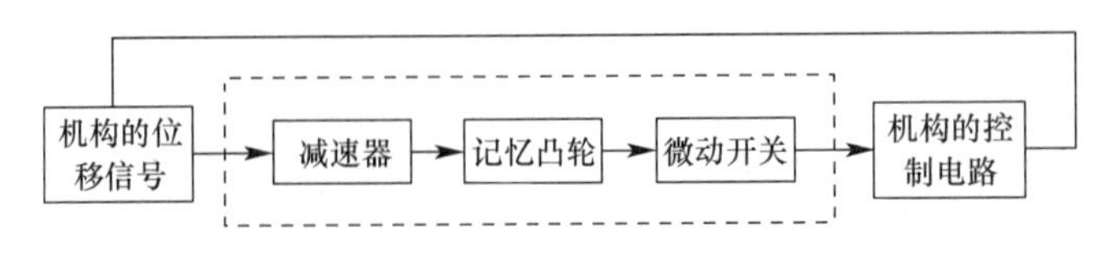

图 5-9 DXZ 型多功能行程限位器工作原理

3. 幅度限位器

《规程》要求，对动力驱动的动臂变幅（液压变幅除外）的起重机械，应在臂架俯仰行程的极限位置处设置臂架低位置和高位置的幅度限位器。

对采用移动小车变幅的塔式起重机，应装设幅度限位装置以防止可移动的起重小车快速达到其最大幅度或最小幅度处。最大变幅速度超过 40 m/min 的起重机械，在小车向外运行且当起重力矩达到额定值的 80%时，应自动转换为低于 40 m/min 的低速运行。

一般根据起重机械变幅形式的不同分为：小车变幅起重机械的幅度限位器和动臂变幅起重机械的幅度限位器。对于水平臂架小车变幅的塔吊，幅度限位器的作用是使变幅小车行驶到最小幅度或最大幅度时，断开变幅机构的单向工作电源，以保证小车的安全运行。

幅度限位器的工作原理同起升高度限位器，一般安装在小车变幅机构的卷筒一侧，利用卷筒轴伸出端带动凸轮块压下限位开关动作。例如，将 DXZ 型多功能行程限位器用于塔式起重机小车变幅极限限位时，是防止误操作，使小车在碰到臂尖或臂根的缓冲器时即停止运动。其工作原理为，固定于限位器输入轴上的小齿轮与卷筒上的齿圈啮合，当卷筒工作时，其转动的圈数（卷绕或输出的钢绳长度）被限位器记录下来，在给定的位置（行程）记忆凸轮使微动开关换接（减速延时换接），从而实现小车变幅减速或极限限位。

4. 幅度指示器

《规程》规定，具有变幅机构的起重机械，应装设幅度指示器（或臂架仰角指示器）。

小型移动式工程起重机械幅度指示器由指示角度的刻度盘和可自由转动的垂直指针组成，置于起重臂下端司机便于观察处，用来指示吊臂工作中的倾角。大、中型起重机械的幅度指示器是用来指示起重臂的倾角及该角度下的起重量，其结构类似于角度检测装置。工作原理是，根据臂长的检测结果和吊臂倾角的检测结果进行数据处理与计算，然后予以显示。

动臂式塔吊应设置臂架低位和臂架高位的幅度限位开关，以及防止臂架反弹后翻的装置。动臂式塔吊还应安装幅度指示器，以便司机能及时掌握幅度变化情况并防止臂架仰翻造成重大破坏事故。动臂式塔吊的幅度指示器，具有指明俯仰变幅动臂工作幅度及防止臂架向前后翻仰两种功能，装设于塔顶右前侧臂根交点处。

幅度指示器及限位装置由一半圆形活动转盘、刷托、座板、拨杆、限位开关等组成，拨杆随臂架俯仰而转动，电刷根据不同角度分别接通指示灯触点，将起重臂的不同仰角通过灯光亮、熄信号传递到上、下司机室的幅度指示盘上。当起重臂与水平夹角小于极限角度时，电刷接通蜂鸣器发出警告信号，说明此时并非正常工作幅度，不得进行吊装作业。当臂架仰角达到极限角度时，上限位开关动作，变幅电路电源被切断，从而起到保护作用。根据幅度指示盘上的灯光信号的指示，塔吊司机可获悉起重臂架的仰角以及此时的工作幅度和允许的最大起重量，当吊臂接近最大仰角和最小仰角时，夹板中的挡块便推动安装于臂根交点处的限位开关的杠杆传动，从而切断变幅机构的电源，停止吊臂的变幅动作。可通过改变挡块的长度来调节幅度限位器的作用过程。

5. 防止臂架向后倾翻的装置

《规程》规定，具有臂架俯仰变幅机构（液压油缸变幅除外）的起重机械，应装设防止臂架后倾装置（例如一个带缓冲的机械式的止挡杆），以保证当变幅机构的行程开关失灵时，能阻止臂架向后倾翻。

用柔性钢丝绳牵引吊臂进行变幅的起重机械，当遇到突然卸载等情况时，会产生使吊臂后倾的力，从而造成吊臂仰起超过最大幅度，发生吊臂后倾的事故。因此，这类起重机械应安装防止臂架向后倾翻的装置。吊臂后倾的主要原因是：起升用的吊具、索具或钢丝绳存在缺陷，在起吊过程中突然断裂，使重物突然坠落；由于司索工绑挂不当，起吊过程中重物散落、脱钩。这些情况都会形成突然卸载，造成吊臂反弹后倾事故。

6. 回转限位

《规程》规定，需要限制回转范围时，回转机构应装设回转角度限位器。

在回转机构上增加限位装置，可达到限制回转角度范围的目的。一般采用在回转液压油路上加装回转限位阀的方法，以限制起重机的回转动作，保证其在安全的范围内回转。回转限位阀是安装在起重机回转回路上的带旁通阀的两位两通阀，其作用是限制起重机的回转角度，在到达限定位置后自动停止回转，但可以向相反的方向回转。

例如应用DXZ型多功能行程限位器进行回转限位，控制塔式起重机塔身的转角，防止电缆缠绕损坏。其工作原理是，与回转齿圈啮合的小齿轮装于限位器的输入轴上，当塔机回转时，其回转角度（圈数）被限位器记录下来，当转至给定的位置时，记忆凸轮使微动开关切换，终止实现回转。

7. 回转锁定装置

《规程》规定，需要时，流动式起重机及其他回转起重机械的回转部分应装设回转锁定装置。

回转锁定装置是指臂架型起重机处于运输、行驶或非工作状态时，能够锁住回转部分，使之不能转动的装置。回转锁定装置常见形式有机械锁定器和液压锁定器两种：机械锁定器结构比较简单，通常是用锁销插入、压板顶压或螺栓紧定等方式实现锁定；液压式锁定器通常用双作用活塞式液压缸对转台进行锁定。

8. 支腿回缩锁定装置

《规程》规定，工作时利用垂直支腿支承作业的流动式起重机，垂直支腿伸出定位应由液压系统实现，且应装设支腿回缩锁定装置，使支腿在缩回后，能可靠地锁定。

液压式支腿广泛使用双向液压锁，其安全功能是双向锁定支腿，以保证起重机械在打支腿进行起重作业时不发生“软腿”回缩现象，当起重作业结束支腿收回时能可靠地锁定支腿，防止起重机械在行驶状态下支腿自行伸出。双向液压锁的工作特点是起重机械被调平后，油路中软管发生破裂时，支腿也不会突然失去控制而造成事故，还可以防止起重机械在行驶和停放时支腿自然下落。

9. 防碰撞装置

《规程》规定，当两台或两台以上的起重机械或起重小车运行在同一轨道上时，应装设防碰撞装置。在发生碰撞的任何情况下，司机室内的减速度应不超过 5 m/s^2。

防碰撞装置通常采用红外线、超声波、微波等无触点式开关与起重机械的电气控制系统相配合，当两台起重机械运行靠近达到一定距离时，防碰撞装置的无触点式开关会及时发出警报或直接切断运行机构的动力源，由司机操作或由机构自动停止工作，达到确保起重机械安全运行的目的。这些防碰撞装置具有可同时设定多个报警距离、精度高、功能全、环境适应能力强的特点。

防碰撞装置的结构型式主要有反射型和直射型两种。反射型由发射器、接收器、控制器和反射板组成，检测波不经过反射板反射的产品统称为直射型。如图 5-10 所示为 JGF 型与 HWF 型天车防碰撞装置系统，由控制器（主机）、（激光或红外）距离检测器和反射板组成，控制器的功能主要是将（激光或红外）传感器接收到的信号进行处理，根据检测到的距离，做出相应的报警和继电器的动作。（激光或红外）距离检测器的功能是将发射光束射到反射板，并接收反射板所反射回的信号，从而提供给主机计算天车到被测物体的距离。反射板的功能是以最小的损耗，将激光或红外定向反射。

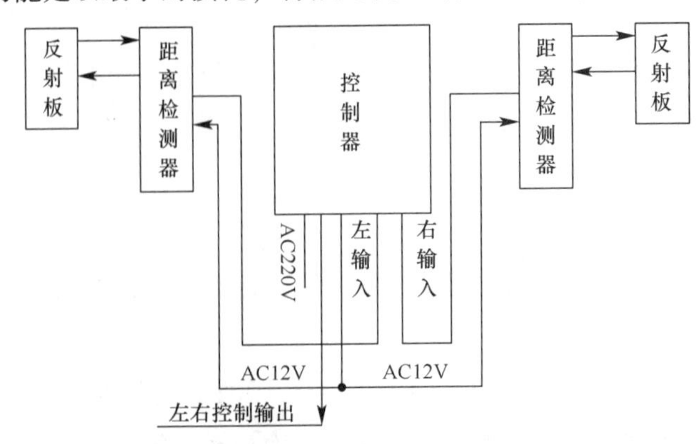

图 5-10　JGF 型与 HWF 型天车防碰撞装置系统

10. 缓冲器及端部止挡

《规程》规定，在轨道上运行的起重机械的运行机构、起重小车的运行机构及起重机械的变幅机构等均应装设缓冲器或缓冲装置。缓冲器或缓冲装置可以安装在起重机械上或轨道端部止挡装置上。轨道端部止挡装置应牢固可靠，防止起重机脱轨。有螺杆和齿条等的变幅驱动机构，还应在变幅齿条和变幅螺杆的末端装设端部止挡防脱装置，以防止臂架在低位置发生坠落。

缓冲器是配置在轨道运行式起重机械金属结构端部的一种安全装置，具有吸收运动机构的碰撞动能、减缓冲击的安全功能。缓冲器类型较多，常用的缓冲器（如图 5-11 所示）有橡胶缓冲器、弹簧缓冲器和液压缓冲器三种。

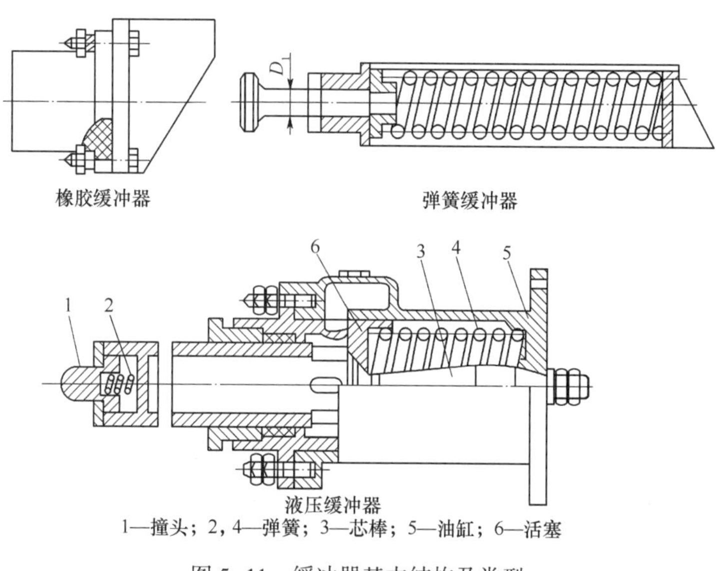

图 5-11　缓冲器基本结构及类型

端部止挡是防止起重机械因轨道倾斜、风吹等原因自行滑动，或因起重机械运行惯性等原因滑出轨道终端造成脱轨倾翻的一种阻挡装置。

普通端部止挡适用于起重机械运行速度缓慢情况下的缓冲。当门式起重机滑行速度太快时，多数端部止挡承受不了其惯性所产生的巨大冲击力，易造成脱轨或倾翻事故。即使能承受住冲击力，反而更容易造成门式起重机倾翻或钢结构变形。带防倾翻装置端部止挡设置有抗风防翻的定位装置，该装置设置在端部止挡上，可以起止挡作用，又可以防止起重机械倾翻，能起到双重作用。当大车进入轨道端部时，它的一端进入止挡，另一端带 T 形的锚座与下面固定，防止起重机械倾翻。设置防倾翻墙，对于突然到来的阵风，有时是无法进行快速反应的，当起重机械在风力作用下快速运行到止挡边上时，可能以止挡为支点发生倾覆。所以必须改变止挡结构，将止挡面变宽变高，达到行车一半左右的高度，做成防风墙。这样当阵风来临时，行车能在具有一定强度的墙上停止，不至于倾覆，可有效防止阵风对起重机械造成的损失。

11. 偏斜指示器或限制器

大跨度的门式起重机和装卸桥的两边支腿在运行过程中，当出现相对超前或滞后的现象时，起重机的主梁与前进方向就会发生偏斜，这种偏斜轻者会造成大车车轮啃道，重者会导致桥架被扭坏，甚至发生倒塌事故。

《规程》规定，跨度大于 40 m 的门式起重机和装卸桥宜装设偏斜指示器或限制器。当两侧支腿运行不同步而发生偏斜时，能向司机指示出偏斜情况，在达到设计规定值时，还应使运行偏斜得到调整和纠正。

12. 水平仪

《规程》规定，利用支腿支承或履带支承进行作业的起重机械应装设水平仪，用来检查其底座的倾斜程度。

水平仪应安装在起重机械的司机室中或操作者附近的视线之内，应能有效、真实地反映起重机械的水平状态，结果应易于观察。

二、防超载的安全装置

防超载的安全装置是指起重机作业期间，若出现超载情况时有保护和提示作用的安全保护装置，包括起重量限制器、起重力矩限制器和极限力矩限制装置。起重量（力矩）限制器按其功能型式可分为自动停止型和综合型：自动停止型是指当起重量超过额定起重量时，应能停止起重机械向不安全方向继续动作，同时应能允许向安全方向动作；综合型是指当起重量达到额定起重量的 90%～95%时，应发出视觉和听觉报警信号以提示，当继续超载起重量达到动作点时，应能停止起重机械向不安全方向继续动作，发出视觉和听觉报警信号，同时应能允许向安全方向动作。不安全方向是指起重机械超载时，继续起升吊物、臂架伸长、幅度增大及其他加剧危险的动作。安全方向是指吊物下降、臂架缩短、幅度减小及这些动作的组合。

1. 起重量限制器

《规程》规定，对于动力驱动的 1 t 及以上无倾翻危险的起重机械应装设起重量限制器。对于有倾翻危险的且在一定幅度变化范围内额定起重量不变化的起重机械也应装设起重量限制器。需要时，当实际起重量超过 95%额定起重量时，起重量限制器宜发出报警信号（机械式除外）。当实际起重量为 100%～110%的额定起重量时，起重量限制器起作用，此时应自动切断动力源，但应允许机构做下降运动。内燃机驱动的起升和非平衡变幅机构，如果中间没有电气、液压或气压等传动环节而直接与机械连接，该起重机械可以配备灯光或声响报警装置来替代起重量限制器。

起重量限制器由载荷传感器和控制装置组成。目前常见的 QCH-H2B 型起重量限制器（如图 5-12 所示）是适用于桥式、门式起重机的超载限制安全保护装置，主要由传感器、放大电路和显示控制电路组成。

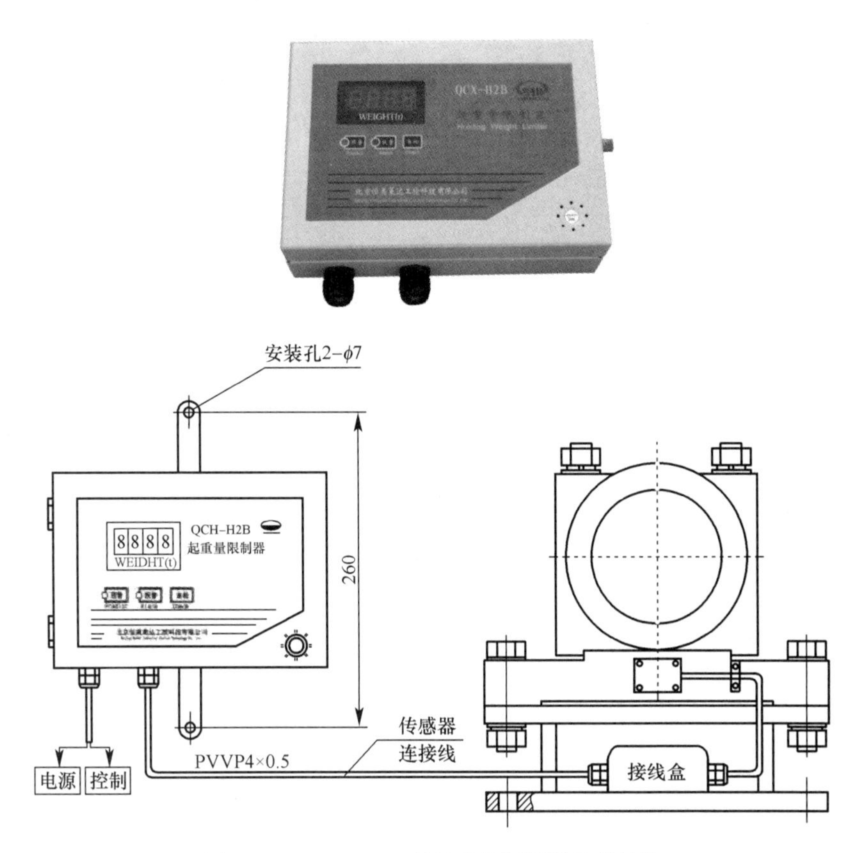

图 5-12　QCH-H2B 型起重量限制器及其结构

起重量限制器的工作原理如图 5-13 所示，起重机械起吊重物时，传感器输出与载荷成正比的电信号，该信号经放大后进入控制仪表，控制仪表对其进行处理，并实时显示起重量。当起重量达到额定起重量的 90%时，仪表输出报警信号，黄灯闪烁，继电器不动作；达到 105%时，黄、红灯同时闪烁，控制继电器延时 1~2 s 后动作，同时蜂鸣器报警；达到 130%时，控制继电器立即动作同时发出声光报警。

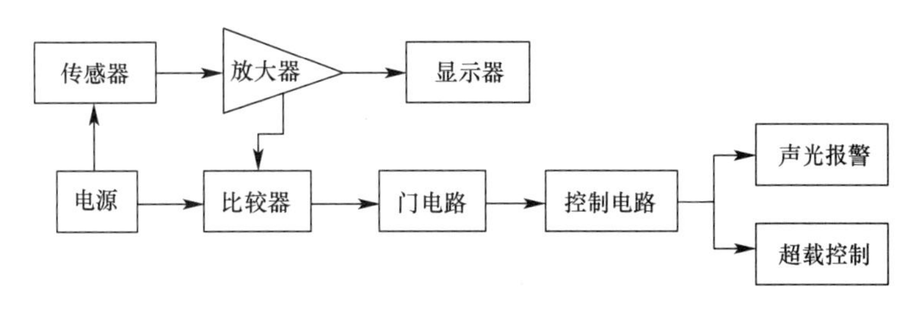

图 5-13　起重量限制器的工作原理

2. 起重力矩限制器

《规程》规定，额定起重量随工作幅度变化的起重机械，应装设起重力矩限制器。当实际起重量超过实际幅度所对应的起重量的额定值的95%时，起重力矩限制器宜发出报警信号。当实际起重量大于实际幅度所对应的起重量的额定值但小于110%的额定值时，起重力矩限制器起作用，此时应自动切断不安全方向（上升、幅度增大、臂架外伸或这些动作的组合）的动力源，但应允许机构做安全方向的运动。内燃机驱动的起升和平衡变幅机构，如果中间没有电气、液压或气压等传动环节而直接与机械连接，该起重机械可以配备灯光或声响报警装置来替代起重力矩限制器。

起重力矩限制器是臂架式起重机的防超载安全防护装置。臂架式起重机的工作特点是它的工作幅度可以改变，工作幅度是臂架式起重机的一个重要参数。臂架式起重机是用起重力矩特性来反映载荷状态的，起重力矩（M）等于工作幅度（L）与之相对应的载荷（Q）的乘积（$M=LQ$）。当起重力矩大于允许的极限力矩时，会造成臂架折弯或折断，甚至还会造成起重机械整机失稳而倾翻。

流动式起重机的起重量特性通常以起重量特性曲线和起重量性能表显示出来。起重量特性曲线（图5-14所示为流动式起重机特性曲线）是根据整机稳定性、结构强度和机构强度综合绘制的。绘制时可用起重力矩的关系式（即$M=LQ$），以纵坐标表示载荷（Q），横坐标表示幅度（L），图中每一条特定的曲线是相对于起重臂一定的工作长度时能起吊的最大起重量，或在某一起重量条件下，起重臂允许的最大工作长度。在进行起重作业时应尽量使用标准臂长作业，这样可以准确地确定起重机在该臂长时允许起吊的物体的质量。当不得不使用非标准臂长作业时，应选用最接近而又稍短于标准臂长所对应的特性曲线进行作业，以保证作业安全。

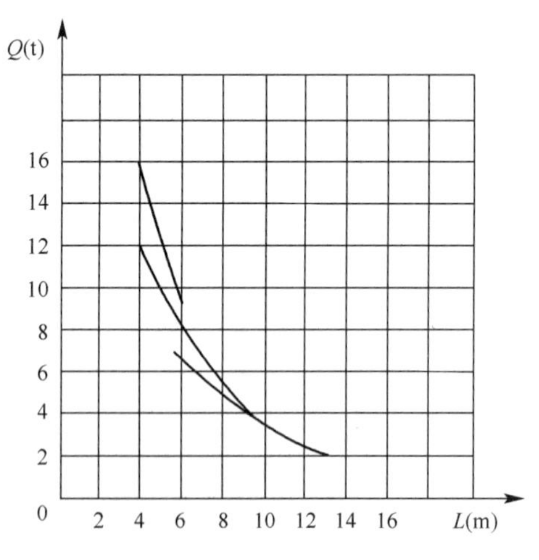

图5-14　流动式起重机特性曲线

目前常见的JSL-G型起重力矩限制器适用于矿山、港口、水利、冶金、化工、建筑工地等各行业的门式、桥式、塔式、流动式、浮式等起重机上，是起重机械必不可少的安全保护装置，该装置由主机（含显示屏）、测力传感器、角度传感器以及电源、控制电缆组成，系统组成如图 5-15 所示。该装置的工作原理：将起重机械的额定载荷通过编程器输入存储器中，通过面板人机对话窗口将各种工况参数予以设定后，即可正常工作；在工作过程中，主机连续实时采样各个传感器的信号，经过放大、运算、比较、处理后，一方面将作业数据送显示窗口，另一方面输出声光报警和控制信号，使起重设备在超载限制器的监控下安全运行。该装置的特点是主机采用先进的大规模集成电路，采样 LCD 点阵带背景光显示屏，无论白天黑夜都能清晰地显示各种参数，电路设计精简，使用操作简便；采用抗震、防水传感器，性能稳定可靠。

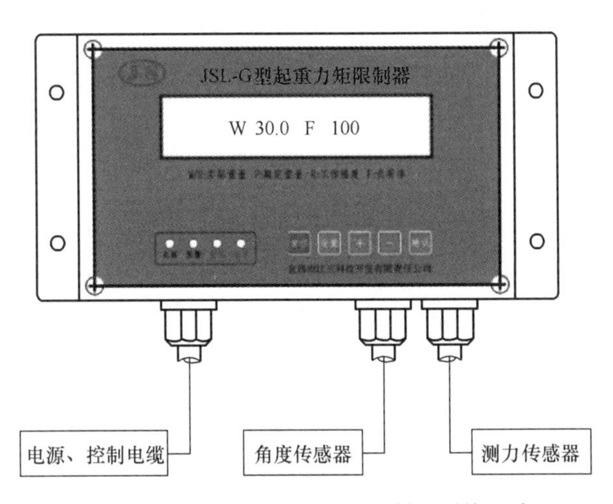

图 5-15　JSL-G 型起重力矩限制器系统组成

3. 极限力矩限制装置

《规程》规定，对有自锁功能的回转机构，应设极限力矩限制装置，以保证当回转运动受到阻碍时，能由此力矩限制装置发生的滑动而起到对超载的保护作用。

极限力矩限制装置主要作用是为防止回转驱动装置偶尔过载，保护电动机、金属结构及传动零部件免遭破坏。正常工作时，蜗杆的转矩通过涡轮的圆锥形摩擦盘与上锥形摩擦盘间的摩擦力矩传给小齿轮轴，带动小齿轮转动；当需要传动的转矩超过极限力矩联轴器所能承受的转矩时，上下两个锥形摩擦盘间开始打滑，以此来限制所要传递的转矩，起到安全防护作用。

极限力矩限制装置通常选择两种：一是弹簧和凸台结构的配合，是可恢复和重复作用的一种力矩限制机构，可以调节弹簧压力改变力矩限制值；二是使用保险销钉结构，作为防止重要机构损坏的预防装置，属于不可恢复的最终保护，重新使用时需要另行配置销钉。

三、抗风防滑和防倾翻装置

1. 抗风防滑装置

《规程》规定，室外工作的轨道式起重机应装设可靠的抗风防滑装置，并应满足规定的工作状态和非工作状态抗风防滑要求。工作状态下的抗风防滑装置可采用制动器、夹轨器、锚定装置、止轮器、压轨器、轮边制动器，其制动与释放动作应考虑与运行机构联锁并应能从控制室内自动进行操作。

起重机械只装设抗风防滑装置而无锚定装置的，抗风防滑装置应能承受起重机械非工作状态下的风载荷；当工作状态下的抗风防滑装置不能满足非工作状态下的抗风防滑要求时，还应装设牵缆式、插销式或其他形式的锚定装置。起重机械有锚定装置时，锚定装置应能独立承受起重机械非工作状态下的风载荷。

非工作状态下的抗风防滑设计，如果只采用制动器、轮边制动器等抗风防滑装置，其制动与释放动作也应考虑与运行机构联锁，并应能从控制室内自动进行操作（手动控制防风装置除外）。

锚定装置应确保在下列情况下起重机械及其相关部件的安全可靠：①起重机械进入非工作状态并且锚定时；②起重机械处于工作状态，进行正常作业并实施锚定时；③起重机械处于工作状态且在正常作业，突然遭遇超过工作状态极限风速的风载荷而实施锚定时。

（1）制动器。制动器是具有使运动部件或运动机械减速、停止或保持停止状态等功能的装置。起重机械的各机构中，制动器是用来保障起重机械能准确、可靠和安全运行的重要部件，既是机构工作的工作装置，又是保障起重作业的安全装置。它是通过摩擦原理来实现机构制动的，当设置在静止机座上的制动器的摩擦部件以一定的作用力压向机构中某一运行转轴上的被摩擦部件时，这两个接触面间产生的摩擦力对转动轴线产生了摩擦力矩，这个力矩通常称为制动力矩。当制动力矩与吊物重力或运行时的惯性力产生的力矩相平衡时，即达到了制动要求。

起重机械所用的制动器是多种多样的，按结构特性可分为块式、带式和盘式三种，其中块式用得最多。块式制动器是由瓦块总成圆柱面和运动部件构成摩擦副的制动器，桥式起重机上采用的块式制动器（如图 5-16 所示）通常由制动器架和驱动装置（推动器）组成，制动器架由带有制动瓦的左、右制动臂，主弹簧、辅助弹簧组成弹簧组件，拉杆、杠杆角板和拉杆调节螺母组成的制动间隙调整装置及底座等组成。根据驱动装置不同，块式制动器分为短行程电磁铁制动器、长行程电磁铁制动器、液压推杆瓦块式制动器和液压电磁瓦块式制动器等。

块式制动器的工作原理是：驱动装置未动作时，制动臂上的制动瓦在主弹簧张力的作用下，紧紧抱住制动轮，机构处于停止状态。驱动装置动作时产生的推动力推动拉杆，并使主弹簧被压缩，同时使左、右制动臂张开，使左、右制动瓦与制动轮分离，制动轮被释放。当驱动装置失去动力后，主弹簧复位的同时带动左、右制动臂及制动瓦压向制动轮，从而使机构的制动轮连同轴一起停止运行，达到制动目的。

制动器按工作状态可分为常闭式和常开式两种：常闭式制动器（工作过程如图 5-17 所示）是驱动部件停止工作时具有制动功能的制动器；常开式制动器（工作过程如图 5-18 所

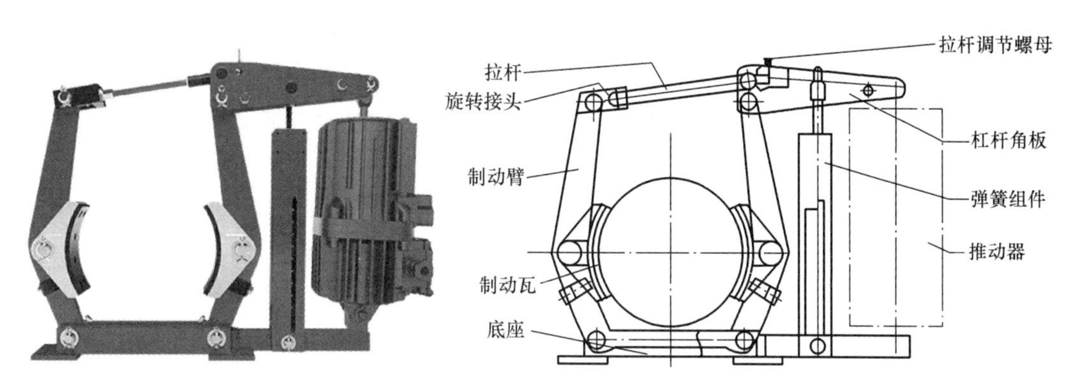

图 5-16　块式制动器及其组成部分

示）是驱动部件停止工作时不具有制动功能的制动器。从工作安全性角度出发，起重机械的各工作机构都应采用常闭式制动器。常闭式制动器经常处于合闸状态，当机构工作时，可用电磁铁或电力液压推杆器等外力的作用使之放松。

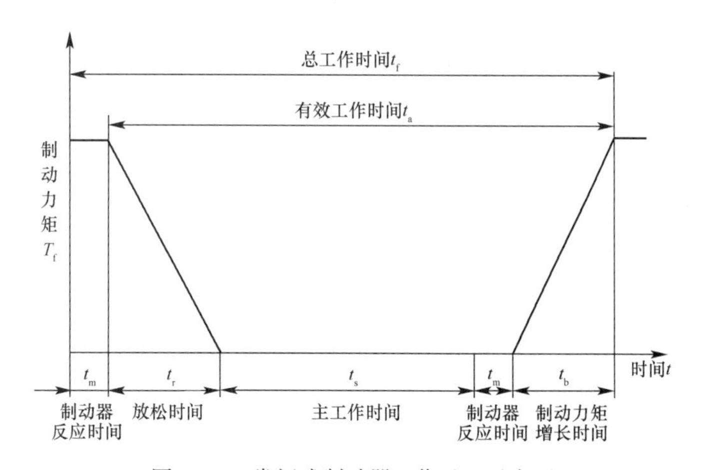

图 5-17　常闭式制动器工作过程示意图

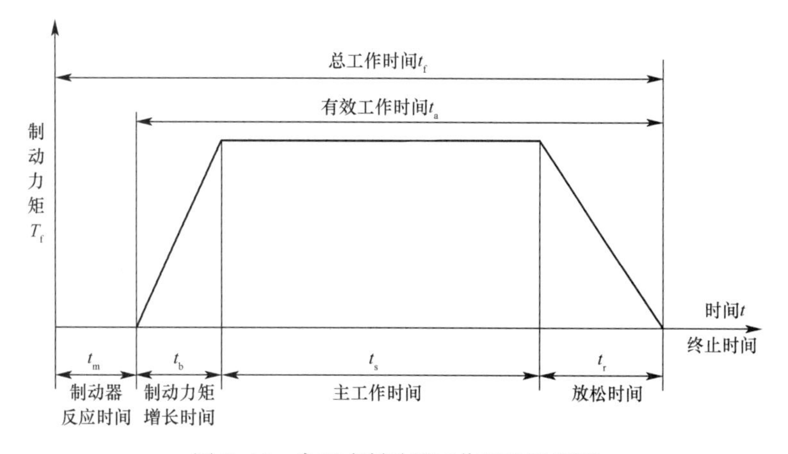

图 5-18　常开式制动器工作过程示意图

《规程》规定，动力驱动（液压缸驱动的除外）的起重机械，其起升、变幅、运行、回转机构都应装设可靠的制动装置；当机构要求具有载荷支持作用时，应装设机械常闭式制动器。在运行、回转机构的传动装置中有自锁环节的特殊场合，如能确保不发生超过许用应力的运动或自锁失效，也可以不用制动器。对于动力驱动的起重机械，在产生大的电压降或在电气保护元件动作时，不允许导致各机构的动作失去控制。对于吊钩起重机，起吊物在下降制动时的制动距离（控制器在下降速度最低挡稳定运行，拉回零位后，从制动器断电至物品停止时的下滑距离）不应大于 1 min 内稳定起升距离的 1/65。

制动器应便于检查，常闭式制动器的制动弹簧应是压缩式的，制动器应可调整，制动衬片应能方便更换。宜选择对制动衬垫的磨损有自动补偿功能的制动器。操纵制动器的控制装置，如踏板、操纵手柄等，应有防滑性能。手施加于操纵控制装置操纵手柄的力不应超过 160 N，脚施加于操纵控制装置脚踏板的力不应超过 300 N。

制动器的零件出现下述情况之一时，其零件应更换或制动器应报废。

1）驱动装置：磁铁线圈或电动机绕组烧损；推动器推力达不到松闸要求或无推力。

2）制动弹簧：弹簧出现塑性变形且变形量达到了弹簧工作变形量的 10%以上；弹簧表面出现 20%以上的锈蚀或有裂纹等缺陷的明显损伤。

3）传动构件：构件出现影响性能的严重变形；主要摆动铰点出现严重磨损，并且因磨损导致制动器驱动行程损失达原驱动行程 20%以上时。

4）制动衬垫：铆接或组装式制动衬垫的磨损量达到衬垫原始厚度的 50%；带钢背的卡装式制动衬垫的磨损量达到衬垫原始厚度的 2/3；制动衬垫表面出现炭化或剥脱面积达到衬垫面积的 30%；制动衬垫表面出现裂纹或严重的龟裂现象。

5）制动轮出现下述情况之一时，应报废：影响性能的表面裂纹等缺陷；起升、变幅机构的制动轮，制动面厚度磨损达原厚度的 40%；其他机构的制动轮，制动面厚度磨损达原厚度的 50%；轮面凹凸不平度达 1.5 mm 时，如能修理，修复后制动面厚度应符合标准要求。

（2）夹轨器。夹轨器是应用最广泛的一种抗风防滑装置，其工作原理是利用夹钳夹紧轨道头部的两个侧面，通过结合面的夹紧摩擦力将起重机固定在轨道上，使起重机不能滑移。夹轨器按控制方式可分为手动、电动、液压、手电两动等多种形式，可用于各种类型的露天起重作业。

手动夹轨器安装在起重机端梁两端，在轨道上任何位置均可使用，使用方便，如果选择的夹轨器强度符合要求，抗风效果相当可靠。手动夹轨器的主要缺点是安装、撤除程序复杂、用时长，并且人工操作时夹紧力因人而异、无法统一。液压夹轨器是目前应用比较广泛的一种常规制动器，主要采用液压系统通过控制系统和执行机构实现随机安装、撤除，该装置与电磁制动系统相配合实现门式起重机在带电、停电状态及全过程中实施迅速制动，使门式起重机制动系统更加快捷、安全、稳定可靠。液压夹轨器可与风速仪联锁，当数据显示测量的风速超出限定范围时，夹轨器会得到信号，自动夹紧轨道，自动有效地应对突发状况。电动夹轨器与主机设备联锁，当数据显示测量的风速超出限定范围时，夹轨器会得到信号，通过制动弹簧压迫钳臂，使得钳块夹紧轨道产生防滑力，能够实现起重机械在工作状态下的自动抗风作用。

（3）锚定装置。锚定装置（如图 5-19 所示）是防止起重机械在暴风作用下沿轨道滑行、倾翻的一种安全装置，借助插销、链条、顶杆等将起重机械与轨道基础相连接，用于非工作状态下特大风暴时起重机械的固定。锚定装置结构简单、质量小、价格低，并且人工就能操作，抗风效果比较可靠，其缺点是设置在轨道的某个固定位置，起重机械需要移动到该位置才能锚定，不适用于紧急情况下的即时防风固定。

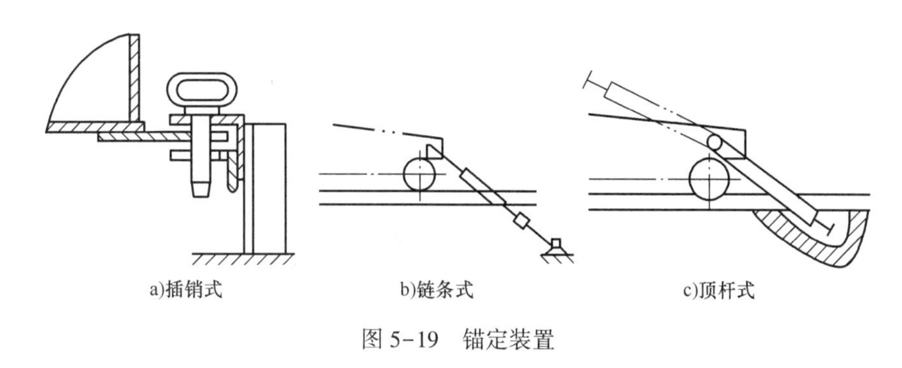

图 5-19　锚定装置

（4）止轮器和压轨器。止轮器是利用起重机械的一部分重量在轨道上产生滑动摩擦力，使起重机车轮不能转动而实现制动。

常见的止轮器俗称铁鞋，是在车轮与轨道之间放置铁楔，当起重机械被风吹动时，车轮上的铁楔与轨道间产生滑动摩擦力抗滑。图 5-20 所示为一种电动铁鞋，靠弹簧力通过电磁推杆与杠杆系统将铁鞋推到车轮下面，达到止动目的。起重机械运行时，电磁铁使电磁推杆左移，带动杠杆系统，将铁鞋提起。平行四边形的杠杆系统能使铁鞋始终保持水平。在黏着力足够的条件下，为了确保铁鞋正常工作，应该使铁鞋前端满足楔块自锁条件，使车轮能爬上铁鞋，不然车轮会推着铁鞋前进，失去止轮作用。对于钢质车轮和铁鞋，自锁条件是：$h<0.568D$（h 为铁鞋楔尖厚度，D 为车轮直径）。

压轨器是将起重机械的部分重量通过附加装置压到轨顶，利用其间滑动摩擦力止动。加压滚子式自动压轨器如图 5-21 所示，防滑靴子的上表面是弧形斜面，下表面覆以摩擦料。当关断运行机构电源或电源中断时，防滑靴缓缓落于轨顶。若起重机械发生滑行，放在轨道上的防滑靴楔入加压滚子下面，使得起重机械止动。在开动起重机械运行机构时，先将起重机械后退一小段距离，再接通电液压推杆提起防滑靴子，然后开动运行进行工作。

（5）轮边制动器。轮边制动器（也称夹轮器）安装在被动轮上，通过对车轮施加一个制动力矩，利用起重机械自重产生的轮压来产生抗风阻力，在紧急状况下可实现动态紧

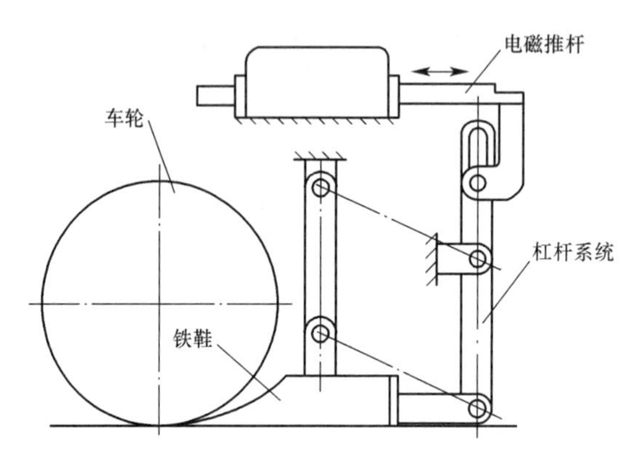

图 5-20　电动铁鞋

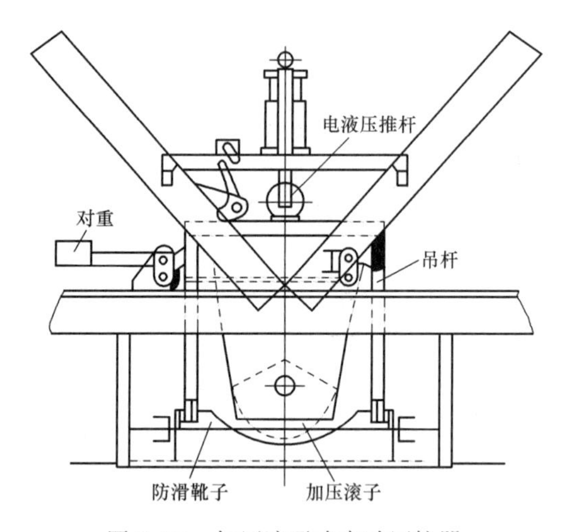

图 5-21　加压滚子式自动压轨器

急制动。其工作原理是：当机构减速停车后，通过对车轮施加与风力作用相反的滚动摩擦阻力（静态或动态时）或滑动摩擦阻力（车轮打滑时变成滑动摩擦阻力），达到抵抗风力的目的。当机构要启动时，轮边制动器通过可编程控制器（PLC）或其他方式控制提前进行释放（开闸），使制动器的制动衬垫脱离车轮制动面，消除制动力矩。轮边制动器一般只用于大车运行机构的被动车轮的制动。

轮边制动器的特点：体积小、结构简单、安装简易、无须较大的安装支架，可降低整机质量；是通过复合材料制成的摩擦衬垫与轮缘侧面形成摩擦副的，而不是钢对钢摩擦，所以具有非常稳定的摩擦性能和抗风制动效果；一台车上可设置多台轮边制动器，使整机具有较高的抗风能力；在紧急情况下可实现动态紧急制动，这是夹轨器等轨道式抗风装置无法实现的。

室外工作的轨道式起重机在实际使用过程中，要达到理想的抗风效果，必须根据起重机的额定起重量、跨度、起升高度、使用环境等各方面因素进行综合考虑，合理配置上述各种类型的抗风装置。如当台风来临时可以选用锚定装置+夹轨器+抗风拉索；工作状态时可以选用制动器+液压夹轨器或制动器+轮边制动器。

2. 防倾翻安全钩

起重吊钩装在主梁一侧的单主梁起重机械、有抗震要求的起重机械及其他有类似防止起重小车发生倾翻要求的起重机械，应装设防倾翻安全钩。

单主梁起重机械由于起吊重物是在主梁的一侧进行，重物等对小车产生一个倾翻力矩，由垂直反轨轮或水平反轨轮产生的抗倾翻力矩使小车保持平衡，一般情况下不会发生倾翻。但是，只靠这种方式不能保证在风灾、意外冲击、车轮破碎、检修等情况下的安全。因此，这种类型的起重机械应安装防倾翻安全钩。防倾翻安全钩根据小车和轨轮型式的不同，设计成不同的结构。

四、联锁保护

进入桥式起重机和门式起重机的门，和从司机室登上桥架的舱口门，应能联锁保护；当门打开时，应断开由于机构动作可能会对人员造成危险的机构的电源。司机室与进入通道有相对运动时，进入司机室的通道口，应设联锁保护；当通道口的门打开时，应断开由于机构动作可能会对人员造成危险的机构的电源。

可在两处或多处操作的起重机械，应有联锁保护，以保证只能在一处操作，防止两处或多处同时进行操作。当既可以电动也可以手动驱动时，相互间的操作转换应有联锁保护。

夹轨器等制动装置和锚定装置应能与运行机构联锁。对小车在可俯仰的悬臂上运行的起重机械，悬臂俯仰机构与小车运行机构应有联锁保护，使俯仰悬臂放平后小车方能运行。

五、其他安全防护装置

1. 风速仪及风速报警器

对于室外作业的高大起重机械应安装风速仪，风速仪应安置在起重机械的上部迎风处。对室外作业的高大起重机械应装有显示瞬时风速的风速报警器，且当风力大于工作状态的计算风速设定值时，应能发出报警信号。

2. 轨道清扫器

当物料有可能积存在轨道上成为运行的障碍时，在轨道上行驶的起重机械和起重小车，在台车架（或端梁）下面和小车架下面应装设轨道清扫器，其扫轨板底面与轨道顶面之间的间隙一般为 5~10 mm。

3. 防小车坠落保护

塔式起重机的变幅小车及其他起重机械要求防坠落的小车，应设置使小车运行时不脱轨的装置，即使轮轴断裂，小车也不能坠落。

4. 检修吊笼或平台

需要经常在高空进行自身检修作业的起重机械，应装设安全可靠的检修吊笼或平台。

5. 导电滑触线的安全防护

桥式起重机司机室位于大车滑触线一侧，在有触电危险的区段，通向起重机械的梯子和走台与滑触线间应设置防护板进行隔离。桥式起重机大车滑触线侧应设置安全防护装置，以防止小车在端部极限位置时因吊具或钢丝绳摇摆与滑触线意外接触。多层布置桥式起重机时，下层起重机应采用电缆或安全滑触线供电。其他使用滑触线的起重机械，对易发生触电的部位应设安全防护装置。

6. 报警装置

必要时，在起重机械上应设置蜂鸣器、闪光灯等作业报警装置。流动式起重机倒退运行时，应发出清晰的报警音响并伴有灯光闪烁信号。

7. 防护罩

在正常工作或维修时，为防止异物进入或防止其运行对人员可能造成危险的零部件，应设有保护装置。起重机械上外露的、有可能伤人的运动零部件，如开式齿轮、联轴器、传动轴、链轮、链条、传动带、皮带轮等，均应装设防护罩或防护栏。对露天工作的起重机械上的电气设备应采取防雨淋措施。

第三节　起重机械使用安全

一、起重机械使用安全管理

1. 采购、使用许可生产的合格设备

国家对起重机械的设计制造有严格的要求，实行生产许可制度。起重机械的制造单位，必须具备保证产品质量所必需的加工设备、技术力量、检验手段和管理水平，并取得特种设备制造许可证，才能生产相应种类的起重机械。使用单位应采购、使用取得许可生产（含设计、制造、安装、改造、修理），并且经检验合格的特种设备，不得采购超过设计使用年限的起重机械，禁止使用国家明令淘汰和已经报废的起重机械。

2. 使用登记

使用单位应当在起重机械投入使用前，向所在地特种设备安全监督管理部门办理使用登记，经审查批准登记建档、取得使用登记证书后方可使用。

3. 安全管理制度

使用单位应当建立健全起重机械使用安全管理制度，并严格执行。使用安全管理制度包括：单位负责人、起重机械安全管理人员和作业人员岗位责任制；起重机械操作规程；起重机械维护、保养、检查和检验制度；起重机械安全技术档案管理制度；起重机械作业和维修人员安全培训、考核制度；事故报告处理制度等。

4. 安全技术档案

使用单位应当建立起重机械安全技术档案。起重机械安全技术档案应包括：设计文件，产品质量合格证明，安装、使用、维护、保养说明，监督检验证明等相关技术资料和文件；定期检验和定期自行检查的记录；日常使用状况记录；维护保养记录；运行故障和事故记录等。

5. 作业人员管理

起重机械的作业人员及其相关管理人员（统称起重机械作业人员），应当按照国家有关规定经特种设备安全监督管理部门培训考核合格，取得国家统一格式的特种设备作业人员证书，方可从事相应的作业或者管理工作。

起重机械安全管理人员是指起重机械使用单位的起重机械安全管理负责人和具体负责起重机械使用安全管理的人员，需要取得特种设备安全管理和作业人员证。《特种设备作业人员考核规则》（TSG Z6001—2019）附件J《起重机械作业人员考试大纲》规定，桥式起重机司机、门式起重机司机、塔式起重机司机、流动式起重机司机、门座起重机司机、升降机司机、缆索式起重机司机及相应指挥人员需要取得特种设备作业人员证，并按照大纲要求取证。从事起重机械司索作业人员、起重机械地面操作人员和遥控操作人员、桅杆式起重机和机械式停车设备的司机不需要取得特种设备作业人员证，由使用单位可参考大纲的内容，对相关人员的从业能力进行培训和管理。

6. 定期检验

定期检验是指在起重机械使用单位进行经常性维护保养和自行检查的基础上，由特种设备监督管理机构核准的特种设备检验机构依据《起重机械定期检验规则》（TSG Q7015—2016）对纳入使用登记的在用起重机械按照一定的周期进行的检验。起重机械定期检验周期最长不超过2年，不同类别的起重机械检验周期按照相应安全技术规范执行。在用的起重机械定期检验周期为：塔式起重机、升降机、流动式起重机，每年检验1次；桥式起重机、门式起重机、门座起重机、缆索起重机、桅杆起重机、机械式停车设备，每2年检验1次，其中涉及吊运熔融金属的起重机械，每年检验1次。未经定期检验或者检验不合格的起重机械，不得继续使用。

7. 安全检查

（1）每月检查。在用起重机械至少每月进行一次日常维护保养和自行检查。在用起重机械的日常维护保养，重点是对主要受力结构件、安全防护装置、工作机构、操纵机构、电气（液压、气动）控制系统等进行清洁、润滑、检查、调整、更换易损件和失效的零部件。在用起重机械的自行检查应至少包括以下内容：整机工作性能；安全保护、防护装置；电气（液压、气动）等控制系统的有关部件；液压（气动）等系统的润滑、冷却系统；制动装置；吊钩及其闭锁装置、吊钩螺母及其放松装置；联轴器；钢丝绳磨损和绳端的固定；链条和吊辅具的损伤程度等。

（2）全面检查（年度检查）。每年对所有在用的起重机械至少进行1次全面检查。起重机械出现故障或者发生异常情况，使用单位应当停止使用，对其进行全面检查，消除故障和事故隐患后，方可重新投入使用。

起重机械的全面检查除包括自行检查的内容外，还应当包括：金属结构的变形、裂纹、腐蚀，以及其焊缝、铆钉、螺栓等连接；主要零部件的变形、裂纹、磨损；指示装置的可靠性和精度；电气和控制系统的可靠性。必要时还需要进行相关的载荷试验。

日常维护保养和自行检查、全面检查应当按照《特种设备使用管理规则》（TSG 08—2017）和产品安装使用维护说明的要求进行，发现异常情况，应当及时进行处理并且记录，记录存入安全技术档案。起重机械的日常维护保养、自行检查，应当由使用单位的起重机械作业人员实施；全面检查，应当由使用单位的起重机械安全管理人员负责组织实施。

（3）日常检查。在每次换班或每个工作日的开始，对在用起重机械应按其类型针对下列适合的内容进行日常检查：按制造商手册的要求进行检查；检查所有钢丝绳在滑轮和卷筒上缠绕正常，没有错位；外观检查电气设备，不允许沾染润滑油、润滑脂、水或灰尘；外观检查有关的台面和部件，无润滑油和冷却剂等液体洒落；检查所有的限制装置或保险装置以及固定手柄或操纵杆的操作状态，在非正常工作情况下采取措施进行检查；按制造商的要求检查起重量限制器的功能是否正常，并按制造商的要求进行日常检查；具有幅度指示功能的起重量限制器，应检查幅度指示值与臂架实际幅度的符合性；检查各气动控制系统中的气压是否处于正常状态，如制动器中的气压；检查照明灯、挡风屏雨刷和清洗装置是否能正常使用；外观检查起重机车轮和轮胎的安全状况；空载时检查起重机械所有控制系统是否处于正常状态；检查所有听觉报警装置能否正常操作；出于对安全和防火的考虑，检查起重机械是否处于整洁环境，并且远离油罐、废料、工具或物料，已有安全储存措施的情况除外；检查起重机械的出入口，要求无障碍以及相应的灭火设施应完备；检查防风锚定装置（固定时）的安全性以及起重机械运行轨道上有无障碍物；在开动起重机械之前检查制动器和离合器的功能是否正常；检查液压和气压系统软管在正常工作情况下是否有非正常弯曲和磨损；在操作之前，应确定在设备或控制装置上没有插入电缆接头或布线装置；应做好检查记录并加以保存归档。

（4）每周检查。起重机械正常情况下每周检查一次，或按制造商规定的检查周期和根据实际使用工况制定检查周期进行检查。除了每日检查的内容外，还应根据起重机械类型针对下列适合的内容进行每周检查：按制造商的使用说明书要求进行检查，检查所有钢丝绳外观有无断丝、挤压变形、笼状扭曲变形或其他损坏迹象及过度的磨损和表面锈蚀情况。起重链条有无变形、过度磨损和表面锈蚀情况。检查所有钢丝绳端部结点、旋转接头、销轴和固定装置的连接情况。检查滑轮和卷筒的裂纹和磨损情况，所有的滑轮装置有无损坏及卡绳情况。检查起重机械结构有无损坏，例如桥架或桁架式臂架有无缺损、弯曲、上拱、屈曲以及伸缩臂的过量磨损痕迹、焊接开裂、螺栓和其他紧固件的松动现象。如果结构检查发现危险的征兆，则需要去除油漆或使用其他的无损检测技术来确定危害存在状态和位置。对于高强度螺栓连接，应按规定的扭矩要求和制造商规定的时间间隔进行检查。检查吊钩和其他吊具、安全卡、旋转接头有无损坏、异常活动或磨损。检查吊钩柄螺纹和保险螺母有无可能因磨损或锈蚀导致的过度转动。在空载情况下，检查起重机械所有控制装置的功能。超载限制器应按其使用说明书的要求进行定期标定。对液压起重机械应检查液压系统有无渗漏。检查制动器和离合器的功能。检查流动式起重机上的轮胎压力以及轮胎是否有损坏、轮盘和外胎轮面的磨损情况，还需检查轮子上螺栓的紧固情况。对在轨道上运行的起重机械，应检查轨道、端部止挡，如有锚定装置也需进行检查。检查除去轨道上异物的安全装置及其状况，如有防摆锁，应进行检查。应做好检查记录并加以保存归档。

对不经常使用的起重机械进行检查，除了备用起重设备外，一台起重机械如果停止使用一个月以上但不超过一年，应在使用前按日常检查的规定进行检查；一台起重机械如果停止使用一年以上，在使用前应按每周检查的规定进行检查。

二、起重机械使用安全技术

1. 吊运前的准备工作

（1）正确佩戴个人防护用品，包括安全帽、工作服、工作鞋和手套，高处作业还必须佩戴安全带和工具包。

（2）检查、清理作业场地，确定搬运路线，清除障碍物；室外作业要了解当天的天气情况；流动式起重机要将支撑地面垫实垫平，防止作业过程中地基沉陷。

（3）对使用的起重机械和吊装工具、辅件进行安全检查；不使用报废元件，不留事故隐患；熟悉被吊物品的种类、数量、包装状况。

（4）根据有关技术数据（如质量、几何尺寸、精密程度、变形要求），进行最大受力计算，确定吊点位置和捆绑方式。

（5）编制作业方案。对于大型、重要的物件的吊运或多台起重机械共同作业的吊装，事先要在有关人员参与下，由指挥人员、起重机司机和司索工共同讨论，编制作业方案，必要时报请有关部门审查批准。

（6）进行事故风险分析，采取有效的预防措施，选择安全通道，制定事故应急对策。

2. 起重机司机安全操作技术

起重机司机应遵守制造商说明书和安全工作制度，负责起重机械的安全操作。起重机司机在严格遵守各种规章制度的前提下，在操作中应做到如下几点：稳，司机在操作起重机械过程中，必须做到启动平稳、行车平稳、停车平稳，确保吊钩、吊具及其吊物不游摆；准，在稳的基础上，吊物应准确地停在指定的位置上降落，即落点准确；快，在稳、准的基础上，协调相应各机构动作，缩短工作循环时间，使起重机械不断连续工作，提高工作效率；安全，确保起重机械在完好情况下可靠有效地工作，在操作中，严格执行起重机械安全技术操作规程，不发生任何人身和设备事故；合理，在了解掌握起重机械性能和电动机机械特性的基础上，根据吊物的具体状况，正确地操纵控制器并做到合理控制，使起重机械运转既安全又经济。起重机司机应认真交接班，对吊钩、钢丝绳、制动器、安全防护装置的可靠性进行认真检查，发现异常情况及时报告。

（1）起重机械开机作业前，应确认处于安全状态方可开机：所有控制器是否置于零位；机械上和作业区内是否有无关人员，其他作业人员是否撤离到安全区；运行范围内是否有未清除的障碍物；与其他设备或固定建筑物的最小距离是否在 0.5 m 以上；电源断路装置是否加锁或有警示标牌；流动式起重机是否按要求平整好场地，支脚是否牢固可靠。

（2）开机前，必须鸣铃或示警；操作中有人接近时，应给断续铃声或示警。

（3）在正常操作过程中：不准使用限位器及联锁开关作为停车手段；不得利用打反车进行制动；不允许同时开动 3 个以上的机构同时运转；不得在起重作业过程中进行检查和维修；不得带载调整起升、变幅机构的制动器，或带载增大作业幅度；吊物不得从人头顶上通过，吊物和起重臂下不得站人。

（4）在操作中，起重机司机只听指挥人员的指令进行工作，但对任何人发出的停车信号必须立即执行，不得违反。

（5）吊载接近或达到额定值，或起吊危险物品（如液态金属、有害物、易燃易爆物）时，吊运前应认真检查制动器，并用小高度、短行程试吊，确认没有问题后再吊运。

（6）起重机各部位、吊载及辅助用具与输电线的最小距离应满足安全要求。

（7）要做到“十不吊”：①指挥信号不明确和违章指挥不吊；②料箱等过满、超载不吊；③工件或吊物捆绑不牢不吊；④吊物上面有人不吊；⑤安全装置不齐全、不完好、动作不灵敏或有失效者不吊；⑥工件埋在地下或与地面建筑物、设备有钩挂时不吊；⑦光线阴暗、视线模糊不吊；⑧有棱角吊物无防护切割隔离保护措施不吊；⑨斜拉歪拽工件不吊；⑩六级以上强风不吊。

（8）工作中突然断电时，应将所有控制器置零位，关闭总电源。重新工作前，应先检查工作环境是否正常，确认安全后方可正常操作。

（9）有主、副两套起升机构的，不允许同时利用主、副钩工作（设计允许的专用起重机械除外）。

（10）用两台或多台起重机械吊运同一重物时，每台起重机械都不得超载。吊运过程应保持钢丝绳垂直，保持运行同步。吊运时，有关负责人员和安全技术人员应在场指导。

（11）露天作业的轨道起重机械，当风力大于六级时，应停止作业；当工作结束时，应锚定住起重机械。

（12）起重机司机在工作完毕后，应将吊钩提升到较高位置，不准在下面悬吊而妨碍地面人员行动；吊钩上不准悬吊挂具或吊物等；电磁吸盘或抓斗、料箱等取物装置，应降落至地面或停放平台上，不允许长期悬吊；所有控制器在操作完毕后回归零位，切断电源总开关；室外工作的起重机械，应将大车上好夹轨器并锚固牢靠。

3. 司索工安全操作技术

司索工（又叫吊装工）主要从事地面工作，负责在起重机械的吊具上吊挂和卸下重物，并根据相应的载荷定位的工作计划选择适用的吊具和吊装设备。例如准备吊具、捆绑挂钩、摘钩卸载等，多数情况还担任指挥任务。司索工的工作质量与整个搬运作业安全关系极大。其操作工序安全要求如下：

（1）准备吊具。对吊物的质量和重心估计要准确，如果是目测估算质量，应增大20%来选择吊具；每次吊装都要对吊具进行认真的安全检查，如果是旧吊索应根据情况降级使用，绝不可侥幸超载或使用已报废的吊具。

（2）捆绑吊物。对吊物进行必要的归类、清理和检查，吊物不能被其他物体挤压，被埋或被冻的物体要完全挖出。切断与周围管线的一切联系，防止造成超载；清除吊物表面或空腔内的杂物，将可移动的零件锁紧或捆牢，形状或尺寸不同的物品不经特殊捆绑不得混吊，防止坠落伤人；吊物捆扎部位的毛刺要打磨平滑，尖棱利角应加垫物，防止起吊吃力后损坏吊索；表面光滑的吊物应采取措施来防止起吊后吊索滑动或吊物滑脱；吊运大而重的物体时应加诱导绳，诱导绳长应能使司索工既可握住绳头，同时又能避开吊物正下方，以便发生意外时司索工可利用该绳控制吊物。

（3）挂钩起钩。吊钩要位于被吊物重心的正上方，不准斜拉吊钩硬挂，防止提升后吊物翻转、摆动；吊物高大需要垫物攀高挂钩、摘钩时，脚踏物一定要稳固垫实，禁止使用易滚动物体（如圆木、管子、滚筒等）做脚踏物，登高必须佩戴安全带，防止坠落跌伤；挂钩要坚持“五不挂”，即起重或吊物质量不明不挂，重心位置不清楚不挂，尖棱利角和易滑工件无衬垫物不挂，吊具及配套工具不合格或已报废不挂，包装松散捆绑不良不挂；当多人吊挂同一吊物时，应设专人负责指挥，在确认吊挂完备，所有人员都离开站在安全位置以后，才可发出起钩信号；起钩时，地面人员不得站在吊物倾翻、坠落可波及的地方；如果作业场地为斜面，地面人员则应站在斜面上方（不可在死角），防止吊物坠落后继续沿斜面滚移伤人。

（4）摘钩卸载。吊物运输到位前，应选择好安置位置，卸载不要挤压电气线路和其他管线，不要阻塞通道；针对不同吊物种类应采取不同措施加以支撑、垫稳、归类摆放，不得混码、互相挤压、悬空摆放，防止吊物滚落、侧倒、塌垛；摘钩时应等所有吊索完全松弛再进行，确认所有绳索从钩上卸下再起钩，不允许抖绳摘索，更不许利用起重机械抽索。

（5）搬运过程的指挥。指挥人员应负有将信号从司索工传递给司机的责任。指挥人员可以代替司索工指挥起重机械和载荷的移动，但在任何时候只能由一人负责。无论采用何种指挥信号，必须规范、准确、明了；指挥人员所处位置应能全面观察作业现场，并使司机、司索工都可清楚地看到；在作业进行的整个过程中（特别是重物悬挂在空中时），指挥人员和司索工都不得擅离职守，应密切注意观察吊物及周围情况，发现问题要及时发出指挥信号。

4. 高处作业的安全保护

起重机械金属结构高大，司机室往往设在高处，很多设备也安装在高处结构上，因此，起重机司机正常操作、高处设备的维护和检修以及安全检查，都需要登高作业。为防止人员从高处坠落，防止高处坠落的物体对下面人员造成打击伤害，在起重机械上，凡是高度不低于 2 m 的一切合理作业点，包括进入作业点的配套设施，如高处的通行走台、休息平台、转向用的中间平台，以及高处作业平台等，都应予以保护。安全保护装置的结构和尺寸应根据人体参数确定，其强度、刚度应根据走道、平台、楼梯和栏杆可能受到的最不利载荷进行设计。

第四节　起重机械常见事故类型及防范

一、起重机械事故特点

（1）事故大型化、群体化，一起事故有时涉及多人，并可能伴随大面积设备设施的损坏。

（2）事故类型集中，一台设备可能发生多起不同性质的事故。

（3）事故后果严重，只要是伤及人，往往是恶性事故，一般不是重伤就是死亡。

（4）伤害涉及的人员可能是起重机司机、司索工和作业范围内的其他人员，其中司索工被伤害的比例最高。

（5）在安装、维修和正常起重作业中都可能发生事故，其中，起重作业中发生的事故最多。

（6）事故高发行业中，建筑、冶金、机械制造和交通运输等行业较多，与这些行业起重机械设备数量多、使用频率高、作业条件复杂等有关。

（7）重物坠落是各种起重机械共同的易发事故；汽车起重机易发生倾翻事故；塔式起重机易发生倒塔、折臂事故；室外轨道起重机械在风载作用下易发生脱轨翻倒事故；大型起重机械易发生安装事故等。

二、典型起重机械事故

1. 重物坠落事故

起重机械重物坠落事故是指在起重作业过程中，吊载、吊具等重物从空中坠落所造成的人身伤亡和设备毁坏的事故。常见的重物坠落事故有以下几种类型：

（1）脱绳事故。脱绳事故是指重物从捆绑的吊装绳索中脱落溃散发生的人员伤亡、设备毁坏事故。造成脱绳事故的主要原因有：重物的捆绑方法与要领不当，造成重物滑脱；吊装重心选择不当，造成偏载起吊或吊装中心不稳，使重物脱落；吊载遭到碰撞、冲击而摇摆不定，造成重物失落等。

（2）脱钩事故。脱钩事故是指重物、吊装绳或专用吊具从吊钩口脱出而引起的重物坠落事故。造成脱钩事故的主要原因有：吊钩缺少护钩装置；护钩防护装置性能失效；吊装方法不当，吊钩钩口变形引起开口过大等。

（3）断绳事故。断绳事故是指起升绳和吊装绳因破断造成的重物坠落事故。造成起升绳破断的主要原因有：超载起吊拉断钢丝绳；起升限位开关失灵造成过卷拉断钢丝绳；斜吊、斜拉造成乱绳挤伤、切断钢丝绳；钢丝绳因长期使用又缺乏维护保养，造成疲劳变形、磨损；达到或超过报废标准仍然使用等。造成吊装绳破断的主要原因有：吊钩上吊装绳夹角太大（>120°），使吊装绳上的拉力超过极限值而拉断；吊装钢丝绳品种规格选择不当，或仍使用已达到报废标准的钢丝绳捆绑、吊装重物，造成吊装绳破断；吊装绳与重物之间接触处无垫片等保护措施，造成棱角割断钢丝绳。

（4）吊钩断裂事故。吊钩断裂事故是指吊钩断裂造成的重物坠落事故。造成吊钩断裂事故的原因有：吊钩材质有缺陷；吊钩因长期磨损，使断面减小；已达到报废极限标准却仍然使用或经常超载使用，造成疲劳断裂。

起重机械重物坠落事故主要是发生在起升机构取物缠绕系统中，如脱绳、脱钩、断绳和断钩。每根起升钢丝绳两端的固定也十分重要，如钢丝绳在卷筒上的极限安全圈需要能保证在两圈以上，要有下降限位保护，钢丝绳在卷筒装置上的压板固定及楔块固定应安全可靠。另外，钢丝绳脱槽（脱离卷筒绳槽）或脱轮（脱离滑轮），也会造成重物坠落事故。

2. 挤压事故

挤压事故是指在起重作业中，作业人员被挤压在两个物体之间，造成挤伤、压伤、击伤等人身伤亡事故。造成此类事故的主要原因是起重作业现场缺少安全监督指挥管理人员，现场从事吊装作业和其他作业人员缺乏安全意识和自我保护措施，野蛮操作等。挤压事故多发生于司索工和检修维护人员，主要有以下5种：

（1）吊具或吊载与地面物体间的挤压事故。在车间、仓库等室内场所，地面作业人员处于大型吊具或吊载与机器设备、土建墙壁、牛腿立柱等障碍物之间的狭窄地带，在进行吊装、指挥、操作或从事其他作业时，由于指挥失误或误操作，作业人员躲闪不及被挤压在大型吊具或吊载与各种障碍物之间，造成伤亡事故。或者由于吊装不合理，造成吊载剧烈摆动，冲撞作业人员致伤亡。

（2）升降设备的挤压事故。施工升降机等的维修人员或操作人员因不遵守操作规程，发生被挤压在轿厢、吊笼与井壁、井架之间而造成伤亡的事故也时有发生。

（3）起重机械与建筑物间的挤压事故。这类事故多发生在作业人员从事桥式起重机的高处维护检修过程中，被挤在起重机械端梁与支承、承轨梁的立柱或墙壁之间，或在高空承轨梁侧通道通过时被运行的起重机械挤压致伤亡。

（4）起重机械回转挤压事故。这类事故多发生在汽车、轮胎和履带起重机野外作业过程中，往往由于此类起重机械回转时配重部分将司索工、指挥人员和其他作业人员撞伤，或把上述人员挤压在起重机械配重与建筑物之间致伤亡。

（5）翻转作业中的挤压事故。从事吊装、翻转、颠倒作业时，由于吊装方法不合理、装卡不牢、吊具选择不当、重物倾斜下坠、吊装选位不佳、指挥及操作人员站位不好等，造成吊载失稳、吊载摆动冲击，导致翻转作业中的砸、撞、碰、挤、压等各种人员伤亡事故。

3. 人员高处坠落事故

坠落事故主要是指从事起重作业的人员，从起重机机械体等高处坠落至地面的摔伤事故，也包括工具或零部件等从高处坠落，使地面作业人员受伤的事故。

（1）从机体上滑落事故。这类事故多发生在起重机械机体上进行高处维护、检修作业过程中，一些维护、检修作业人员缺乏安全意识，作业时不系安全带，由于脚下滑动、障碍物绊倒或起重机械突然启动造成晃动，导致失稳从高处坠落于地面而伤亡。

（2）机体撞击坠落事故。这类事故多发生在检修作业中，因缺乏严格的现场安全管理制度，检修人员遭到其他正在作业的起重机械端梁或悬臂撞击，从高空坠落导致伤亡。

（3）轿厢坠落事故。这类事故多发生在载客电梯、货梯或建筑升降机升降运转中，由于起升钢丝绳破断、钢丝绳固定端脱落，使乘客及操作者随轿厢、货箱一起坠落，造成人员伤亡事故。

（4）维修工具零部件坠落事故。作业人员在起重机械机体上从事高处检修作业时，常常因不小心，使维修更换的零部件或维护、检修工具从起重机械机体上坠落，造成地面作业人员伤亡和机器设备损伤坏事故。

（5）振动坠落事故。起重机械个别零部件因安装连接不牢，如螺栓未能按要求旋入一定的深度，螺母锁紧装置失效，或因年久失修造成个别连接环节松动，当起重机械遇到冲击或振动时，就会出现因连接松动导致零部件从机体脱落，造成地面作业人员伤亡或机器设备损坏等事故。

（6）制动下滑坠落事故。这类事故产生的主要原因是起升机构的制动器性能失效，多为制动器制动环或制动衬料磨损严重而未能及时调整或更换，使刹车失灵，或制动轴断裂，造成重物急速下滑坠落于地面，导致地面作业人员伤亡或机器设备损坏等事故。

4. 触电事故

触电事故是指从事起重操作和检修作业人员，因触电而导致人身伤亡的事故。

（1）触电事故类型

触电事故可以按作业场所分为以下两大类型：

1）室内作业的触电事故。室内起重机械的动力电源是电击事故的根源，遭受触电电击伤害者多为操作人员和电气检修作业人员。产生触电事故的原因，从人的因素分析，多为缺乏起重机械基本安全操作规程知识、电气控制原理知识、电气安全检查要领，不重视必要的安全保护措施，如不穿绝缘鞋、不带试电笔进行电气检修等。从起重机械自身的电气设施角度看，发生触电事故多为起重机械电气系统及周围相应环境缺乏必要的安全保护所致。

2）室外作业的触电事故。随着土木建筑工程的发展，在室外施工现场从事起重运输作业的自行式起重机，如汽车起重机、轮胎起重机和履带起重机越来越多，虽然这些起重机械的动力源非电力，但出现触电事故并不少见。这主要是在作业现场往往有裸露的高压输电线，由于现场安全指挥监督混乱，常有自行起重机的臂架或起升钢丝绳摆动触及高压输电线，使机体连电，进而造成操作人员或吊装作业人员间接遭到高压电击伤害。

（2）触电安全防护措施：

1）保证安全电压。为保证人体触电不致造成严重伤害与伤亡，起重机械应采用低压安全操作，常采用36 V安全低压。

2）保证绝缘的可靠性。起重机械电气系统的绝缘装置容易受环境温度、湿度、化学腐蚀、机械损伤等因素的作用而失效，因此，必须经常用兆欧表测量、检查各种绝缘装置的可靠性。

3）加强屏护保护。对起重机械上的某些无法加装绝缘装置的部分，如馈电的裸露滑触线等，必须加设护栏、护网等屏护设施。

4）严格保证配电最小安全距离。起重机械电气的设计与施工必须保证配电安全的合理距离。

5）保证接地与接零的可靠性。电气设备一旦漏电，起重机械的金属部分就会带有一定电压，作业人员若触及带电金属部分就可能发生触电事故。如果接地和接零措施安全可靠，就可以防止这类触电事故。

6）加强漏电保护措施。除了在起重机械电气系统中采用电压型漏电保护装置、零序电流型漏电保护装置和泄漏电流型漏电保护装置来防止漏电之外，还应设有绝缘站台（司机室采用木制或橡胶地板），规定作业人员穿绝缘鞋等进行操作与检修。

5. 机体毁坏事故

机体毁坏事故是指起重机械因超载、失稳等产生结构断裂、倾翻造成结构严重损坏及人身伤亡的事故。常见机体毁坏事故有以下4种类型：

（1）断臂事故。各种类型的悬臂起重机，由于悬臂设计不合理、制造装配有缺陷或者长期使用造成已有疲劳损坏隐患，一旦超载起吊就易造成断臂或悬臂严重变形等机体毁坏事故。

（2）倾翻事故。倾翻事故是自行式起重机的常见事故，自行式起重机倾翻事故大多是由起重机作业前支承不当引发，如野外作业场地支承地基松软，起重机支腿未能全部伸出等。起重量限制器或起重力矩限制器等安全装置功能失灵、悬臂伸长与规定起重量不符、超载起吊等因素也会造成自行式起重机倾翻事故。

（3）机体摔伤事故。在室外作业的门式起重机、门座起重机、塔式起重机等，由于无防风夹轨器，无车轮止滑垫或无固定锚链等，或者上述安全设施性能失效，当遇到强风吹击时，就可能倾倒、移位，甚至从高处翻落，造成严重的机体摔伤事故。

（4）相互撞毁事故。在同一跨度中的多台桥式起重机由于相互之间无缓冲碰撞保护设施，或缓冲碰撞保护设施毁坏失效，易因起重机相互碰撞致毁坏。在野外作业的多台悬臂起重机群中，若其中相距太近，悬臂回转作业过程中也会因相互撞击而出现毁坏事故。

三、起重机械事故预防与应急措施

1. 起重机械事故的预防措施

（1）加强对起重机械的管理。认真执行起重机械各项管理制度和安全检查制度，做好起重机械的定期检查、维护、保养，及时消除事故隐患，使起重机械始终处于良好的工作状态。

（2）加强对起重机械操作人员的安全教育和培训，严格执行安全操作规程，提高操作技术能力和处理紧急情况的能力。

（3）起重机械操作过程中要坚持“十不吊”原则，严格执行各项安全操作规程和技术标准。

2. 起重机械事故应急措施

（1）由于台风、超载等非正常载荷造成起重机械倾翻事故时，应及时通知有关部门和起重机械制造、维修单位维保人员到达现场，即时进行施救。当有人员被压埋在倾倒起重机械下面时，应先切断电源，采取千斤顶、起吊设备、切割等措施，将被压人员救出，在实施处置时，必须指定一名有经验的人员进行现场指挥，并采取警戒措施，防止起重机械倒塌、挤压事故的再次发生。

（2）发生火灾时，应采取措施救援被困在高处无法逃生的人员，并应立即切断起重机械的电源开关，防止电气火灾的蔓延扩大；灭火时，应防止一氧化碳等有毒有害气体的中毒窒息事故的发生。

（3）发生触电事故时，应及时切断电源，对触电人员进行现场救护，预防因电气事故而引发火灾。

（4）发生人员从起重机械高处坠落事故时，应按相关要求及时抢救、转运伤员，并采取相应措施防止再次发生高处坠落事故。

（5）发生载货升降机故障，致使货物被困轿厢内时，操作人员或安全管理人员应立即通知维保单位，由维保单位专业维修人员进行处置。维保单位不能很快到达的，由经过培训取得特种设备作业人员证书的作业人员，依照规定步骤释放货物。

第五节　起重机械事故案例分析

一、龙门起重机倒塌事故

1. 事故概况

2001年7月17日8时左右，在沪东某造船（集团）有限公司（本案例中简称为沪东厂）船坞工地，由上海某电力建筑工程公司、上海某高校建设机器人工程技术研究中心和上海某建筑工程有限公司（本案例中分别简称为电建公司、机器人中心和建筑公司）等单位承担安装的600 t×170 m龙门起重机在吊装主梁过程中发生倒塌事故，造成特别重大安全生产事故。

（1）起重机吊装过程。2001年4月19日，电建公司及建筑公司施工人员进入沪东厂开始进行龙门起重机结构吊装工程，至6月16日完成了刚性腿整体吊装竖立工作。

2001年7月12日，机器人中心进行主梁预提升，通过60%～100%负荷分步加载测试后，确认主梁质量良好，塔架应力小于允许应力。

2001年7月13日，机器人中心将主梁提升离开地面，然后分阶段逐步提升，至7月16日19时，主梁被提升至47.6 m高度。因此时主梁上小车与刚性腿内侧缆风绳相碰，阻碍了提升。电建公司施工现场指挥张某平考虑天色已晚，决定停止作业，并给起重班长陈某林留下书面工作安排，明确17日早放松刚性腿内侧缆风绳，为机器人中心8时正式提升主梁做好准备。

（2）事故发生经过。2001年7月17日早7时，施工人员按张某平的布置，通过陆侧（远离黄浦江一侧）和江侧（靠近黄浦江一侧）卷扬机先后调整刚性腿的两对内、外两侧缆风绳，现场测量员通过经纬仪监测刚性腿顶部的基准靶标志，并通过对讲机指挥两侧卷扬机操作工进行放缆作业（调整时，控制靶位标志内外允许摆动20 mm）。放缆时，先放松陆侧内缆风绳，当刚性腿出现外偏时，通过调松陆侧外缆风绳减小外侧拉力进行修偏，直至恢复原状态。通过10余次放松及调整后，陆侧内缆风绳处于完全松弛状态。此后，又使用相同方法，和相近的次数，将江侧内缆风绳放松调整为完全松弛状态。约7时55分，当地面人员正要通知上面工作人员推移江侧内缆风绳时，测量员发现基准标志逐渐外移，并逸出经纬仪观察范围，同时还有现场人员也发现刚性腿不断地在向外侧倾斜，直到刚性腿倾翻，主梁被拉动横向平移并坠落，另一端的塔架也随之倾倒。

（3）人员伤亡和经济损失情况。本起事故造成36人死亡、2人重伤、1人轻伤。死亡人员中，电建公司4人，机器人中心9人（其中有副教授1人、博士后2人、在职博士1人），沪东厂23人。事故造成经济损失约1亿元，其中直接经济损失8 000多万元。

2. 事故原因分析

（1）刚性腿在缆风绳调整过程中受力失衡是事故的直接原因。事故调查组在听取工程情况介绍、现场勘查、查阅有关各方提供的技术文件和图纸、收集有关物证和陈述笔录的基础上，对事故原因做了认真的排查和分析。在逐一排除了自制塔架首先失稳、支承刚性腿的轨道基础沉陷移位、刚性腿结构本体失稳遭破坏、刚性腿缆风绳超载断裂或地锚被拔起、载荷状态下的提升承重装置突然破坏断裂及不可抗力（地震、飓风等）的影响等可能引起事故的多种其他原因后，重点对刚性腿在缆风绳调整过程中受力失衡问题进行了深入分析。经过有关专家对吊装主梁过程中刚性腿处的力学机理分析及受力计算，提出了本起特大事故技术原因调查报告，认定造成这起事故的直接原因是：在吊装主梁过程中，由于违规指挥、操作，在未采取任何安全保障措施的情况下，放松了内侧缆风绳，致使刚性腿向外侧倾倒，并依次拉动主梁、塔架向同一侧倾坠、垮塌。

（2）施工作业中违规指挥是事故的主要原因。电建公司第三分公司施工现场指挥张某平在发生主梁上小车碰到缆风绳需要更改施工方案时，违反吊装工程方案中关于“在施工过程中，任何人不得随意改变施工方案的作业要求。如有特殊情况进行调整必须通过一定的程序以保证整个施工过程安全”的规定。未按程序编制修改书面作业指令并逐级报批，在未采取任何安全保障措施的情况下，下令放松刚性腿内侧的两根缆风绳，导致事故发生。

（3）吊装工程方案不完善、审批把关不严是事故的重要原因。由电建公司第三分公司编制、电建公司批复的吊装工程方案中提供的施工阶段结构倾翻稳定验算资料不规范、不齐全；对沪东厂 600 t 龙门起重机刚性腿的设计特点，特别是刚性腿顶部外倾 710 mm 后的结构稳定性没有予以足够的重视；对主梁提升到 47.6 m 时，主梁上小车碰刚性腿内侧缆风绳这一可以预见的问题未予考虑，对此情况下如何保持刚性腿稳定这一关键施工过程更无定量的控制要求和操作要领。

吊装工程方案及作业指导书编制后，虽经规定程序进行了审核和批准，但有关人员及单位均未发现存在的上述问题，使得吊装工程方案和作业指导书在重要环节上失去了指导作用。

（4）施工现场缺乏统一严格的管理，安全措施不落实是事故伤亡扩大的原因：

1）施工现场组织协调不力。在吊装工程中，施工现场三个施工单位立体交叉作业，但没有及时形成统一有效的组织协调机构对现场进行严格管理。在主梁提升前（7 月 10 日）仓促成立的“600 t 龙门起重机提升组织体系”由于机构职责不明、分工不清，并没有起到施工现场总体的调度及协调作用，致使施工各方不能相互有效沟通。电建公司在决定更改施工方案，放松缆风绳后，未正式告知现场施工各方采取相应的安全措施；沪东厂也未明确将 7 月 17 日的作业具体情况告知电建公司。上述情况最终导致了沪东厂 23 名在刚性腿内作业的职工死亡。

2）安全措施不具体、不落实。6 月 28 日，由工程各方参加的“确保主梁、柔性腿吊装安全”专题安全工作会议，在制定有关安全措施时没有针对吊装施工的具体情况由各方进行充分研究并提出全面、系统的安全措施，有关安全要求中既没有对各单位在现场必要人员做出明确规定，也没有关于现场人员如何进行统一协调管理的条款。施工各方均未制定相应程序及指定具体人员对会上提出的有关规定进行具体落实。例如，为吊装工程制定的工作牌制度就基本没有落实。

综上所述，本起特大事故是一起由于吊装施工方案不完善，吊装过程中违规指挥、操作，并缺乏统一严格的现场管理而导致的重大责任事故。

3. 事故教训和整改措施

（1）工程施工必须坚持科学的态度，严格按照规章制度办事，坚决杜绝有章不循、违章指挥、凭经验办事和侥幸心理。这起事故的主要原因是现场施工违规指挥所致，而施工单位在制定、审批吊装方案和实施过程中都未对沪东厂 600 t 龙门起重机刚性腿的设计特点给予足够的重视，只凭以往在大吨位门吊施工中曾采用过的放松缆风绳的“经验”处理这次缆风绳的干涉问题。对未采取任何安全保障措施就完全放松刚性腿内侧缆风绳的做法，现场有关人员均未提出异议，致使电建公司现场指挥人员的违规指挥得不到及时纠正。这起事故的教训证明，安全规章制度是长期实践经验的总结，是用鲜血和生命换来的，在实际工作中，必须进一步完善安全生产的规章制度，并坚决贯彻执行，以改变那种纪律松散、管理不严、有章不循的情况。不按科学态度和规定的程序办事，有法不依、有章不循，想当然、凭经验、靠侥幸是安全生产的大忌。

在进行起重吊装等危险性较大的工程施工时，应当明确禁止其他与吊装工程无关的交叉作业，无关人员不得进入现场，以确保施工安全。

（2）必须落实建设项目各方的安全责任，强化建设工程中外来施工队伍和劳动力的管理。这起事故最大的教训是“以包代管”。为此，在工程的承包中，要坚决杜绝“以包代管”“包而不管”的现象。首先是严格市场的准入制度，对承包单位必须进行严格的资质审查。在多单位承包的工程中，发包单位应当对安全生产工作进行统一协调管理，在工程合同的有关内容中必须对业主及施工各方的安全责任做出明确的规定，并建立相应的管理和制约机制，以保证其在实际工作中得以落实。

同时，在社会主义市场经济条件下，由于多种经济成分共同发展，出现利益主体多元化、劳动用工多样化趋势。特别是在建设工程中目前大量使用外来劳动力，增加了安全管理的难度。为此，一定要重视对外来施工队伍及临时用工的安全管理和培训教育，必须坚持严格的审批程序；必须坚持先培训后上岗的制度，对特种作业人员要严格培训考核、取证，做到持证上岗。

此外，中央管理企业在进行重大施工之前，应主动向所在地安全生产主管部门备案，各级安全生产主管部门应当加强监督检查。

（3）要重视和规范高等院校参加工程施工时的安全管理，使产、学、研相结合走上健康发展的轨道。在科技成果向产业化转移过程中，高等院校以多种形式参加工程项目技术咨询、服务或直接承接工程的现象越来越多。但从这起事故反映出的问题来看，高等院校教职员工介入工程时一般都存在工程管理及现场施工管理经验不足，不能全面掌握有关安全规定，施工风险意识、自我保护意识差等问题，一旦发生事故，善后处理难度很大，极易成为引发社会不稳定的因素。有关部门应加强对高等院校所属单位承接工程的资质审核，在安全管理方面加强培训；高等院校要对参加工程的单位加强领导，加强安全方面的培训和管理，要求其按照有关工程管理及安全生产的法规和规章制定完善的安全规章制度，并实行严格管理，以确保施工安全。

二、通用桥式起重机钢水包坠落倾翻事故

1. 事故概况

2007 年 4 月 18 日 7 时 53 分，辽宁省铁岭市某特殊钢有限公司（本案例中简称为特殊钢有限公司）炼钢车间一台 60 t 钢水包在吊运过程中倾翻，钢水涌向一个工具间，造成正在开班前会的 32 人死亡、6 人重伤，直接经济损失 866. 2 万元。

该炼钢车间厂房高约 30 m、跨度为 19 m，共两跨。其中事故一跨为炼钢铸锭区，位于车间南侧，呈东西向。工具间由车间内真空炉除渣间改建，面积为 30～40 m^2，向西开有一门一窗，向南开有一窗。该区有通用桥式起重机 2 台，事故起重机额定起重量为 80 t，起重机所吊钢水包上口直径约为 2 m，下端内径约 1. 2 m，高约 2 m，容积约 4 m^3。

事故发生时，该铸锭区丙工段当班，甲工段准备接班，丙工段最后一包钢水准备浇铸。当钢水包位于浇注台车上方，包底距地面约 5. 5 m，开始下行作业时，由于电气控制系统故障，驱动电动机处于失电状态，而制动器仍通电打开，重达 60 t 的钢水包失去控制，迅速下降，高速转动的电动机和传动系统发出异常声响。当司机发现钢水包下降异常时，将操纵手柄打回零位，制动器开始抱闸，但由于制动力矩严重不足，钢水包下降惯性较大，导致钢水包继续失控下降，在距地面 2 m 处，包底猛烈撞击浇注台车的框架梁。撞击后，浇铸台车往东南方向偏移，钢水包往西偏北方向倾翻，包内近 30 t 约 1 590℃的钢水涌出，冲向 5~6 m 外的真空炉平台下方的工具间，造成正在工具间内开班前会的 30 名接班工人、1 名车间副主任及 1 名当班作业人员当场死亡，6 人重伤（事故现场如图 5-22 所示，模拟图如图 5-23 所示）。

图 5-22　事故现场

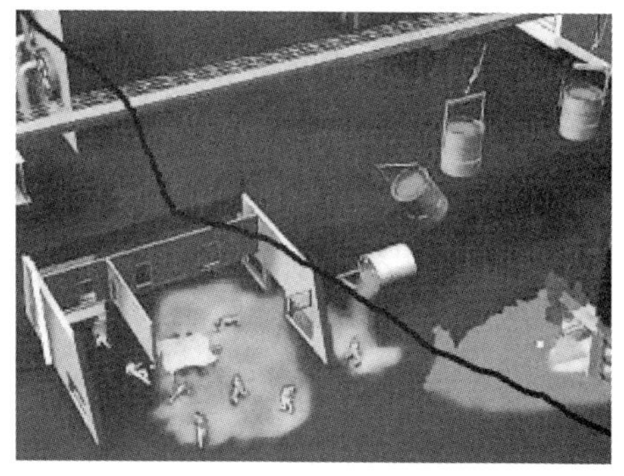

图 5-23　事故模拟图

坠落钢水包上口向东，斜对工具间（如图 5-24 所示）。部分钢水流进工具间内，其余流在工具间西墙和北墙之外的车间内，形成钢渣层，总体积 50~60 m^3；钢水包下端朝西，上方边缘部分有明显一凹痕，直径约 400 mm。起吊钢水包的 80 t 起重机主钩与钢水包吊梁脱离，落在钢水包西南侧，主钩滑轮组与钢丝绳落在主钩南侧，呈松弛状（如图 5-25 所示）。起重机主钩钢丝绳卷筒固定端的一头卡在卷筒与轴承架之间，另一头脱落至铸锭机台下的工作坑内，钢丝绳固定端压板崩碎脱落。铸锭机大车车轮脱轨，机台向西偏北方向移动约 2 m，东侧横梁卡在浇铸口上，横梁上小车轨道约 1. 5 m，自南端被外力碰断，掉到地坑内。铸锭机大车行走电动机被砸去防护架与防电击外壳，主轴被砸，向下弯曲。

图 5-24　倾翻的钢水涌进工具间

图 5-25　坠落的主钩滑轮组和钢丝绳

2. 事故原因分析

（1）直接原因。特殊钢有限公司炼钢车间吊运钢水包的起重机主钩在开始下降作业时，由于下降接触器控制回路中的一个联锁常闭辅助触点锈蚀断开，下降接触器不能被接通，致使驱动电动机失电；由于电气系统设计缺陷，制动器未能自动抱闸，导致钢水包失控下坠；主令控制器回零后，制动器制动力矩严重不足，未能有效阻止钢水包继续失控下坠，钢水包撞击浇注台车后落地倾翻，钢水涌向被错误选定为班前会地点的工具间，是造成此次事故的直接原因。

（2）间接原因：

1）特殊钢有限公司炼钢车间无正规工艺设计，未按要求选用冶金铸造专用起重机，违规在真空炉平台下方修建工具间并用于召开班前会，起重机安全管理混乱，起重机司机无特种设备作业人员证，车间作业现场混乱，制定的应急预案操作性不强。

2）特殊钢有限公司所使用的起重机修造厂不具备生产 80 t 通用桥式起重机的资质，超许可范围制造。

3）铁岭市特种设备监督检验所在该事故起重机制造监督检验、安装验收检验工作中未严格按照有关安全技术规范的规定进行检验。

4）安全评价单位辽宁省某规划设计院在事故起重机等特种设备技术资料不全、冶炼生产线及辅助设施存在重大事故隐患的情况下，出具了安全现状基本符合国家有关规范、标准和规定要求的结论。

5）铁岭市质量技术监督局某分局在对特殊钢有限公司的现场检查工作中未认真履行特种设备监察职责，监管不力。

6）铁岭市某区安全生产监督管理局未认真履行安全生产监察职责，监管不力。

7）当地人民政府对安全生产工作重视不够，对存在的问题失察。

3. 事故教训和整改措施

（1）督促企业落实特种设备安全管理的主体责任。加强法制宣传教育，提高生产使用单位遵纪守法的自觉性。加大现场安全检查力度，认真检查各项安全管理制度的落实情况，查找特种设备在生产、使用、维护、检修、操作等方面的问题，特别注重维护检修情况、隐患排查情况、遵守操作规程作业情况、安全保护装置情况等方面的检查。督促企业完善应急预案，并有针对性地开展应急预案的演练。

（2）加大特种设备安全监察工作力度。认真查找安全监察工作存在的问题及薄弱环节，加强队伍建设和制度建设，提高安全监察人员素质，规范安全监察人员行为，明确现场安全监察的有关要求，在源头上把住准入关，在使用前把住安装关，在使用中把住操作关，在使用后把住定检关，坚决制止违法生产、使用的行为。

（3）提升检验机构把关能力。增强检验人员的法制观念，完善检验机构管理制度，加强检验人员法规和技术培训，提高检验人员业务素质和技术把关的能力，使每个检验人员做到法规清、责任强、业务精、技术硬、服务好、把关严，坚决制止检不出、检不准、把不住、把不严的现象。

（4）深化隐患治理工作。加大隐患治理力度，建立隐患分级治理机制，明确责任、明确时限、明确要求，把隐患治理工作切实落到实处，坚决遏制重特大事故的发生。

三、通用门式起重机倾翻事故

1. 事故概况

2016 年 4 月 13 日 5 时 38 分许，位于东莞市麻涌镇大盛村的中交第四航务工程局有限公司第一工程有限公司东莞某预制构件厂（本案例中简称为预制构件厂）一台通用门式起重机发生倾翻，压塌轨道终端附近的部分住人集装箱组合房，造成18人死亡、33人受伤，直接经济损失1 861万元。

（1）起重机概况。事故起重机位于3号生产线，规格型号为SMJ30（50 t）/24~25 m（11 m），由电气系统总成、主动台车总成、被动台车总成、侧支腿总成、横梁横联、主横梁总成以及起重行车总成组成。事故起重机的主要技术参数是：额定起重量30 t，跨度24 m，起升高度25 m，大车速度0~15 m/min，自重54.5 t。2003年5月出厂并在预制构件厂安装使用，2016年3月16日经定期检验合格，主要从事钢筋转运工作。

（2）特种设备作业人员情况。事故起重机最后使用人是某劳务公司劳务工冯某松。经调查，冯某松未经国家规定的安全培训、未取得特种设备作业人员证，持伪造的特种设备作业人员证上岗。调查发现，预制构件厂内长期存在特种设备作业人员操作起重机停止作业后未放下夹轨器并夹紧轨道等习惯性违章，无证或持伪造特种设备作业人员证等不具备操作资格上岗作业等问题。

（3）天气情况。根据天气雷达、地面自动气象观测、无人机航拍、现场监控录像和风场模拟结果等数据、资料，结合现场调查取证，还原了事发现场的天气情况，认定事故所在地风向为西南风，风速至少为26 m/s，事故起重机沿轨道正吹风速为24.2 m/s。

（4）相关单位和工程情况。四航局一公司是中交四航局的全资子公司，预制构件厂是四航局一公司下属的非法人分公司，该公司位于东莞市麻涌镇大盛村。某劳务公司是自然人投资或控股的有限责任公司。预制构件厂将西桥项目的预制节段梁砼和莲塘项目、U形梁项目、西桥项目的钢筋制安工程发包给某劳务公司施工。

（5）事故发生经过。4月11日20—22时，冯某松操作事故起重机进行钢筋吊运作业，工作完成后将事故起重机停放在3号生产线离轨道事故端116 m处，停机后没有将夹轨器放下并夹紧轨道。至事故发生前，事故起重机没有作业。4月13日2时起，广东省受一条长约500 km的飑线影响，出现了8~10级、阵风11级以上强对流天气。5时38分许，飑线弓状回波顶突袭事发地，风力迅速增大，阵风达到10~11级。在风力作用下，起重机沿轨道向生活区集装箱组合房方向移动并逐渐加速，速度超过可倾翻的临界速度，到达轨道终端时，撞击止挡遇到出轨阻碍，整机向前倾翻。倾翻后的起重机压塌部分集装箱组合房，造成居住在集装箱组合房内的人员重大伤亡。

2. 事故原因分析

（1）直接原因。经现场勘验，事故发生前，事故起重机的4个夹轨器齐全、有效且均可以正常投入使用，但均处于非工作的收起状态。经抗倾翻稳定性计算验证，事故起重机滑动至轨道终端时的速度已超过造成倾翻的临界速度，倾翻是必然的结果。调查认定，若夹轨器处于工作状态，事故起重机不会沿轨道滑动至终端并倾翻。

通过反复的现场勘验、调查取证、模拟计算、专家论证、综合分析，查明事故的直接原因主要有4个方面：一是起重机遭遇到特定方向的强对流天气突袭；二是起重机夹轨器处于非工作状态；三是起重机受风力作用，移动速度逐渐加大，最后由于速度快、惯性大，撞击止挡遇出轨阻碍倾翻；四是住人集装箱组合房处于起重机倾翻影响范围内。

（2）间接原因：

1）某劳务公司特种设备使用管理不到位。该公司作为事故起重机实际使用单位，特种设备安全使用管理严重不到位。未建立且未落实特种设备岗位责任、隐患治理、应急救援以及吊装作业安全管理制度。日常检查不到位、隐患排查治理不到位，未发现特种设备作业人员长期存在的违章作业行为。特种设备现场管理混乱，未安排专门人员进行现场安全管理，现场指挥人员配备严重不足；未对特种设备作业人员的资格真伪进行严格核实，导致特种设备作业人员不具备操作资格上岗作业的问题严重；未按照规定组织从业人员进行岗前培训和三级安全教育，未有效开展特种设备规章制度和安全操作规程、危险因素、防范措施和事故应急措施的相关安全生产教育和培训，未督促执行操作规程，特种设备作业人员习惯性违章操作。对灾害性天气防范工作认识不足，未采取有效防控措施，未对施工现场及周边环境开展隐患排查，未发现事故起重机夹轨器处于非工作状态，未能及时采取措施消除隐患，对事故发生负有责任。

2）预制构件厂安全生产主体责任不落实。预制构件厂违法组织建设集装箱组合房，选址未进行安全评估，未保持安全距离，未进行有效隔离或采取其他有效防范措施，存在事故隐患。而且该厂作为事故起重机登记使用单位，特种设备安全使用管理缺失，安全生产管理责任不落实。特种设备安全管理和吊装作业相关制度和操作规程不落实，使用、管理混乱。作为项目发包方“以包代管”，对承包单位监督检查不到位，隐患排查治理不到位，未发现长期存在的特种设备作业人员习惯性违章和不具备操作资格上岗作业等问题，发现吊装作业无专门人员现场指挥等现场管理问题未督促整改，未对事故起重机进行技术交底，未按照规定组织特种设备作业人员进行岗前培训和三级安全教育，未有效开展特种设备规章制度和安全操作规程、危险因素、防范措施和事故应急措施安全生产教育和培训，未督促执行操作规程，导致有关作业人员长期习惯性违章操作。对灾害性天气防范工作认识不足，面对恶劣天气，未组织采取有效防控措施，未对施工现场及周边环境开展隐患排查，未发现事故起重机夹轨器未处于工作状态，未能及时采取措施消除隐患，对事故发生负有责任。

3）四航局一公司对下属的预制构件厂安全生产工作疏于管理，安全生产责任制落实不到位，组织安全生产大检查、隐患排查治理不到位，未能发现下属单位特种设备安全管理严重缺失、发包项目安全生产“以包代管”等未落实安全生产法律法规问题，对下属单位特种设备作业人员证件审查不严，导致下属单位特种设备作业人员不具备操作资格的问题严重；未按照规定组织对一线员工进行安全生产教育培训；对灾害性天气防范工作认识不足，面对恶劣天气，未组织采取有效防控措施，未对施工现场及周边环境开展隐患排查，未及时采取措施消除隐患、防止事故发生。

4）中交四航局安全生产责任制落实不到位，对下属单位落实安全生产法律法规工作督促指导不力，安全生产大检查不到位、不细致，气象灾害信息收集及响应等制度存在缺失。

5）东莞市质量技术监督局对事故发生单位特种设备安全监管不力，对其长期存在的特种设备作业人员习惯性违章和不具备操作资格上岗作业等问题失察；对事故发生单位的特种设备违法行为查处不力；对该市特种设备兼职安全监察员队伍指导不到位。

6）东莞市麻涌镇经济科技信息局（质量技术监督工作站）自 2015 年以来从未对事故发生单位进行检查，未能发现事故发生单位存在的未建立健全特种设备岗位责任等安全管理制度、特种设备安全技术档案缺失以及特种设备作业人员习惯性违章和不具备操作资格上岗作业等问题；对大盛村特种设备兼职安全监察员巡查“走过场”问题失察；未及时采取有效措施，提高巡查人员业务能力；未能有效协助东莞市质量技术监督局对辖区起重机械等特种设备使用单位开展监督管理工作。

7）东莞市城市综合管理局麻涌分局未按照上级检查规范执行监督检查，对辖区企业内部监督检查履职不到位，未将事故发生单位纳入日常监督检查范围，未发现事故发生单位存在违法建设集装箱组合房的问题，存在监管真空地带，在履行职责方面存在缺失。

3. 事故主要教训

（1）安全风险意识淡薄。预制构件厂和劳务公司对灾害性天气防范工作认识不足，措施不落实，没有在灾害性天气来临前进行安全检查。

（2）特种设备管理混乱。事故起重机登记使用单位预制构件厂没有履行特种设备安全管理职责，实际使用单位新侨公司特种设备安全使用管理不落实，未建立特种设备岗位责任等安全管理制度，长期存在特种设备作业人员习惯性违章和不具备操作资格上岗作业等问题，企业组织的安全检查流于形式。

（3）未对临建宿舍选址进行安全评估。预制构件厂将住人集装箱组合房设置在起重机倾翻影响范围内，未与作业区保持足够的安全距离，未进行有效隔离或采取其他有效防范措施，加重了事故的损害后果。

（4）安全生产“以包代管”问题突出。预制构件厂对外包工程的安全管理不落实，对外包队伍的安全生产情况监督检查不到位。

（5）上级单位安全管理不到位。中交四航局及四航局一公司对其下属企业落实安全生产法律法规的情况检查督促不到位，对事故企业预制构件厂长期存在的安全管理混乱问题失察、失管。

（6）相关职能部门监管缺位。特种设备主管部门未能发现事故发生单位长期存在的特种设备作业人员习惯性违章和不具备操作资格上岗作业等问题，城市综合管理部门未能及时发现事故发生单位厂区内存在的违法建设集装箱组合房行为，致使预制构件厂成为政府部门日常安全检查巡查的真空地带。

4. 事故整改措施

深刻总结并吸取事故教训，有针对性地制定和落实防范措施，切实加强和改进安全生产工作，杜绝类似事故发生，应落实如下整改措施：

（1）加强起重机安全管理。起重机械使用单位要严格落实起重机械安全管理各项制度，建立安全技术档案，完善安全操作规程，设立安全管理机构或配备安全管理人员，定期进行安全性能检验，加强日常安全检查和维护保养；要严格落实起重机作业人员持证上岗制度，核实并确保起重机械作业人员资格证真实、有效；要认真做好灾害性天气来临前的隐患排查工作，清理起重机械作业影响范围内人员密集场所，确保起重机械夹轨器等抗风防滑装置齐全、有效并处于工作状态，严格执行起重机械安全管理制度和岗位操作规程，落实安全防范措施，确保人员和设备安全。省特种设备主管部门要牵头组织开展特种设备领域“打非治违”专项行动，重点打击特种设备作业人员习惯性违章和不具备操作资格上岗作业等问题，部署落实灾害性天气下的安全防范措施，严防此类事故再次发生。

（2）规范施工现场临时建设行为。各类工程建设单位要加强施工现场集装箱组合房、装配式活动房等临建房屋（宿舍、办公用房、食堂、厕所等）的安全管理，办公、生活区的选址应当符合安全要求，将施工现场的办公、生活区与作业区分开设置，并保持安全距离；要建立并落实施工现场集装箱组合房、装配式活动房等临建房屋的安全风险评估及专项安全检查制度，确保安全使用。对存在严重事故隐患的建筑施工临建房屋要坚决落实搬迁、拆除、撤人等强制措施，杜绝群死群伤事故。省建设主管部门要牵头制定加强建筑施工现场临建房屋的安全管理规定，进一步规范施工现场临时建设行为。

（3）加强灾害性天气安全防范。各地、各部门和各单位要落实《中华人民共和国气象法》《广东省气象灾害防御条例》等有关规定，加强气象灾害监测预报、预警信息发布和传播、防雷减灾、气象应急保障、人工影响天气等气象灾害防御工作，要强化并落实灾害性天气可能诱发事故的风险评估和预警，加大气象灾害防御知识宣传和普及力度，提高公众尤其是重点企业的防灾减灾意识。要督促气象灾害防御重点企业完善应对灾害性天气的应急预案，经常性地开展应急演练，强化值班值守，密切关注并接收当地气象台站发布的灾害性天气警报和气象灾害预警信号，及时转移、撤离现场作业人员，尽力减少事故灾害损失。

（4）加强外包工程安全管理。发包单位要加强外包工程及外包队伍的安全管理，强化过程管控，将分包商和协作队伍纳入企业管理体系，杜绝“以包代管、以罚代管和违法分包、层层转包”现象；要督促外包队伍落实安全生产责任，切实加强作业现场的安全管理，严禁违章指挥、违章作业、违反劳动纪律的行为；要强化作业人员的安全培训教育，全面落实持证上岗和先培训后上岗制度；要在人员密集场所等重点部位、关键岗位推行风险分级管控和隐患排查治理双重预防性工作机制，及时消除各类事故隐患，提升安全保障能力和事故预防能力。

（5）加强中央驻粤企业安全生产工作。中交四航局要铭记教训、警钟长鸣，用事故教训警示所属各级企业，增强安全生产意识，督促所属各级企业切实落实安全生产主体责任，切实把安全生产责任落实到现场、班组和岗位；要规范生产经营行为，强化现场安全管理，不断改进和完善企业安全生产管理体系；要建立全方位的安全风险管控和自查、自改、自报的隐患排查治理体系，努力做到风险辨识及时到位、风险监控实时精准、风险预案科学有效，力争实现隐患排查治理工作常态化、规范化、制度化，全面提升安全生产工作水平。要依法及时向所在地政府及有关部门定期报告安全生产情况，主动接受地方政府及有关部门的监督和指导，发挥中央企业在安全生产中的带头作用。

四、塔式起重机吊臂折断事故

1. 事故概况

2007 年 8 月 9 日 15 时 30 分左右，辽宁抚顺市东洲区某棚户区改造工程 8 号楼施工现场，抚顺某建设集团有限公司发生一起塔式起重机事故，造成 1 人死亡。

事故起重机编号为 3123-62004，型号为 QTZ315，是台前县某建设安装有限责任公司第五工程处（使用单位）租赁抚顺某建设（集团）有限公司机械分公司的塔式起重机。

该塔式起重机在向 8 号楼运送物料时，起重臂从臂根部折断，起重机前端砸在正在地面作业的女工张某头部，张某送医院经抢救无效死亡。

2. 事故原因分析

（1）直接原因。结合现场勘查及技术报告分析，该塔式起重机第一节与第二节起重臂连接处销轴和耳板之间的间隙为 0.9~2.04 mm，且耳板孔已塑性变形。由于销轴和耳板孔间隙过大，在水平方向出现明显松旷。起重臂架耳板限制销轴转动的挡板被磨圆，造成销轴可以转动。开口销与耳板侧面孔边反复冲击、摩擦和挤压，使得开口销断面减小。

在施工中，塔式起重机应按规定，经检验机构检验合格后方可使用。但在事故起重机未经检验机构检验合格，安全技术措施、设备作业条件不能保证安全的情况下，施工单位违规使用、冒险作业，造成销轴脱落，起重臂从臂根部折断。

综上所述，塔式起重机第一节与第二节起重臂下主弦杆连接处销轴脱落和施工单位违规使用、冒险作业是造成这起事故的直接原因。

（2）间接原因：

1）台前县某建设安装有限责任公司第五工程处，为承租特种设备的使用单位，没有对其进行日常的维修保养，没有建立特种设备的安全操作、常规检查等使用和运行的管理制度。没有为塔吊办理检验合格证就违规使用、冒险作业，是造成这起事故的主要原因。

2）抚顺某建设（集团）有限公司机械分公司为施工企业提供租赁设备，对出租的设备没有经检验机构检验合格，发现施工单位违规使用也没有及时禁止，是造成这起事故的次要原因。

3）抚顺某科学研究院监理公司安全监管不到位，在安全生产监管中，对施工单位和施工人员违规使用没有检验合格的塔式起重机，监管不到位，是造成这起事故的次要原因。

4）台前县某建设安装有限责任公司第五工程处和抚顺市某建设（集团）有限公司机械分公司安全生产管理制度不健全，职责不清、责任不明、安全生产管理混乱，是造成这起事故的次要原因。

3. 事故教训和整改措施

（1）起重机械使用单位必须严格执行法规要求，使用合法、安全的起重机械，严禁非法使用未经法定检验机构检验合格的起重机械。

（2）起重机械使用单位必须合理制定设备安全操作、维修保养等方面的安全生产管理制度，并严格施行。杜绝人员无证上岗、严禁违章指挥、违章操作。

（3）加强对安全生产工作的监管，认真开展排查隐患活动，对隐患进行认真整改，并制定相应防范措施。

五、汽车起重机倾翻事故

1. 事故概况

2009 年 1 月 15 日 9 时 30 分，天津市滨海新区百万吨乙烯 PRO1 公用工程外管廊安装工地，北京某建筑安装工程有限责任公司租用天津某机械有限公司一台 50 t 汽车起重机在乙烯外管廊 4 号路与 21 号路交界处进行钢结构安装作业，吊装半径 13 m，钢结构质量 5.5 t。9 时 40 分，起重机起吊钢结构后由西侧向北侧转动主臂，在转过 90°角即将就位时，起重机整体向北侧倾翻，司机由驾驶室跳出，落到地面时摔了一跤，被倾翻的起重机尾端砸中，后经抢救无效死亡，事故造成经济损失 130 万元。

2. 事故原因分析

（1）起重机司机为减少吊车移位次数，在未全面了解起重量和起重力矩并且未经起重指挥人员同意的情况下，擅自决定起重机作业位置，未将前侧水平支腿伸出到位（伸足为 6.9 m，实测为 6.08 m），使得起重机稳定力矩减小，抗倾翻稳定性变差。

（2）起重机事发工作幅度下吊运载荷产生的力矩超过额定力矩。虽然起重力矩限制执行动作阻止起重机继续进行危险作业，但起重机司机强制关闭了力矩限制器后强行起吊作业，即便司机在发现起重机失去平衡时立即采取了升臂（减小幅度，从而减小起重力矩）措施，也未能阻止起重机倾翻事故的发生。

（3）现场起重指挥人员明知起重机摆放位置不符合安全作业要求但没有进行有效纠正，放任其作业；当发现吊运载荷超过额定载荷时，又未及时制止司机关闭力矩限制器违章作业的行为。

上述因素综合导致起重机在该作业工况下倾覆力矩大于稳定力矩，从而发生整机倾翻事故，司机在逃离起重机时被倾翻的起重机尾端砸中，造成人员伤亡。

3. 事故教训和整改措施

（1）起重作业人员在施工过程中应严格遵守安全施工方案，严禁各种违反起重安全操作规范的鲁莽和冒险作业行为；现场安全管理人员发现违章作业行为应立即予以制止。

（2）企业应加强作业人员遵章守纪的安全意识教育和规范的安全操作技能培训，还应建立事故应急处置预案并定期组织演练，使作业人员在遇到险情时尽量能够选择伤害最小的处置方法。

（3）租赁的起重机械应按照安全技术规范进行维护保养并经过法定检验合格。

六、桥式起重机挤压事故

1. 事故概况

2011 年 6 月 17 日上午 9 时 30 分，江苏省镇江市镇江新区化工片区镇澄路 101 号，某环保能源（镇江）有限公司汽轮机房内，山东淄博某建设集团有限公司 1 名员工在桥式起重机西侧轨道清理杂物时，被镇江某集团有限责任公司 1 名起重机司机操作的一台通用桥式起重机撞倒后挤压死亡，事故直接经济损失 43 万元。

现场勘查和调查如下：

（1）事发之前，地面指挥人员和起重机司机均看到汽轮机房起重机轨道梁上有 2 个人。在实施起吊作业时，指挥人员所站的位置（距西侧墙约 4 m，距离南侧墙约 17 m）因起重机主梁阻挡了他的观察视野而未看到轨道梁上有人，便指挥起吊作业。坐在驾驶室操作位置的司机可以看见轨道梁上人员的位置，但他没有经仔细观察便进行起重作业，两人均疏于观察。

（2）该起重机前端梁内侧与 2 号立柱之间的距离约 120 mm，远小于人体宽度。当受害人蹲在轨道梁（牛腿）位置上面背对起重机清理垃圾时，起重机（自重 16.55 t,）以 2~40 m/min的速度由北向南行驶过 2 号立柱时，因距离太短（约 250 mm），受害人在夹挤瞬间无法脱身。

（3）《电力建设安全工作规程　第 1 部分：火力发电》（DL 5009.1—2014）第 8.2.1 项规定，“施工中应尽量减少立体交叉作业。必须交叉时，施工负责人应事先组织交叉作业各方，商定各方的施工范围及安全注意事项；各工序应密切配合，施工场地应尽量错开，以减少干扰”。第 8.2.5 项规定，“在生产运行区进行交叉作业时，必须执行工作票制度，制定安全施工措施，进行交底后严格执行，必要时应由运行单位派人监护”。该施工现场有两个单位交叉作业，安全管理无人协调。作为工程发包方的某环保能源（镇江）有限公司现场安全管理缺失。尽管镇江某集团有限公司的管理人员到了现场，但也未能有效履行职责。山东淄博某建设集团有限公司对职工的安全教育和施工安全管理工作不到位，安全防范措施未能有效落实。

2. 事故原因分析

(1) 直接原因。起重指挥人员和操作人员疏于观察，违反《起重机械安全规程　第1部分：总则》(GB 6067.1—2010) 中“当起重机上或其周围确认无人时方可操作”的规定，违章指挥、违章操作，导致起重机将其运行线路上1人挤压身亡。

(2) 间接原因：

1) 工程发包方的某环保能源（镇江）有限公司起重机作业区域现场管理缺失，两个单位交叉作业的安全管理无人协调。镇江某集团有限公司的管理人员到了现场，但未能有效履行工作职责。

2) 该起重机正在安装检验过程中，尚未出具检验合格报告和检验证书；安装单位杭州某起重机械有限公司涉嫌伪造检验合格证明，导致该起重机违法使用。

3. 事故教训和整改措施

(1) 起重机械指挥人员和操作人员应严格遵守安全操作规程，特别是在复杂环境下作业，更应仔细识别作业环境中的危险源，避免伤害事故的发生。

(2) 交叉作业现场应制定由工程发包单位的协调下的安全管理方案和措施，并落实到现场管理的细节中。

(3) 特种设备应当经特种设备安全管理机构监督检验合格之后方可使用。

复习思考题

1. 起重机械通常由哪几部分组成?

2. 起重机械的事故特点有哪些?

3. 防超载的安全装置起什么作用? 分哪几种?

4. 流动式起重机、通用桥式起重机、通用门式起重机应该设置、安装哪些安全防护装置?

5. 起重机械使用单位应遵守哪些安全规定?

6. 起重作业中“十不吊”是指什么?

7. 结合工作过程，试论述起重机械事故特点与安全对策。

8. 谈谈你对东莞某预制构件厂“4·13”通用门式起重机倾翻重大事故的看法。

表 5-3　安全防护装置在典型起重机械上的设置要求

序号	安全防护装置名称	桥式和门式起重机				流动式起重机						塔式起重机		臂架型起重机			
		通用桥式起重机		通用门式起重机		汽车起重机		轮胎起重机		履带起重机				门座起重机		固定式起重机	
		程度要求	要求范围	程度要求	要求范围	程度要求	要求范围	程度要求	要求范围	程度要求	要求范围	程度要求	要求范围	程度要求	要求范围	程度要求	要求范围
1	起重量限制器	应装	动力驱动	应装	动力驱动							应装	动力驱动	应装	额定起重量不随幅度而变化的	应装	额定起重量不随幅度而变化的
2	超重力矩限制器					应装		应装		应装		应装		应装	额定起重量随幅度而变化的	应装	额定起重量随幅度而变化的
3	起升高度限位器	应装	动力驱动的	应装	动力驱动的	应装		应装		应装		应装		应装		应装	
4	下降深度限位器	应装	根据需要	应装	根据需要	应装	根据需要	应装	根据需要	应装	根据需要	应装	根据需要	应装	根据需要	应装	根据需要
5	运行行程限位器	应装	动力驱动的并且在大车和小车运行的极限位置	应装	动力驱动的并且在大车和小车运行的极限位置（悬挂葫芦小车除外）							应装		应装			
6	幅度限位器											应装		应装	在吊臂幅度的极限位置	应装	在吊臂幅度的极限位置

续表

序号	安全防护装置名称	桥式和门式起重机				流动式起重机						塔式起重机		臂架型起重机			
		通用桥式起重机		通用门式起重机		汽车起重机		轮胎起重机		履带起重机				门座起重机		固定式起重机	
		程度要求	要求范围	程度要求	要求范围	程度要求	要求范围	程度要求	要求范围	程度要求	要求范围	程度要求	要求范围	程度要求	要求范围	程度要求	要求范围
7	偏斜指示器或限制器			宜装	跨度等于或大于40 m时												
8	幅度指示器					应装		应装		应装				应装		宜装	
9	联锁保护安全装置	应装	按有关要求	应装	按有关要求							应装	按有关要求	应装	按有关要求	应装	按有关要求
10	水平仪					应装		应装		应装							
11	防止臂架向后倾翻的装置					应装	油缸变幅除外	应装		应装	油缸变幅除外	应装	动臂变幅的	应装	单臂架钢丝绳变幅	应装	
12	极限力矩限制装置											应装	有可能自锁的旋转结构	应装	有可能自锁的旋转结构	应装	有可能自锁的旋转结构
13	缓冲器	应装	在大车、小车运行机构或轨道端部	应装	在大车、小车运行机构或轨道端部							应装		应装	在运行机构或轨道端部		
14	抗风防滑装置	应装	室外工作的	应装	室外工作的							应装	行走式	应装			

续表

序号	安全防护装置名称	桥式和门式起重机				流动式起重机						塔式起重机		臂架型起重机			
		通用桥式起重机		通用门式起重机		汽车起重机		轮胎起重机		履带起重机				门座起重机		固定式起重机	
		程度要求	要求范围	程度要求	要求范围	程度要求	要求范围	程度要求	要求范围	程度要求	要求范围	程度要求	要求范围	程度要求	要求范围	程度要求	要求范围
15	风速风级报警器			应装	起升高度大于12 m时	应装	起升高度大于50 m时	应装	起升高度大于50 m时	应装	起升高度大于50 m时	应装	骨架铰点高度大于50 m时	应装			
16	垂直支腿回缩锁定装置					应装		应装									
17	回转锁定装置					应装		应装		应装							
18	防倾翻安全钩			应装	按有关要求												
19	轨道清扫器	应装	动力驱动的大车运行机构上	应装	在大车运行机构							应装	行走式	应装			
20	端部止挡	应装	在运行机构	应装	在运行机构							应装	在行走式的运行机构与变幅机构	应装	在运行机构与变幅机构	应装	在变幅机构
21	导电滑线防护板	应装												应装	采用滑线导电结构的		

续表

序号	安全防护装置名称	桥式和门式起重机				流动式起重机						塔式起重机		臂架型起重机			
		通用桥式起重机		通用门式起重机		汽车起重机		轮胎起重机		履带起重机				门座起重机		固定式起重机	
		程度要求	要求范围	程度要求	要求范围	程度要求	要求范围	程度要求	要求范围	程度要求	要求范围	程度要求	要求范围	程度要求	要求范围	程度要求	要求范围
22	作业报警装置	宜装		宜装		应装		应装		应装				应装	大车运行		
23	暴露的活动零部件的防护罩	应装	有伤人可能的	应装	有伤人可能的	应装	有伤人可能的	应装	有伤人可能的	应装	有伤人可能的	应装	有伤人可能的	应装	有伤人可能的	应装	有伤人可能的
24	电气设备的防雨罩	应装	室外工作的防护等级不能满足要求时	应装	室外工作的防护等级不能满足要求时	应装	室外工作的防护等级不能满足要求时	应装	室外工作的防护等级不能满足要求时	应装	室外工作的防护等级不能满足要求时	应装	室外工作的防护等级不能满足要求时	应装	室外工作的防护等级不能满足要求时	应装	室外工作的防护等级不能满足要求时
25	防小车坠落保护											应装					
26	防碰撞装置	宜装	在同一轨道运行工作的两台以上的	宜装	在同一轨道运行工作的两台以上的									宜装	在同一轨道运行工作的两台以上的		

第六章
电梯安全

电梯是指在动力驱动下，利用沿刚性导轨升降的箱体或者沿固定线路运行的梯级（踏步）运送人、货物的机电设备，包括载人（货）电梯、自动扶梯、自动人行道等。其中，自动扶梯是带有循环运行梯级，用于向上或向下倾斜输送乘客的固定电力驱动设备。自动人行道是带有循环运行（板式或带式）走道，用于水平或倾斜角不大于12°输送乘客的固定电力驱动设备。

第一节　电梯基本知识

一、电梯的分类

1. 按用途分类

（1）乘客电梯。乘客电梯是指为运送乘客而设计的电梯，适用于高层住宅楼以及办公大楼、宾馆、饭店、旅馆等场所。乘客电梯一般要求安全舒适、装饰讲究、新颖美观，平层精度较高，可以在有或无司机的状态下，手动操纵或自动控制，加减速适合人体适应范围。轿厢的顶部除照明设施外，还设有通风或空调等设备。

（2）载货电梯。载货电梯是指主要运送货物的电梯，同时允许有人伴随，适用于商场、仓库等场所。这种电梯的控制简单、载货量大，运行速度不快，要求结构坚固、牵引力大。

（3）客货电梯。客货电梯是指以运送乘客为主，可同时兼顾运送非集中载荷货物的电梯。它与乘客电梯的区别在于轿厢内部装饰、结构不同。

（4）病床电梯。病床电梯是指运送病床（包括病人）及相关医疗设备的电梯，也叫医用电梯。这种电梯的特点是轿厢窄而深，手术车能方便出入，通常要求前后贯通开门，对运行稳定性要求较高，舒适感好，平层精度高，启动、制动时加（减）速度较小，可靠性高。

（5）住宅电梯。住宅电梯是指服务于住宅楼供公众使用的电梯。普通居民住宅楼、高层住宅楼均使用此类电梯，运行速度适中。

（6）杂物电梯。杂物电梯是指服务于规定层（站）的固定式提升装置，具有一个轿厢。由于结构型式和尺寸的关系，其轿厢内不允许人员进入。

（7）观光电梯。观光电梯是指井道和轿厢壁至少有同一侧透明，乘客可以观看轿厢以外景物的电梯。

（8）其他电梯。除上述常用电梯外，还有些特殊用途的电梯，如防爆电梯、消防员电梯、船用电梯、家用电梯等。

2. 按运行速度分类

表 6-1 为按运行速度分类的电梯。

表 6-1　按运行速度分类的电梯

名称	额定速度范围
超高速电梯	3～10 m/s 或更高速的电梯，通常用在超高层建筑物内
高速电梯（甲类电梯）	速度为 2～3 m/s 的电梯，通常用在 16 层以上的建筑物内
快速电梯（乙类电梯）	速度为 2～3 m/s 的电梯，通常用在 10 层以上的建筑物内
低速电梯（丙类电梯）	速度为 1 m/s 及以下的电梯，通常用在 10 层以下的建筑物，一般为客货电梯或货梯

3. 其他分类

电梯的分类方法很多，按拖动方式可以分为直流电梯、交流电梯、液压电梯、齿轮齿条电梯、螺杆式电梯、直线电机驱动电梯等；按操纵控制方式可分为手柄开关操纵控制电梯、按钮控制电梯、信号控制电梯、集选控制电梯、下集选控制电梯、并联控制电梯、楼群控制电梯、楼群智能控制电梯等；按有无司机可分为有司机电梯、无司机电梯、有或无司机电梯；按机房位置可分为上置式电梯、下置式电梯、无机房电梯等。

二、电梯的技术要求

1. 电梯的基本要求

对电梯的要求可用“安全、可靠、方便、舒适、准确、高效”12 个字来概括，其中安全、可靠、方便、舒适是对其基本要求。电梯的安全性和可靠性是贯穿于设计、制造、安装、维护、检验、使用各个环节的系统工程。安全是针对事故而言的，可靠是针对故障而言的，元件的可靠性是降低故障的重要因素。舒适主要是人的主观感觉，一般称为舒适感，主要与电梯的速度变化和振动有关，且与安装、维护质量有关。

所有投入运行的电梯应达到基本的性能要求，即整机性能指标。在《电梯技术条件》（GB/T 10058—2009）中有明确的性能指标要求，除了严格的安全指标来保障安全运行外，对舒适感，常以速度特性、工作噪声、平层准确度作为主要性能指标。

（1）速度特性：

1）电梯速度。当电源为额定频率和额定电压时，载有 50%额定质量的轿厢向下运行至行程中段（除去加速和减速段）时的速度，不应大于额定速度的 105%，宜不小于额定速度的 92%。

2）加速度。乘客电梯起动加速度和制动减速度最大值均不应大于 1.5 m/s^2。当乘客电梯额定速度为 1.0 m/s≤v≤2.0 m/s 时，A95（在定义的界限范围内，95%采样数据的加、减速度或振动值小于或等于的值，该值一般用于按统计学的方法评估典型水平）加、减速度不应小于 0.5 m/s²；当乘客电梯额定速度为 2.0 m/s<v≤6.0 m/s 时，A95 加、减速度平均值不应小于 0.7 m/s²。

3）轿厢振动加速度。乘客电梯轿厢运行在恒加速度区域内的垂直（Z 轴）振动的最大峰峰值不应大于 0.3 m/s²，A95 峰峰值不应大于 0.2 m/s²；乘客电梯轿厢运行期间水平（X 轴和 Y 轴）振动的最大峰峰值不应大于 0.2 m/s²，A95 峰峰值不应大于 0.15 m/s²。

（2）工作噪声。电梯的各机构和电气设备在工作时不应有异常振动或撞击声响。乘客电梯的噪声值应符合表 6-2 规定。

表 6-2 乘客电梯的噪声值 单位：dB（A）

额定速度 v/（m/s）	v≤2.5	2.5<v≤6.0
额定速度运行时机房内平均噪声值	≤80	≤85
运行中轿厢内最大噪声值	≤55	≤60
开门过程最大噪声值	≤65	

注：无机房电梯的“机房内平均噪声值”是指距离曳引机 1.0 m 处所测得的平均噪声值。

（3）平层准确度。电梯轿厢的平层准确度宜在±10 mm 范围内。平层保持精度宜在±20 mm 范围内。

2. 电梯的速度变化

电梯运行中的速度变化曲线如图 6-1 所示。图中纵坐标代表电梯的运行速度，横坐标表示电梯运行时间。t_1 为启动加速段，至 A 点到达电梯的额定速度，t_2 为匀速运行段，到达 B 点，进入 t_3 减速制停段，到达平层时减速完成，停梯开门，完成电梯的一次运行。

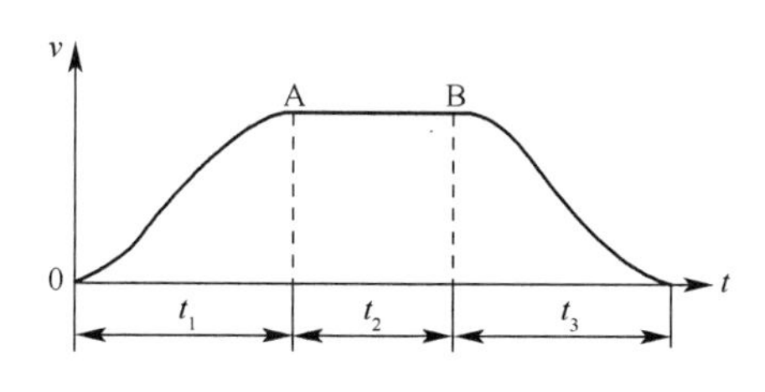

图 6-1 电梯速度变化曲线

电梯的实际运行速度曲线，对乘客的乘坐舒适感有很大影响，特别是高速电梯在加速段和减速段。如果设置不好，乘客会有上浮、下沉、重压、浮游、不平衡等不舒适感，最强烈的是上浮感和下沉感。这与加速时间或减速时间的长短有关，如果延长加速时间 t_1、减速时间 t_3，舒适感会变好，但运行效率降低。从实验得知，与人的舒适感关系最大的，不是加（减）速度，而是加（减）速度的变化率，也就是 t_1 和 t_3 两头弧形部分的曲率。如果将加速度变化率控制在 1.3 m/s² 以下，即使最大加速度达到 2.0~2.5 m/s²，也不会使乘客感到过分的不适。

3. 电梯正常使用条件

电梯的正常使用条件是指使电梯正常运行的环境条件。如果实际工作环境与标准的工作条件不符，电梯难以正常运行，可能使故障率增加，缩短其使用寿命。因此，特殊环境使用的电梯在订货时就应提出特殊的使用条件，制造厂将依据所提出的使用条件进行设计、制造。

《电梯技术条件》（GB/T 10058—2009）对电梯工作条件规定如下：

（1）安装地点的海拔不应超过 1 000 m。

（2）机房内的空气温度应保持 5~40 ℃。

（3）运行地点的空气相对湿度在最高温度为 40 ℃时不超过 50%，在较低温度下可有较高的相对湿度，最湿月的月平均最低温度不超过 25 ℃，该月的月平均最大相对湿度不超过 90%。若可能在电气设备上产生凝露，应采取相应措施。

（4）供电电压相对于额定电压的波动应在±7%的范围内。

（5）环境空气中不应含有腐蚀性和易燃性气体，污染等级不应大于《低压开关设备和控制设备　第 1 部分：总则》（GB 14048. 1—2012）中规定的 3 级。

三、电梯常用名词术语

依据《电梯、自动扶梯、自动人行道术语》（GB/T 7024—2008），电梯常用的名词术语有：

（1）电梯。服务于建筑物内若干特定的楼层，其轿厢运行在至少两列垂直于水平面或与铅垂线倾斜角小于 15°的刚性导轨运动的永久运输设备。

（2）层站。各楼层用于出入轿厢的地点。

（3）层门。设置在层站入口的门，也叫厅门。

（4）基站。轿厢无投入运行指令时停靠的层站，一般位于乘客进出最多并且方便撤离的建筑物大厅或底层端站。

（5）轿厢。电梯中用以运载乘客或其他载荷的箱型装置。

（6）轿门。设置在轿厢入口的门，也叫轿厢门。

（7）平层。在平层区域内，使轿厢地坎平面与层门地坎平面达到同一平面的运动。

（8）选层器。一种机械或电气驱动的装置。用于执行或控制下述全部或部分功能：确定运行方向、加速、减速、平层、停止、取消呼梯信号、门操作、位置显示和层门指示灯控制。

（9）呼梯盒。设置在层站门一侧，召唤轿厢停靠在呼梯层站的装置，也叫召唤盒。

（10）地坎。轿厢或层门入口处的带槽踏板。

（11）机房。安装一台或多台电梯驱动主机及其附属设备的专用房间。

（12）井道。保证轿厢、对重（平衡重）和（或）液压缸柱塞安全运行所需的建筑空间。

（13）底坑。底层端站地面以下的井道部分。

（14）平层准确度。轿厢依控制系统指令到达目的层站停靠后，门完全打开，在没有负载变化的情况下，轿厢地坎上平面与层门地坎上平面之间铅锤方向的最大差值。

四、电梯的基本结构

电梯是机、电一体化的产品，其机械部分好比是人的躯体，电气部分相当于人的神经，控制部分相当于人的大脑。各部分密切协同，使电梯能可靠安全地运行。尽管电梯的品种繁多，但目前使用的电梯绝大多数为电力拖动、钢丝绳曳引式结构，如图 6-2 所示是电梯原理示意图，如图 6-3 所示是电梯结构示意图，从图中我们能看到，电梯曳引钢丝绳分别连着轿厢和对重，缠绕在曳引轮和导向轮上，通过电动机变速带动曳引轮转动，靠钢丝绳与曳引轮摩擦产生牵引力，实现轿厢与对重升降运动，达到运输的目的。固定在轿厢下的导靴可以保证轿厢在导轨上进行往复运动，防止轿厢运行中偏斜或摆动。轿厢与对重由补偿链连接，补偿链在运动中的重力和张力的变化，使曳引电动机负载更加稳定，进而使轿厢更可靠地停靠。电气系统可以实现对电梯运动的控制，完成选层、平层、照明、测速等工作。

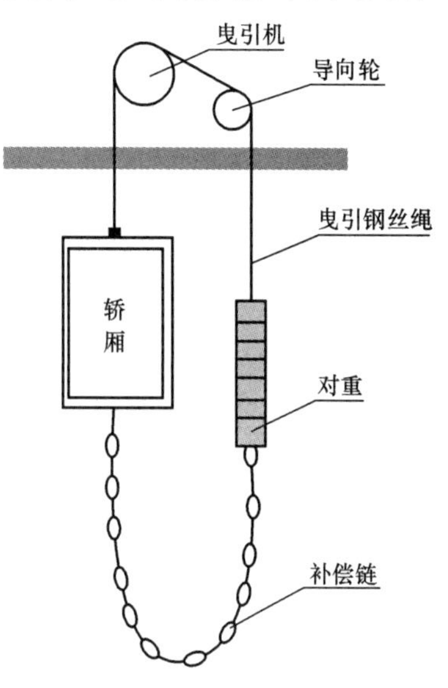

图 6-2 电梯的原理

从空间位置使用来看，电梯由 4 个部分组成：依附建筑物的机房和井道；运载乘客或货物的空间——轿厢；乘客或货物出入轿厢的地点——层站。

从电梯各构件部分的功能上看，可分 8 个部分（又称八大系统）：曳引系统、导向系统、轿厢系统、门系统、重力平衡系统、电力拖动系统、电气控制系统和安全保护系统。各部分功能及其构件与装置详见表 6-3。

表 6-3 电梯八大系统的功能及其构件与装置

八大系统	功能	主要构件与装置
曳引系统	输出与传递动力，驱动电梯运行	曳引机、曳引轮及钢丝绳、导向轮、反绳轮等
导向系统	限制轿厢、对重的活动自由度，使轿厢和对重只能沿着导轨运动	轿厢的导轨、对重的导轨及其导轨架等
轿厢系统	运载乘客和（或）货物的组件	轿厢架和轿厢体
门系统	乘客或货物的进出口，运行时层门、轿门必须封闭，到站时才能打开	轿厢门、层门、开门机、联动机构、门锁等

续表

八大系统	功能	主要构件与装置
重力平衡系统	相对平衡轿厢质量以及补偿高层电梯中曳引绳长度的影响	对重和重力补偿装置等
电力拖动系统	提供动力，对电梯实行速度控制	电动机、减速机、制动器、供电系统、速度反馈装置、调速装置等
电气控制系统	对电梯的运行实现操纵和控制	操纵装置、位置显示装置、控制屏（柜）、平层装置、选层器等
安全保护系统	保障电梯安全使用，防止一切危及人身安全的事故发生	限速器、安全钳、缓冲器和端站保护装置，超速保护装置，供电系统断相保护装置，超越上、下极限工作位置的保护装置，层门锁与轿厢门电气联锁装置，电动机过载、超速、编码器断线保护装置等

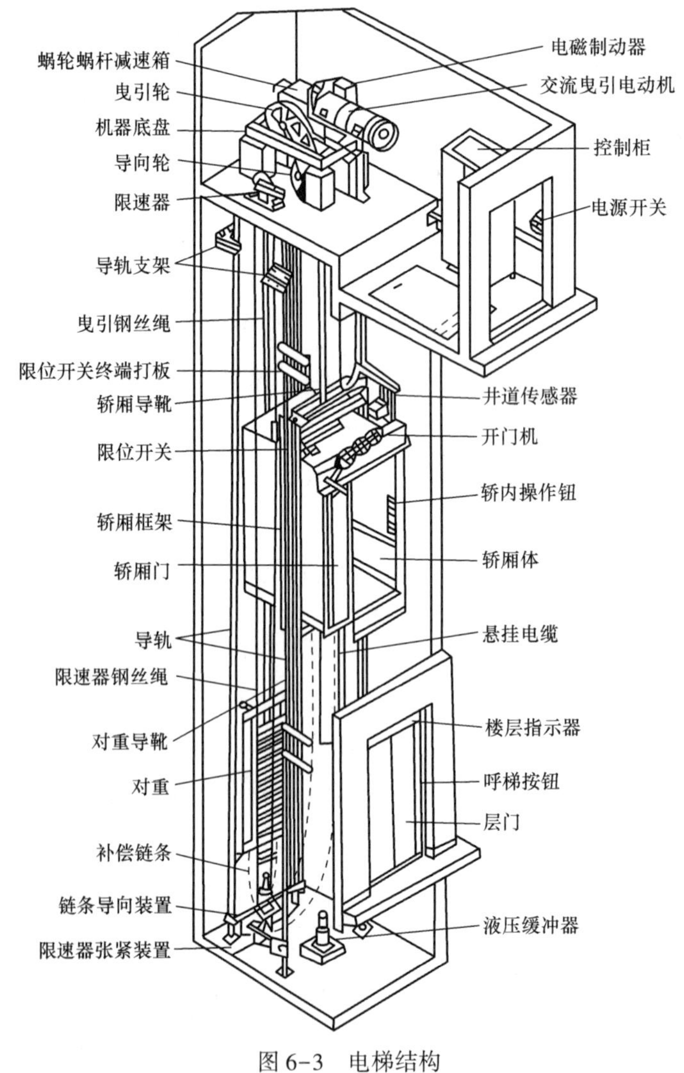

图 6-3　电梯结构

第二节　电梯安全保护装置

电梯应严格按照《电梯制造与安装安全规范》（GB 7588—2003，2016 年修改）等标准设置齐全的安全保护装置，并且必须可靠有效。为了确保电梯运行中的安全，在设计时设置了多种机械安全装置和电气安全装置：超速（失控）保护装置——限速器、安全钳；冲顶（蹾底）保护装置——缓冲器；终端限位保护装置——强迫减速开关、终端限位开关、极限开关，可达到强迫减速、切断控制电路、切断动力电源三级保护的目的；电气安全保护装置——供电系统断相、错相保护装置或保护功能，过载及短路安全保护，层门门锁装置及电气联锁装置，防止触电安全保护等；其他安全保护装置——出入口安全保护装置、消防开关、轿厢顶护栏、安全窗等保护装置。这些装置共同组成了电梯安全保护系统，以防止任何不安全的情况发生。

一、超速保护装置

在电梯的安全保护系统中，提供综合安全保障的是限速器、安全钳和缓冲器。其中，限速器和安全钳是防止电梯超速和失控的保护装置。当电梯在运行中，无论何种原因使轿厢发生超速甚至坠落的危险状况，而所有其他安全保护装置均未起作用的情况下，则靠限速器、安全钳（轿厢在运行途中起作用）和缓冲器（轿厢在运行终端）的作用使轿厢停住而不致使乘客和设备受到伤害。

1. 限速器

限速器是指当电梯的运行速度达到超过额定速度达到一定值时，其动作能切断安全回路或进一步导致安全钳或上行超速保护装置起作用，使电梯减速直到停止的自动安全装置。

限速器通常安装在电梯机房或隔音层的地面，它的平面位置一般在轿厢的左后角或右前角处，如图 6-4 所示。限速器绳的张紧轮安装在电梯底坑。限速器绳绕经限速器轮和张紧轮形成一个封闭的环路，其两端通过绳头连接架安装在轿厢架上操纵安全钳的杠杆系统。张紧轮的重力使限速器绳保持张紧，并在限速器轮槽和限速器绳之间形成一定的摩擦力。轿厢上、下运行同步地带动限速器绳运动从而带动限速器轮转动，如图 6-5 所示。所以限速器能直接检测轿厢的运行速度。

限速器按其动作原理可分为摆锤式和离心式两种，以离心式限速器较为常见。离心式限速器又可分为垂直轴转动型和水平轴转动型两种，目前常用的为水平轴转动型。其主要特点是结构简单、可靠性高、安装所需要的空间小，图 6-6 所示为这种限速器的典型结构。它的动作原理是，两个绕各自枢轴转动的甩块由连杆连接在一起，以保证同步运动，甩块由螺旋弹簧固定。限速器绳轮在垂直平面内转动，如果轿厢速度超过额定速度预定值时，甩块因离心力的作用向外甩开使超速开关动作，从而切断电梯的控制回路，使制动器失电抱闸。如轿厢速度进一步增大，甩块进一步向外甩开，并撞击锁栓，松开摆动钳块。正常情况下，摆动钳块由锁栓固定，与限速器绳间保持一定的间隙。当摆动钳块松开后，钳块下落，使限速器绳夹持在固定钳块上。固定钳块由压紧弹簧压紧，压紧弹簧可利用调节螺栓进行调节。此时，绳钳夹紧了限速器绳，从而使安全钳动作。当钳块夹紧限速器绳使安全钳动作时，限速器绳不应有明显的损坏或变形。

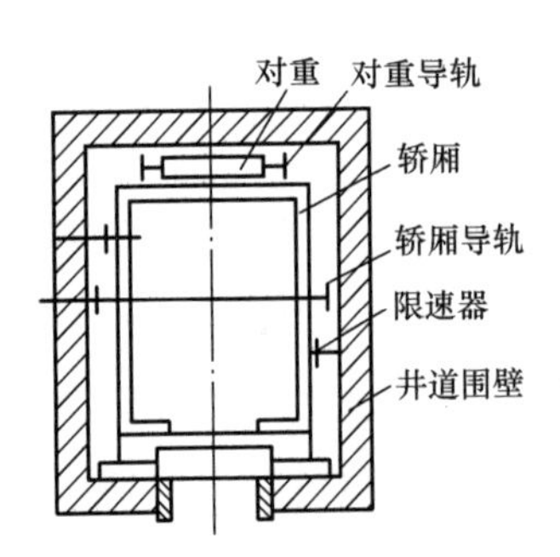

图 6-4　限速器与轿厢的相对平面位置

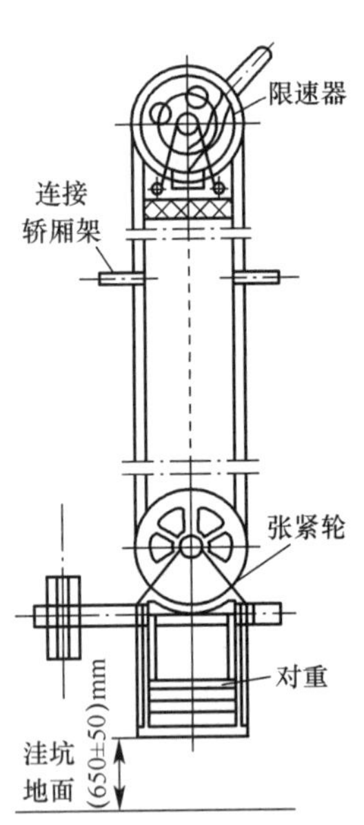

图 6-5　限速器装置的传动系统

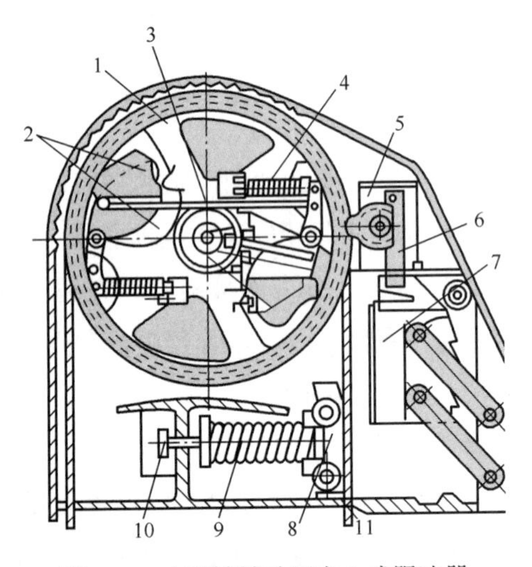

图 6-6　水平轴转动型离心式限速器

1—限速器绳轮；2—甩块；3—连杆；4—螺旋弹簧；5—超速开关；6—锁栓；7—摆动钳块；8—固定钳块；9—压紧弹簧；10—调节螺栓；11—限速器绳

目前常用的XS1限速器为离心式结构，当电梯下行超速或悬挂装置断裂时，限速器中电气开关Ⅰ动作，使曳引机停止运转；若由于某种原因轿厢运行速度继续加大达到限速器动作速度时，限速器动作并操纵安装在轿厢上的安全钳动作使超速运行的电梯制停在导轨上并保持静止状态，同时限速器电气开关Ⅱ动作，使曳引机制停。XS1限速器采用双重保险（双开关），性能稳定、使用可靠。XS1限速器主要组成部分如图6-7所示。

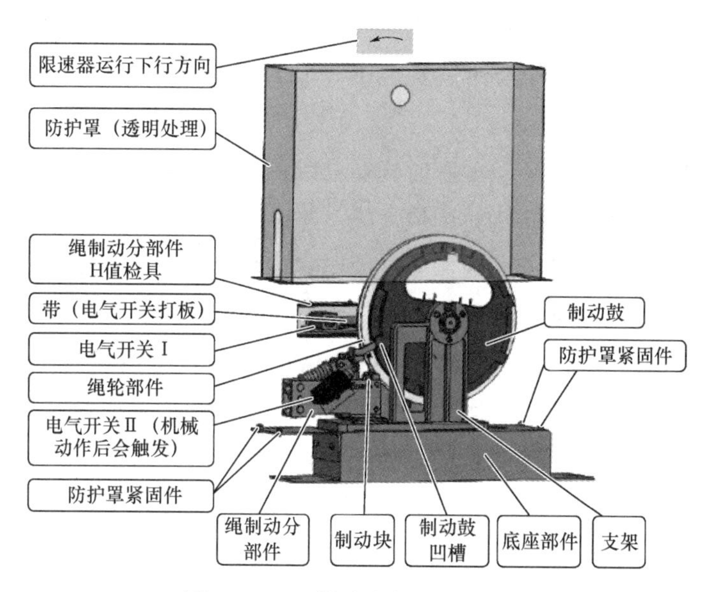

图6-7 XS1限速器主要组成部分

不论哪种类型的限速器，其主要性能都是相同的，其中限速器的动作速度是限速器的主要技术参数，它与轿厢（对重）的额定速度及联动安全钳型式有关，根据《电梯制造与安装安全规范》（GB 7588—2003，2016年修改）的规定，操纵轿厢安全钳的限速器的动作应发生在速度至少等于额定速度的115%，但应小于下列各值：对于除了不可脱落滚柱式以外的瞬时式安全钳为0.8 m/s；对于不可脱落滚柱式瞬时式安全钳为1.0 m/s；对于额定速度小于或等于1.0 m/s的渐进式安全钳为1.5 m/s；对于额定速度大于1.0 m/s的渐进式安全钳为$1.25v+0.25/v$（m/s）。对于额定载重量大、额定速度低的电梯，应专门为此设计限速器，并选用接近下限值的动作速度。对重（或平衡重）安全钳的限速器动作速度应大于规定的轿厢安全钳的限速器动作速度，但不得超过10%。

限速器应由限速器钢丝绳驱动，限速器绳的最小破断载荷与限速器动作时产生的限速器绳的张力有关，其安全系数不应小于8，公称直径不应小于6 mm。限速器绳轮转动是靠与轿厢连接的钢丝绳的摩擦力带动的，限速器绳轮的节圆直径与绳的公称直径之比不应小于30。限速器绳应用张紧轮张紧，张紧轮（或其配重）应有导向装置。限速器动作时，限速器的张力不应小于安全钳起作用时所需提拉力的2倍，且不小于300 N。限速器动作前的响应时间应足够短，不允许在安全钳动作前达到危险的速度。限速器应是可接近的，以便于检查和维修。

2. 安全钳

安全钳是指在限速器动作时，使轿厢或对重停止运行保持静止状态，并能夹紧在导轨上的一种机械安全装置。轿厢应装有能在下行时动作的安全钳，在达到限速器动作速度时，甚至在悬挂装置断裂的情况下，安全钳应能夹紧导轨使装有额定载重量的轿厢制停并保持静止状态。如果轿厢或对重（或平衡重）之下确有人能够到达的空间，对重（或平衡重）上应装有安全钳。安全钳一般安装在轿架的底梁上，成对地同时作用在导轨上。

安全钳按结构和工作原理可分为瞬时式安全钳和渐进式安全钳。

瞬时式安全钳能瞬时使夹紧力达到最大值，并能完全夹紧在导轨上。瞬时式安全钳的工作特点是制停距离短，基本是瞬时制停，动作时轿厢承受较大冲击，导轨表面也会受到损伤。若电梯额定速度小于或等于 0.63 m/s，轿厢可采用瞬时式安全钳。使用广泛的是楔块瞬时式安全钳（如图 6-8 所示），钳体一般由铸钢制成，安装在轿厢的下梁上。每根导轨由两个楔形钳块（动作元件）加持，也有只用一个楔块单边动作的。安全钳的楔块一旦被拉起与导轨接触楔块自锁，安全钳的动作就与限速器无关，并在轿厢继续下行时，楔块将越来越紧。

渐进式安全钳采用弹性元件，使夹紧力逐渐达到最大值，最终能完全夹紧在导轨上。渐进式安全钳与瞬时式安全钳在结构上的主要区别在于动作元件是弹性夹持的，在动作时动作元件靠弹性夹持力夹紧在轨道上滑动，靠与导轨的摩擦消耗轿厢的动能和势能。若电梯额定速度大于 0.63 m/s，轿厢应采用渐进式安全钳。若轿厢装有数套安全钳，则它们应全部是渐进式的。若额定速度大于 1.0 m/s，对重（或平衡重）安全钳应是渐进式的，其他情况下，可以是瞬时式的。如图 6-9 所示是楔块渐进式安全钳，当限速器动作楔块被拉起夹在导轨上时，由于轿厢仍在下行，楔块就继续在钳座的斜槽内上滑，同时将钳座向两边挤开。当上滑到限位停止时，楔块的夹紧力达到预定的最大值，形成一个不变的制动力，使轿厢的动能和势能消耗在楔块与导轨的摩擦上，轿厢以较低的减速度平滑制动。最大的夹持力由钳尾部的弹簧调定。

3. 限速器与安全钳的联动

限速器和安全钳应连接在一起联动。限速器是速度反应和操作安全钳的装置，安全钳必须由限速器来操纵。轿厢或对重（或平衡重）安全钳的动作必须由各自的限速器来控制。若额定速度小于或等于 1.0 m/s，对重（或平衡重）安全钳可借助悬挂机构的断裂或借助一根安全绳来动作。不得用电气、液压或气压操纵的装置来操纵安全钳。当电梯运行时，电梯轿厢的上下垂直运动就转化为限速器的旋转运动，当旋转运动的速度超出限制值时，限速器就会切断控制回路，使安全钳动作。其联动原理如图 6-10 所示，限速器绳两端

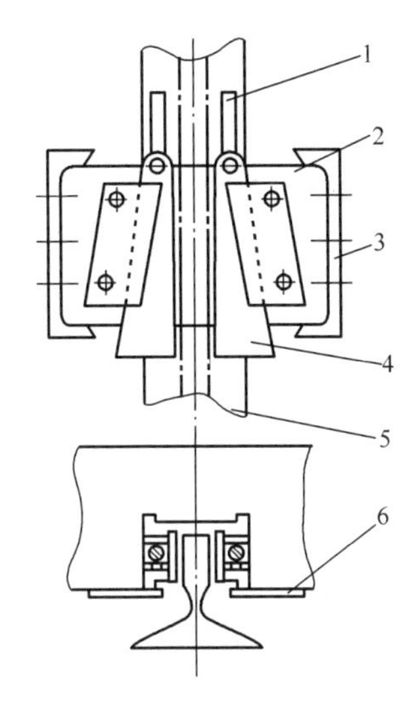

图 6-8 楔块瞬时式安全钳

1—拉杆；2—安全钳座；3—轿厢下梁；

4—楔（钳）块；5—导轨；6—盖板

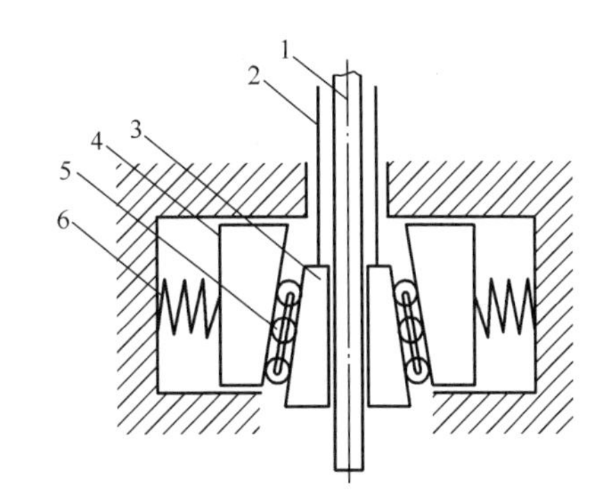

图 6-9 渐进式安全钳

1—导轨；2—拉杆；3—楔块；4—钳座；

5—滚珠；6—弹簧

的绳头与安全钳杠杆相连。电梯在正常运行时，轿厢运动通过驱动连杆带动限速器绳和限速器运动，此时安全钳处于非动作状态，其制停元件与导轨之间保持一定的间隙。当轿厢超速达到限定值时，限速器动作，使夹绳器夹住限速器绳，于是随着轿厢继续向下运动，限速器绳提起驱动连杆，促使连杆系统（如图 6-11 所示）联动，两侧的提升拉杆被同时提起，带动安全钳制动楔块与导轨接触，两安全钳同时夹紧在导轨上，使轿厢制停。安全钳动作时，限速器的安全开关和安全钳提升拉杆操纵的安全开关都会断开电路，迫使制动器失电制动。只有当所有安全开关复位，轿厢向上提起时，才能释放安全钳。只有将轿厢或对重（或平衡重）提起，才能使轿厢或对重（或平衡重）上的安全钳释放并自动复位。安全钳不恢复到正常状态，电梯不能重新使用。

二、缓冲器

缓冲器是位于行程端部，用来吸收轿厢或对重动能的一种缓冲安全装置。电梯由于控制失灵、曳引力不足或制动失灵等发生轿厢或对重蹾底时，缓冲器将吸收轿厢或对重的动能，提供最后的保护，以保证人员或电梯结构的安全。缓冲器应设置在轿厢和对重的行程底部极限位置，一般安装在底坑的缓冲器座上。

缓冲器分蓄能型缓冲器和耗能型缓冲器。前者主要以弹簧和聚氨酯材料等为缓冲元件，后者主要是液压缓冲器。蓄能型缓冲器（包括线性和非线性）只能用于额定速度小于或等于 1 m/s 的电梯，而耗能型缓冲器可用于任何额定速度的电梯。

1. 弹簧缓冲器

弹簧缓冲器是以弹簧变形来吸收轿厢或对重动能的一种蓄能型缓冲器。弹簧缓冲器一

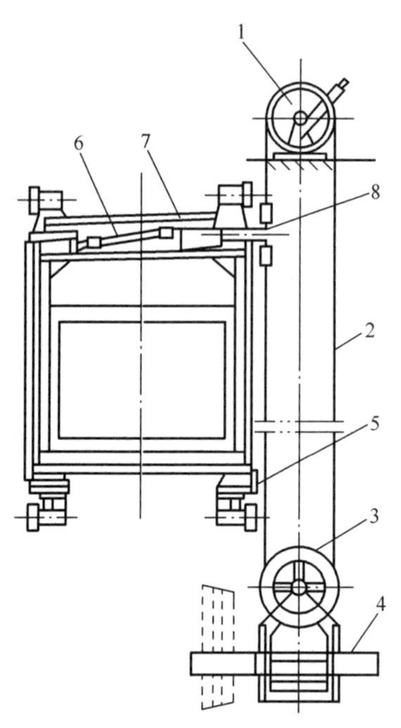

图 6-10　限速器—安全钳联动原理

1—限速器；2—限速器绳；3—张紧轮；4—限速器断绳开关；5—安全钳；
6—连杆系统；7—安全钳动作开关；8—限速器绳头

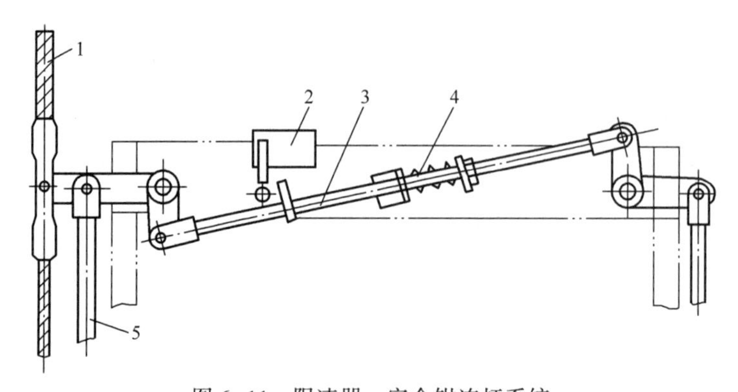

图 6-11　限速器—安全钳连杆系统

1—限速器绳；2—安全开关；3—连杆；4—复位弹簧；5—提拉杆

般由缓冲橡胶、缓冲座、压缩弹簧和缓冲弹簧座等组成，其结构如图 6-12 所示，用地脚螺栓固定在底坑基座上。弹簧缓冲器是一种蓄能型缓冲器，在受到冲击后，它将轿厢或对重的动能和势能转化为弹性变形能（弹性势能）。由于弹簧的反力作用，使轿厢或对重得到缓冲、减速。但当弹簧压缩到极限位置后，弹簧要释放缓冲过程中的弹性变形能使轿厢反弹上升，撞击速度越大，反弹速度越大，并反复进行，直至弹力消失、能量耗尽，电梯才完全静止。因此弹簧缓冲器的特点是缓冲后存在回弹现象，有缓冲不平稳的缺点，仅适用于低速电梯。

2. 液压缓冲器

液压缓冲器以液体（油）作为介质吸收轿厢或对重动能的一种耗能型缓冲器，组成部分主要有缓冲垫、复位弹簧、柱塞、环形节流孔、变量棒及缸体等，其结构如图 6-13 所示。液压缓冲器比弹簧缓冲器复杂得多，在它的液压缸内有液压油，当柱塞受压时，由于液压缸内的油压增大，使液压油通过油孔立柱、油孔座和油孔嘴向柱塞喷流。在液压油因受压而产生流动和通过油嘴向柱塞喷流过程中形成阻力，缓冲了柱塞上的压力，从而起到缓冲作用。因此，液压缓冲器是一种耗能式缓冲器。当柱塞完成一次缓冲行程后，由于复位弹簧的作用使柱塞复位，以备接受新的缓冲任务。由于液压缓冲器的缓冲过程是缓慢、连续而且均匀的，因此效果比较好。耗能式缓冲器工作后，只有在缓冲器回复至其正常伸长位置后电梯才能正常运行，为检查缓冲器的正常复位的状态，耗能式缓冲器上必须装设缓冲复位电气安全开关。安全开关在柱塞开始向下运动时即被触动切断电梯的安全电路，直到柱塞向上完全复位时开关才接通。

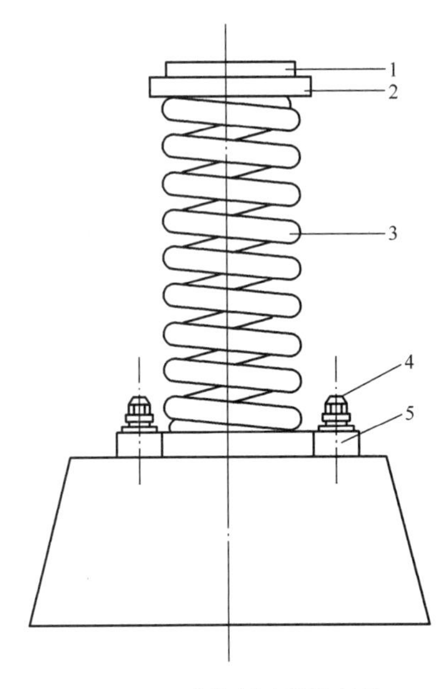

图 6-12 弹簧缓冲器的结构

1—缓冲橡胶；2—缓冲座；3—压缩弹簧；
4—地脚螺栓；5—缓冲弹簧座

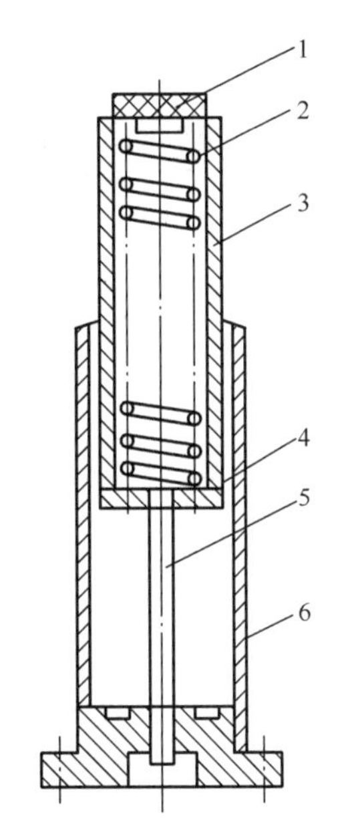

图 6-13 液压缓冲器的结构

1—缓冲垫；2—复位弹簧；3—柱塞；
4—环形节流孔；5—变量棒；6—缸体

三、防人员剪切和坠落的保护

在电梯事故中，人员被运动的轿厢剪切或坠入井道造成伤害所占比例较大，而且这些伤害后果都十分严重，所以防止人员剪切和坠落的安全保护装置十分重要。防人员坠落和剪切的保护主要由门、门锁和门的电气安全触点联合承担，《电梯制造与安装安全规范》（GB 7588—2003，2016 年修改）中的相关要求如下：

1. 对坠落危险的保护

在正常运行时，应不能打开层门（或多扇层门中的任意一扇），除非轿厢在该层门的开锁区域内停止或停站。开锁区域不应大于层站地平面上下 0.2 m。在用机械方式驱动轿门和层门同时动作的情况下，开锁区域可增加到不大于层站地平面上下的 0.35 m。

2. 对剪切的保护

除特殊情况外，如果一个层门或多扇层门中的任何一扇门开着，在正常操作情况下，应不能启动电梯或保持电梯继续运行，但可以进行轿厢运行的预备操作。

3. 锁紧和紧急开锁

每个层门应按照标准要求设置门锁装置，这个装置应有防止故意滥用的保护。

（1）锁紧。轿厢运动前应将层门有效地锁紧在闭合位置上，但层门锁紧前，可以进行轿厢运行的预备操作，层门锁紧必须由一个符合要求的电气安全装置来证实。轿厢应在锁紧元件啮合 7 mm 以上时才能启动，如图 6-14 所示。

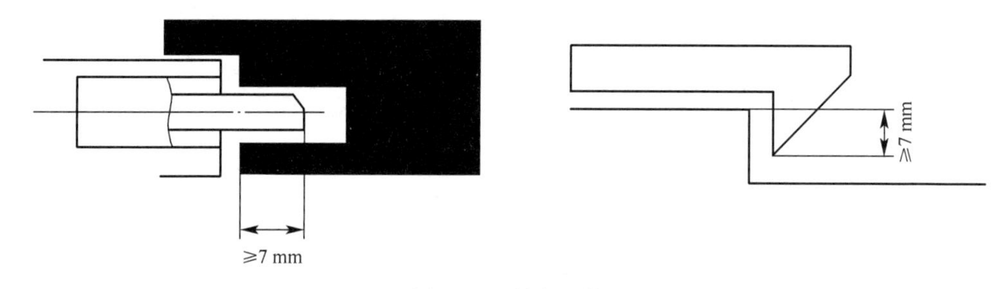

图 6-14　锁紧元件

证实门扇锁闭状态的电气安全装置的元件，应由锁紧元件强制操作而没有任何中间机构，应能防止误动作，必要时可以调节。对铰链门，锁紧应尽可能接近门的垂直闭合边缘处。即使在门下垂时，也能保持正常。锁紧元件及其附件应是耐冲击的，应用金属制造或金属加固。锁紧元件的啮合应能满足在沿着开门方向作用 300 N 力的情况下，不降低锁紧的效能。

应由重力、永久磁铁或弹簧来产生和保持锁紧动作。弹簧应在压缩下作用，应有导向，同时弹簧的结构应满足在开锁时弹簧不会被压并圈。即使永久磁铁（或弹簧）失效，重力亦不应导致开锁。如果锁紧元件是通过永久磁铁的作用保持其锁紧位置，则一种简单的方法（如加热或冲击）不应使其失效。门锁装置应有防护，以避免可能妨碍正常功能的积尘危险。

（2）紧急开锁。每个层门均应能借助于一个与开锁三角孔相配的钥匙将门开启，紧急开锁的钥匙只能交给一个负责人员，有紧急情况时才能由有资质人员使用。在一次紧急开锁以后，门锁装置在层门闭合下，不应保持开锁位置。在轿门驱动层门的情况下，当轿厢在开锁区域之外时，如层门无论因为何种原因而开启，则应有一种装置（重块或弹簧）能确保该层门自动关闭。门锁装置是安全部件，应按规定要求验证。

（3）证实层门闭合的电气装置。每个层门应设有符合相关要求的电气安全装置，以证实它的闭合位置，从而满足对剪切的保护所提出的要求。在与轿门联动的水平滑动层门的情况中，倘若证实层门锁紧状态的装置是依赖层门的有效关闭，则该装置同时可作为证实层门闭合的装置。在铰链式层门的情况下，此装置应装于门的闭合边缘处或装在验证层门闭合状态的机械装置上。

四、防止超越行程的保护

为防止电梯由于控制方面的故障，轿厢超越顶层或底层端站继续运行，必须设置防止超越行程的保护装置以防止发生严重的后果和结构损坏。防止超越行程的保护装置一般是由设在井道内上下端站附近的强迫换速开关、限位开关和极限开关组成。这些开关或碰轮都安装在固定于导轨的支架上，由安装在轿厢上的打板（撞杆）触动而动作。

图 6-15 所示为目前广泛使用的电气开关或极限开关的安装示意图。其强迫换速开关、限位开关和终端极限开关均为电气开关，尤其是限位和终端极限开关必须符合电气安全装置要求。

强迫换速开关是防止越程的第一道保护，一般设在端站正常换速开关之后。当开关被撞动时，轿厢立即强制转为低速运行。在速度比较高的电梯中，可设几个强迫换速开关，分别用于短行程和长行程的强迫换速。

限位开关是防越程的第二道保护，当轿厢在端站没有停层而触动限位开关时，其立即切断方向控制电路使电梯停止运行。但此时仅仅是防止向危险方向运行，电梯仍能向安全方向运行。

终端极限开关是防越程的第三道保护。当限位开关动作后电梯仍不停止运行时，会触动终端极限开关切断电路，使驱动主机迅速停止运转。对强制驱动的电梯，用强制的机械方法直接切断电动机和制动器的供电回路，对曳引驱动的单速或双速电梯应切断电路或通过一个电气安全装置切断向两个接触器线圈直接供电的电路，对于可变电压或连续调速电梯应能迅速地（即在与系统相适应的最短时间内）使驱动主机停止运转。终端极限开关动作后，电梯应不能自动恢复运行。

终端极限开关是当轿厢运行超越端站停止开关后，在轿厢或对重装置接触缓冲器之前，强迫电梯停止的安全装置，因此应设置在尽可能接近端站时起作用而无误动作危险的位置上。终端极限开关应在轿厢或对重（如有）接触缓冲器之前动作，并在缓冲器被压缩期间保持其动作状态。正常的端站停止开关和终端极限开关必须采用分别的动作装置。

防越程保护开关都是由安装在轿厢上的打板（撞杆）触动的，打板必须保证有足够的长度，在轿厢整个越程的范围内都能压住开关而且开关的控制电路要保证开关被压住（断开）时，能防止在运行中因故障造成的越程，但若是由于曳引绳打滑、制动器失效或制动力不足造成轿厢越程，上述保护装置是无能为力的。

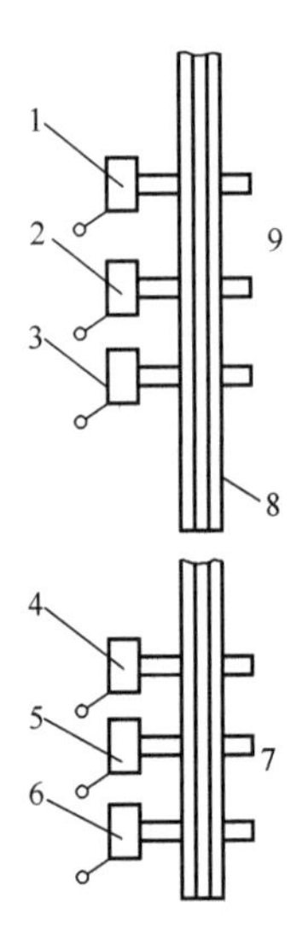

图 6-15　防超越行程保护开关

1，6—终端极限开关；2，5—限位开关；3，4—强迫换速开关；
7—井道底部；8—导轨；9—井道顶部

五、其他安全保护装置

1. 紧急报警和救援装置

电梯发生人员被困在轿厢内时，通过报警或通信装置应能将情况及时通知管理人员并通过救援装置将人员安全救出轿厢。

（1）紧急报警装置。为使乘客能向轿厢外求援，轿厢内应装设乘客易于识别和触及的报警装置。该装置的供电应来自紧急照明电源或等效电源，应采用一个对讲系统以便与救援服务持续联系。在启动此对讲系统之后，被困乘客应不必再做其他操作。如果电梯行程大于 30 m，在轿厢和机房之间应设置紧急电源供电的对讲系统或类似装置。电梯照明应有自动再充电的紧急照明电源，在正常照明电源中断的情况下，它能至少供功率为 1 W 的灯泡用电 1 h。在正常照明电源发生故障的情况下，应自动接通紧急照明电源。

报警开关（如有）按钮应是黄色，并标以铃形符号加以识别。低层站的电梯一般是安设警铃，警铃安装在轿厢顶或井道内，操作警铃的按钮应设在轿厢内操纵箱的醒目处，并标有黄色的报警标志。警铃的声音要急促响亮，不会与其他声响混淆。

（2）救援装置。救援装置包括曳引机的紧急手动操作装置和层门的人工开锁装置。在有层站不设门时还可在轿厢顶设安全窗，当两层站地坎距离超过 11 m 时还应设井道安全门，若同井道相邻电梯轿厢间的水平距离不大于0.75 m时，也可设轿厢安全门。

如果向上移动装有额定载重量的轿厢所需的操作力不大于400 N，电梯驱动主机应装设手动紧急操作装置，以便借用平滑且无辐条的盘车手轮将轿厢移动到一个层站。对于可拆卸的盘车手轮，应漆成黄色，开闸扳手应漆成红色，放置在机房内容易接近的地方。当电梯运行当中遇到突然停电造成电梯停止运行时，电梯又没有停电自动运行设备，且轿厢停在两层门之间乘客无法走出轿厢，此时需由维修人员到机房用开闸扳手和盘车手轮两件工具人为操纵使轿厢就近停靠，以便疏导乘客。开闸扳手的式样因电梯抱闸装置的不同而不同，作用都是用它使制动器的抱闸脱开。盘车手轮是用来转动电动机主轴的轮状工具（有的电梯装有惯性轮，亦可操纵电动机转动）。操作时首先应切断电源，由两人操作，即一人操作开闸扳手，一人转动手轮。两人需配合好，以免因制动器的抱闸被打开而未能把住手轮致使电梯因对重的重力造成轿厢快速行驶。一人打开抱闸，一人慢速转动手轮使轿厢向上移动，当轿厢移到接近平层位置时即可。为使操作时能知道轿厢的位置，机房内必须有层站指示。最简单的方法就是在曳引绳上用油漆做上标记，同时将标记对应的层站写在机房操作地点的附近。在电梯驱动主机上靠近盘车手轮处，应明显标出轿厢运行方向。如果手轮是不能拆卸的，则可在手轮上标出。

如果轿厢顶有救援和撤离乘客的安全窗，其尺寸不应小于0.35 m×0.5 m。轿厢安全窗不应向轿厢内开启。轿厢安全窗的开启位置，不应超出电梯轿厢的边缘。在有相邻轿厢的情况下，如果轿厢之间的水平距离不大于0.75 m，可使用安全门。安全门的高度不应小于1.80 m，宽度不应小于0.35 m。轿厢安全门不应向轿厢外开启，不应设置在对重（或平衡重）运行的路径上，或设置在妨碍乘客从一个轿厢通往另一个轿厢的固定障碍物（分割轿厢的横梁除外）的前面。轿厢安全窗或轿厢安全门应能不用钥匙从轿厢外开启，并应能用三角形钥匙从轿厢内开启，应设有手动上锁装置，其锁紧状态应通过一个电气安全装置来验证。如果锁紧失效，电气安全装置应使电梯停止，只有在重新锁紧后，电梯才有可能恢复运行。

当相邻两层门地坎间的距离大于11 m时，其间应设置井道安全门，以确保相邻地坎间的距离不大于11 m。在相邻的轿厢都采取上述的轿厢安全门时，可不设置井道安全门。井道安全门的高度不小于1.80 m，宽度不小于0.35 m。井道安全门应装设用钥匙开启的锁，当门开启后，不用钥匙亦能将其关闭和锁住，即使在锁住情况下，也应能不用钥匙从井道内部将门打开。只有井道安全门处于关闭位置时，电梯才能运行，应采用符合规定的电气安全装置验证安全门的关闭状态。

2. 停止装置和检修运行控制

（1）停止装置。电梯应设置停止装置，用于停止电梯并使电梯包括动力驱动的门保持在非服务的状态。停止装置设置在底坑、滑轮间、轿厢顶，距检修或维护人员入口不大于

1 m 的易接近位置。该位置也可设在紧邻距入口不大于 1 m 的检修运行控制装置位置、检修控制装置上或对接操作的轿厢内。此停止装置应设置在距对接操作入口处不大于 1 m 的位置，并应能清楚地辨别。停止装置应由符合规定的电气安全装置组成。停止装置应为双稳态，误动作不能使电梯恢复运行。除对接操作外，轿厢内不应设置停止装置。停止开关的操作装置（如有）应是红色，并标以“停止”字样加以识别，以不会出现误操作危险的方式设置。

（2）检修运行控制。为了便于检修和维护，应在轿厢顶装一个易于接近的控制装置。该装置应由一个能满足电气安全装置要求的检修运行开关操作。该开关应是双稳态的，并应设有误操作的防护。同时应满足下列条件：

1）一经进入检修运行，应取消正常运行控制，包括任何自动门的操作；紧急电动运行和对接操作运行。只有再一次操作检修开关，才能使电梯恢复正常运行。

2）轿厢的运行应依靠持续按压按钮，此按钮应有防止误操作的保护，并应清楚地标明运行方向。

3）控制装置也应包括一个符合规定的停止装置。

4）轿厢的速度不应大于 0.63 m/s。

5）不应超过轿厢的正常的行程范围。

6）电梯运行应仍依靠安全装置。控制装置也可以与防止误操作的特殊开关结合，从轿厢顶上控制门机构。

3. 消防功能

发生火灾时，电梯井道往往是烟气和火焰蔓延的通道，而且一般层门在 70 ℃以上时就不能正常工作。为了乘员的安全，在火灾发生时必须使所有电梯停止应答、召唤信号，直接返回撤离层站，即具有火灾自动返基站功能。自动返基站的控制，可以在基站处设消防开关，火灾时将其接通或由集中监控室发出指令，也可由火灾检测装置在测到层门外温度超过 70 ℃时自动向电梯发出指令，使电梯迫降，返基站后不可在火灾中继续使用。此类电梯仅具有消防功能，即消防迫降停梯功能。

另一种为消防电梯，设置在建筑的耐火封闭结构内，具有前室和备用电源，在正常情况下为普通乘客使用，在建筑发生火灾时其附加的保护、控制和信号等功能能专供消防员使用。消防电梯开关在井道外面，设置在消防员入口层，火灾发生时能在消防员控制下运行。消防电梯应服务于建筑物的每一楼层，额定载重量不应小于 800 kg，轿厢的净入口宽度不应小于 800 mm，从消防员入口层到顶层的运行时间宜不超过 60 s。消防电梯开关的操作应借助于一个开锁三角形钥匙，该开关的工作位置应是双稳态的，并应清楚地用“1”和“0”标示，位置“1”是消防员服务有效状态。该服务有两个阶段：阶段 1 为消防电梯的优先召回，阶段 2 为在消防员控制下消防电梯的使用。

4. 电气安全保护装置

电梯安全保护系统中所配备的安全保护装置一般由机械安全保护装置和电气安全保护装置两大部分组成。机械安全保护装置主要有限速器、安全钳、缓冲器、制动器、层门门锁、轿门安全触板、轿厢顶安全窗、轿厢顶防护栏杆、护脚板等。但是有一些机械安全保护装置往往需要和电气安全保护装置的功能配合和联动，才能实现其动作和功效的可靠性。例如，层门的机械门锁必须和电开关构成联锁装置。表 6-4 为电气安全保护装置项目。

表 6-4　电气安全保护装置项目

序号	项目	序号	项目
1	检查检修门、井道安全门及检修活板门的关闭位置	17	检查轿厢上行超速保护装置
2	底坑停止装置	18	检查缓冲器的复位
3	滑轮间停止装置	19	检查轿厢位置传递装置的张紧（极限开关）
4	检查层门的锁紧状况	20	曳引驱动电梯的极限开关
5	检查层门的闭合位置	21	检查轿门的锁紧状况
6	检查无锁门扇的闭合位置	22	检查可拆卸盘车手轮的位置
7	检查轿门的闭合位置	23	检查轿厢位置传递装置的张紧（减速检查装置）
8	检查轿厢安全窗和轿厢安全门的锁紧状况	24	检查减行程缓冲器的减速状况
9	轿厢顶停止装置	25	检查强制驱动电梯钢丝绳或链条的松弛状况
10	检查钢丝绳或链条的非正常相对伸长（使用两根钢丝绳或链条时）	26	用电流型断路接触器的主开关的控制
11	检查补偿绳的张紧	27	检查平层和再平层
12	检查补偿绳防跳装置	28	检查轿厢位置传递装置的张紧（平层和再平层）
13	检查安全钳的动作	29	检修运行停止装置
14	限速器的超速开关	30	对接操作的行程限位装置
15	检查限速器的复位	31	对接操作停止装置
16	检查限速器绳的张紧		

第三节　电梯安全管理

电梯基本安全要求旨在消除或足以降低对使用人员、相关人员和被授权维护、检修的专业人员造成的伤害风险。《电梯安全要求　第1部分：电梯基本安全要求》（GB 24803.1—2009）规定了电梯、电梯部件及其功能的基本安全要求，建立了一个系统并提供了方法以降低电梯使用或作业过程中可能产生的安全风险。电梯的安全性取决于多个方面，电梯制造单位对电梯质量以及安全运行涉及的质量问题负责，电梯的使用单位对电梯的使用安全负责，电梯的维护保养单位对其维护保养的电梯的安全性能负责。

一、电梯安全使用管理

1. 验收交接

电梯的安装、改造、修理，必须由电梯制造单位或者其委托的依照法律法规取得相应许可的单位进行。电梯制造单位委托其他单位进行电梯安装、改造、修理的，应当对其安装进行安全指导和监控，并按照安全技术规范的要求进行校验和调试。电梯安装、改造、修理的施工单位应当在施工前将拟进行的电梯安装情况书面告知设区的市级人民政府特种设备安全监督管理部门。电梯安装、改造、修理竣工后，施工单位应当在验收后30日内将相关技术资料和文件移交电梯使用单位，电梯使用单位应当将其存入该电梯的安全技术档案。电梯的安装、改造、重大修理过程，应当经检验机构按照安全技术规范的要求进行监督检验，未经监督检验或者监督检验不合格的不得交付使用。

2. 使用登记

电梯使用单位应当在电梯投入使用前或者投入使用后30日内，向特种设备安全监督管理部门办理使用登记，取得使用登记证书。登记标志应当置于该电梯的显著位置。

3. 安全管理机构和人员

电梯等为公众提供服务的特种设备的运营使用单位，应当对特种设备的使用安全负责。《特种设备使用管理规则》（TSG 08—2017）规定，使用为公众提供运营服务的电梯，或者在公众聚集场所使用30台以上（含30台）电梯的使用单位，应当根据本单位特种设备的类别、品种、用途、数量等情况设置特种设备安全管理机构，逐台落实安全责任人。特种设备使用单位应当配备安全管理负责人。特种设备安全管理负责人是指使用单位最高管理层中主管本单位特种设备使用安全管理的人员。按照要求设置安全管理机构的使用单位安全管理负责人，应当取得相应的特种设备安全管理人员资格证书。特种设备使用单位应根据本单位特种设备的数量、特性等配备适当数量的安全管理员。使用各类特种设备（不含气瓶）总量20台以上（含20台）的特种设备使用单位，应当配备专职安全管理员，并且取得相应的特种设备安全管理人员资格证书，具体负责特种设备的使用安全管理。

4. 安全管理制度

特种设备使用单位应当建立岗位责任、隐患治理、应急救援等安全管理制度，制定操作规程，保证特种设备安全运行。如相关人员的职责、安全操作规程、日常检查制度、维保制度、定期报检制度、电梯钥匙使用管理制度、作业人员与相关运营服务人员的培训考核制度、意外事件或事故的应急救援预案与应急救援演练制度、安全技术档案管理制度等。

5. 安全技术档案

使用单位应当逐台建立特种设备安全技术档案。安全技术档案应当包括以下内容：

（1）使用登记证、使用登记表。

（2）电梯的设计文件、制造技术资料和文件，包括设计文件、产品质量合格证明、安装及使用维护保养说明、监督检验证书、型式试验证书等。

（3）电梯安装、改造和修理的方案、图样、材料质量证明书和施工质量证明文件、安装改造修理监督检验报告、验收报告等技术资料。

（4）电梯的定期检验和定期自行检查的记录。

（5）电梯的日常使用状况记录。

（6）电梯安全附件和安全保护装置校验、检修、更换记录和有关报告。

（7）电梯运行故障和事故记录及事故处理报告等。

6. 监督检验和定期检验

监督检验是指由国家市场监督管理总局核准的特种设备检验检测机构根据《电梯监督检验和定期检验规则——曳引与强制驱动电梯》（TSG T7001—2009，2019 年修订）规定，对电梯安装、改造、重大修理过程进行的监督检验。定期检验是指特种设备检验检测机构根据规则规定，对在用电梯定期进行的检验。监督检验和定期检验是对电梯生产和使用单位执行相关法律法规、标准，落实安全责任，开展为保障和自主确认电梯安全的相关工作质量情况的查证性检验。检验检测机构出具检验报告中的检验结论，是对电梯生产和使用单位落实相关责任、自主确定设备安全等工作质量的判定。

电梯使用单位应当按照安全技术规范的定期检验要求，在安全检验合格有效期届满前 1 个月向特种设备检验检测机构提出定期检验要求。检验检测机构接到定期检验要求后，应当按照安全技术规范的要求及时进行安全性能检验和能效测试。经定期检验或者检验不合格的特种设备，不得继续使用。特种设备使用登记标志与定期检验标志合二为一，统一为特种设备使用标志，固定在电梯轿厢（或者扶梯、人行道出入口）易于乘客看见的和阅读部位。

7. 保养与维修

电梯的保养与维修分为日常检查保养、维护保养、应急检修和修理工程。

（1）日常检查保养。日常检查保养是指每天电梯运行前、运行中、停用前，对电梯应做的检查和保养工作，是电梯隐患早期发现的主要环节。一旦发现电梯的异常现象，操作人员应立即停机检查，检出问题及时上报管理部门，并配合维修人员将电梯恢复正常。

（2）维护保养。电梯的维护保养项目按时间分为半月、季度、半年、年度四类。维护保养单位应当依据维护保养的基本项目和基本要求，按照安装、使用、维护说明书的规定，并且根据所维护保养电梯使用的特点，制订合理的维护保养计划与方案，对电梯进行清洁、润滑、检查、调整，更换不符合要求的易损件，使电梯达到安全要求，保证电梯能够正常运行。制造厂家有特殊要求的，应遵照厂家要求，保养时如发现设备不正常，应进行认真检查，查出问题待修理正常后电梯再投入使用。

（3）应急检修。应急检修是指电梯在运行中对发生的一般故障进行的检查与修理，可通过调整、修理、更换零件使电梯达到正常运行。电梯的维护保养单位接到故障通知后，应当立即赶赴现场，并采取必要的应急救援措施。在电梯修理中除按电梯规定要求修理外，在应急处理各紧急故障时，维修人员要严格遵守安全操作规程，以防设备损坏和人员伤亡。

（4）修理工程。修理工程分为中修和大修。由于电梯相对于其他的起重设备有其特殊性，可不必统称为中修或大修，更接近实际的说法，可称电梯的中修和局部大修，或称大修、部分中修换件等，应根据电梯的实际情况决定，才更经济、更有实效。但一般情况下，当主机和电气控制设备磨损严重或性能全面下降时，应进行大修，大修时间宜定为5~6年一次；当部分重要部件磨损严重，运行性能下降要进行中修，中修时间宜定为3年左右一次。如果设备每日运行频率不高，设备状况及性能基本完好，修理周期可适当延长；当电梯的主要配套设备发生突发性损坏需立即更换时，此类工程不应受修理工程时间限制，技术要求等同大修。若制造厂家有具体规定的，以及对技术指标有特殊要求的，可依厂家规定，中修或大修后的电梯应符合安全技术标准的要求。

二、电梯安全操作规程

特种设备使用单位应当根据本单位特种设备数量、特性等配备相应持证的特种设备作业人员，并且在使用特种设备时应当保证每班至少有一名持证的作业人员在岗。医院病床电梯、直接用于旅游观光的速度大于2.5 m/s的乘客电梯以及需要司机操作的电梯，应当由持有相应特种设备作业人员证的人员操作。

使用单位应当根据所使用设备运行特点等制定操作规程，操作规程一般包括设备运行参数、操作程序和方法、维护保养要求、安全注意事项、巡回检查和异常情况处理规定，以及相应记录等。

1. 电梯行驶前的检查

接班司机在电梯运行前，应认真听取上一班司机介绍运行情况，查看运行记录，并对电梯进行运行前的检查。检查的主要项目有：

（1）开启层门进入轿厢前，必须确认电梯轿厢实际停层位置。

（2）开启轿厢照明，检查操纵盘上各种按钮、开关、指示灯是否完好。

（3）检查层、轿门是否灵活可靠，自动门装置动作是否正常，层、轿门地坎槽内有无杂物。

（4）工作前，将电梯试运行数次，应逐层停站，注意平层准确度是否在规定范围内，电梯运行中有无异常、异响等。

（5）操纵盘上各按钮、开关、层楼显示应正常，对外联络装置如电话、警铃应完好正常。

（6）层门、轿门门电锁、门联锁开关工作应正常，如门未完全关闭则电梯不能启动，层门关闭后不能从外面扒启，层门与轿门开闭应无卡阻和异响。

对无司机电梯，每班应由电梯管理人员跟梯检查1~2次，及时处理异常现象，防止电梯带故障运行。连续停用7 d以上的电梯，启用前应认真检查，无问题后方可使用。

2. 行驶中的安全操作

（1）电梯司机在工作时间，应坚守岗位。如必须离开，应使轿厢停于基站，切断操纵盘开关电源或锁好电梯，关闭层门。单班制运行的岗位，每次下班时，也应按此要求进行停梯。

（2）控制电梯不能超载行驶。载货电梯的轿厢内载荷应分布均匀，防止轿厢倾斜行驶。

（3）引导乘客正确乘梯，不准在轿厢内吸烟、打闹或高声喧哗，不准紧靠轿门或以身体和行李挡住轿门、层门。

（4）乘客电梯不允许装运易燃易爆危险品或腐蚀、挥发性物品。载货电梯运输此类物品时，应事先采取相应的安全防护措施。

（5）不准打开轿厢顶部安全窗或轿厢安全门运送超长物件。轿厢顶上面严禁堆放除电梯固定装置外的任何物品。

（6）禁止在电梯轿门开启的情况下，用检修速度做正常行驶。

（7）不允许在轿厢无照明情况下行驶。

（8）当轿厢运行异常停止时，司机应劝阻乘客不可扒门而出。

（9）电梯行驶时，严禁对电梯进行清洁、维修。在清洗轿厢顶部照明隔光板时，禁止将其放在层门、轿门之间的通道地面。在未断电情况下，禁止在轿厢内做任何维护保养工作。

3. 停驶后的注意事项

（1）当日工作完毕后，应将电梯返回基站停放。

（2）做好当日电梯运行记录，对存在问题及时报告有关部门及检修人员。

（3）做好轿厢内外清洁工作，清除层门、轿门地坎槽内的杂物、垃圾。

（4）关闭轿厢内照明、风扇及电源开关，关好轿门、层门，并确保层门在外不能够扒启。

（5）做好交接班工作。

三、电梯的维护保养

维护保养是指对电梯进行的清洁、润滑、调整、更换易损件和检查等日常维护与保养性工作。其中清洁、润滑不包括部件的解体，调整和更换易损件不能改变任何电梯性能参数。有关单位应当在依法取得相应的许可后，方可从事电梯的维护保养工作。

电梯的维护保养应当由电梯制造单位或者依法取得许可的安装、改造、修理单位进行。电梯的维护保养单位应当在工作中严格执行安全技术规范的要求，保证其维护保养的电梯的安全性能，并负责落实现场安全防护措施，保证施工安全。电梯作业人员是指电梯修理和维护保养作业的人员，需要取得特种设备安全管理和作业人员证后，方可从事相应的作业活动。

使用单位应当委托取得相应项目许可的单位进行维护保养，并且与维护保养单位签订维护保养合同，约定维护保养的期限、要求和双方的权利义务等。

1. 维护保养单位职责

维护保养单位对其维护保养电梯的安全性能负责。对新承担维护保养的电梯是否符合安全技术规范要求应当进行确认，维护保养后的电梯应当符合相应的安全技术规范，并且处于正常的运行状态。维护保养单位应当履行下列职责：

（1）按照《电梯维护保养规则》（TSG T5002—2017）、有关安全技术规范以及电梯产品安装、使用维护说明书的要求，制订维护保养计划与方案。

（2）按照规则和维护保养方案开展工作，维护保养期间应落实现场安全防护措施，保障施工安全。

（3）制定应急措施和救援预案，每半年至少针对本单位维护保养的不同类别（类型）电梯进行一次应急演练。

（4）设立 24 小时维护保养值班电话，保证接到故障通知后能及时予以排除；接到电梯困人故障报告后，维修人员应及时抵达所维护保养电梯所在地实施现场救援。

（5）对电梯发生的故障等情况，及时进行详细的记录。

（6）建立每台电梯的维护保养记录，及时归入电梯技术档案，并且至少保存 4 年。

（7）协助电梯使用单位制定电梯安全管理制度和应急救援预案。

（8）对承担维护保养的作业人员进行安全教育与培训，按照特种设备作业人员考核要求，组织取得相应的特种设备作业人员证，培训和考核记录存档备查。

（9）每年度至少进行 1 次自行检查。自行检查在特种设备检验检测机构进行定期检验之前进行，检查项目及其内容根据使用状况确定，但是不少于规则年度维护保养和电梯定期检验规定的项目及其内容，并且向使用单位出具有自行检查和审核人员的签字、加盖维护保养单位公章或者其他专用章的自行检查记录或者报告。

（10）安排维护保养人员配合特种设备检验检测机构进行电梯的定期检验。

（11）在维护保养过程中，发现事故隐患及时告知电梯使用单位；发现严重事故隐患，及时向当地特种设备安全监督管理部门报告。

现场维护保养时，如果发现电梯存在的问题需要通过增加维护保养项目（内容）予以解决的，维护保养单位应当相应增加并及时修订维护保养计划与方案。当通过维护保养或者自行检查，发现电梯仅依靠合同规定的维护保养已经不能保证安全运行，需要改造、维修（包括更换零部件）、更新电梯时，维护保养单位应当书面告知使用单位。

2. 维护保养记录

（1）维护保养单位进行电梯维护保养，应当进行记录，并经使用单位安全管理人员签字确认。维护保养记录至少包括以下内容：

1）电梯的基本情况和技术参数，包括整机制造、安装、改造、重大维修等单位的名称，电梯品种（型式）、产品编号、设备代码、电梯型号（或者改造后的型号）、电梯基本技术参数。

2）使用单位、使用地点、使用单位内编号。

3）维护保养单位、维护保养日期、维护保养人员（签字）。

4）电梯维护保养的项目（内容），进行的维护保养工作，达到的要求，发生调整、更换易损件等工作时的详细记录。

（2）维护保养记录中的电梯基本技术参数主要包括以下内容：

1）曳引与强制驱动电梯（包括曳引驱动乘客电梯、曳引驱动载货电梯、强制驱动载货电梯）的驱动方式、额定载重量、额定速度、层站门数。

2）液压驱动电梯（包括液压乘客电梯、液压载货电梯）的额定载重量、额定速度、层站门数、油缸数量、顶升型式。

3）杂物电梯的驱动方式、额定载重量、额定速度、层站门数。

4）自动扶梯和自动人行道（包括自动扶梯、自动人行道）的倾斜角度、名义速度、提升高度、名义宽度、主机功率、使用区段长度（自动人行道）。

维护保养单位的质量检验（查）人员或者管理人员应当对电梯的维护保养质量进行不定期检查，并且进行记录。

第四节 电梯事故分析及预防

电梯虽然是一种本质安全化程度较高的机电装置，但是由于其本身结构复杂，零部件众多，运动过程中关键部位磨损严重，加之某些安全部件长期处于闲置状态而失效，如果不给予正确、及时的维护保养与检修，安全性将大打折扣，因此电梯事故屡见不鲜。

根据国家市场监督管理总局发布的 2019 年全国特种设备安全状况的通告，截至 2019

年年底，全国特种设备总量达 1 525. 47 万台，其中电梯 709. 75 万台。2019 年电梯事故 33 起，死亡 29 人。事故起数和死亡人数均较 2018 年有所上升，安全形势不容乐观。2019 年导致电梯事故的原因中，违章作业或操作不当 9 起，无证操作 1 起，设备缺陷和安全部件失效或保护装置失灵等原因 4 起，应急救援（自救）不当 2 起，安全管理、维护保养不到位 8 起，其他原因造成的事故 9 起。

一、电梯事故类型

依据《电梯制造与安装安全规范》（GB 7588—2003，2016 年修改），电梯可能的事故类型有坠落、剪切、挤压、撞击、被困、火灾、电击，以及由机械损伤、磨损、锈蚀等原因引起的材料失效等。

电梯伤亡事故按伤害对象可以分为人身伤害、设备损坏和复合性事故（复合性事故是指事故中既有人身伤害，同时还有设备的损坏）三种。根据有关部门统计，电梯事故的特点为：人身伤害事故较多，且死亡率较高，伤亡者中操作人员所占比例较大。

1. 人身伤害事故

（1）坠落。坠落一般分为两种：

1）施工过程中高空坠落。例如，施工人员没有正确使用劳动防护用品（安全带）从井道中坠落；由于层门门口处未采取保护措施，其他施工人员从电梯厅门口坠落入井道内。

2）使用过程中坠落。主要表现为人员从层站、轿厢及轿厢顶跌入或滑入井道导致的伤亡。例如，当电梯出现故障而停在某层中间，乘客自救不当，强行扒门导致坠落伤亡；在电梯出现故障时，人员从轿厢或轿厢顶向邻近的楼层转移而造成的失足坠落。

（2）剪切。当乘客踏入或踏出轿门的瞬间，轿厢突然启动，受害人在轿门与层门之间的上下门槛处被剪切造成伤害；从层门向井道探身时，被驶来的轿厢剪切造成伤害；在轿厢顶的人员身体探出运动的轿厢垂直界面外，与导轨装置或对重撞击剪切造成伤害。

（3）挤压。电梯运行过程中，人员跌进轿厢与井道墙壁之间导致挤压伤害；轿厢向上运动冲顶，对正在轿厢顶的人员造成挤压伤害。

（4）触电。触电往往发生在电梯施工人员身上，且多数因违章操作引起（如未穿安全鞋带电作业，人体触及带电设备造成电击）。例如，受害人的身体接触控制柜的带电部分，或在施工操作中，人接触设备的带电部分或漏电设备的金属外壳；在轿厢顶、轿厢、底坑、机房等与电气部件相关的位置处容易发生触电事故。

（5）其他伤害。电梯及其设备进水，主要体现在消防管道爆裂，致使轿厢灌水；底坑防水没有处理好，渗水造成底坑积水，导致电气设备浸水或受潮，甚至造成机械设备锈蚀损坏；失灵的电梯部件在关键时刻不起作用造成伤害事故；不可预见的自然灾害也有可能发生，如地震引发轿厢脱轨、钢丝绳出绳槽等造成人身伤害。

2. 设备损坏事故

（1）机械磨损。常见的有曳引钢丝绳将曳引轮绳槽磨大或钢丝绳断丝，有齿曳引机涡轮、蜗杆磨损过大等。

（2）绝缘损坏。电气线路或设备的绝缘损坏或短路，烧坏电路控制板；电动机过负荷使其绕组被烧毁。

（3）火灾。使用明火时操作不慎引燃物品，或电气线路绝缘损坏造成短路引起火灾。

（4）浸水、锈蚀。井道或底坑进水造成电气设备浸水或受潮甚至损坏，机械设备锈蚀。

3. 复合性事故

综合以上两点，火灾、浸水等事故既可以造成严重的人身伤害事故，又对电梯本身具有极大的破坏性。

除了按照伤害对象进行分类，还可以将电梯事故按事故发生的系统位置进行分类，可以分为门系统事故、冲顶或蹾底事故、制动器事故以及其他类型的事故。从事故预防的角度来说，此分类更具有针对性，更易于寻找对策措施。

（1）门系统事故。在电梯正常运行过程中，相较于其他系统，门系统是使用频率最高的部位，使得门锁工作频繁，老化速度加快，易造成门锁机械或电气保护装置动作不可靠，所以门系统事故发生率最高。门系统事故具体表现类型如下：

1）电梯门既不能正常打开又不能关闭。此类事故多是由控制系统故障或者门机传动皮带打滑、损坏导致。

2）到达目的层站后，电梯门不能正常打开。此类事故发生的原因主要是开门继电器不能通电，从而无法进行开门动作。

3）按下关门按钮后，电梯门不能关闭。此类事故发生的原因主要分为两类，一类是由关门继电器故障所致，另一类则是光幕或者安全触板发生错误导致。

4）电梯门已关闭，但不能启动。此类事故看似与门系统没有关系，但是如果门系统中轿门联锁开关未接通，门锁继电器不能通电，则导致层门或者轿厢门不能关闭到位，从而无法启动。

5）剪切、挤压事故。光幕及其他近门保护装置发生故障可能引起此类事故发生。

（2）冲顶或蹾底事故。电梯超越极限位置运动，冲到梯井顶部或者坠到梯井底部被称为冲顶或蹾底事故。此类事故的发生往往不是单一部位故障引起的，通常是因多部位多个安全保护装置的性能同时失效引起的。制动器、安全钳、终端限位开关等安全装置都能在一定程度上避免此类事故的发生。

（3）制动器故障。制动器动作滞阻或者制动器性能失效，会引起对重倒拉轿厢向上意外运动。

（4）其他类型的事故。其他类型的事故包括：

1）机房温度高，造成电梯在运行过程中自动停止。

2）电梯制造时没有设置井道自学习功能，不能正确选（停）层，导致停电恢复运行或者安全开关动作时，电梯必须返回基站。

3）电梯的曳引能力由于曳引轮槽磨损严重而降低。

4）轿厢不能与外部通信联系。

5）轿厢载重量限制器失效或不可靠现象等。

二、电梯事故原因分析

造成电梯事故的原因，一是人的不安全行为，二是设备的不安全状态，两者又互为因果。人的不安全行为可能是教育培训不到位或管理不规范引起的；设备的不安全状态则是长期维护保养不善造成的。在引发事故的人和设备的两大因素中，人是第一位的，因为电梯的设计、制造、安装、维修、管理等，都是人为的。

1. 设备自身设计缺陷

因为设备自身设计或制造时的缺陷，会导致电梯发生事故。由于电梯是通过国家生产许可证制度下强制认证制造的产品，其安全性能、技术指标都经过国家专业主管部门的鉴定，取得相关证件后才能出厂，同时国家还不定期进行安全规范和技术标准的修订，以保证在用电梯的安全性能。因此此类事故非常少见，有些是由于零部件性能失效造成的。

2. 安装和维修施工隐患

电梯的整机质量是由制造、安装、保养、使用等多个环节共同决定的，其中安装质量占到了综合质量的50%以上。虽然电梯有一套完善的安全装置来确保其在运行中的设备和人身安全，但是如果在安装或维修工程中质量不合格留下事故隐患，这时投入运行就可能发生设备或人身安全事故。

3. 违规作业和违章指挥

根据电梯事故统计，因违规作业或违章指挥造成的事故占事故总数的80%以上。若维修人员、电梯司机缺乏电梯安全技术知识或不遵守安全操作规程，电梯管理人员不注意对电梯运行人员进行定期安全教育和安全技术培训，均可能造成电梯设备损坏和人身伤亡事故的发生。

4. 日常管理不到位

例如，电梯使用单位在管理、使用、维护上的各项规章制度不健全，或者有制度不落实、不执行；管理人员不到位或者没有专职管理人员，在日常管理上没有明确的责任划分，造成管理失控等。

5. 维护保养不到位

电梯没有按照规定进行定期的维护保养，甚至有的“带病”运行；日常维修保养不按规章制度执行，对已发现的小毛病不及时处理，造成失保失修等。这些都是导致电梯事故频发的主要原因之一。

6. 乘客的不安全行为

电梯极大地方便了人们的生产生活活动，但部分乘客安全意识不强，对电梯的安全使用常识缺乏了解，不能按规定正确操作电梯，例如装修垃圾未及时清理、强行闯入电梯轿厢、严重超载、人为损坏电梯内外召唤装置等行为。一些乘客对电梯的不文明行为，对电梯造成设备损害。例如，踢门、打门、扒门；随意按紧急呼叫按钮，破坏电梯设施；乱配电梯层门开锁钥匙等。另外，当电梯出现故障，被困人员惊慌失措、盲目自救等，这都是十分危险的行为。

三、电梯事故的应急措施

（1）电梯运行中因供电中断、电梯故障等原因而突然停驶，乘客被困轿厢内时，应通过警铃、对讲系统、移动电话或电梯轿厢内的提示方式进行求援，不要擅自行动，以免发生剪切、坠落等事故。电梯下坠时自我保护的最佳动作如图 6-16 所示。

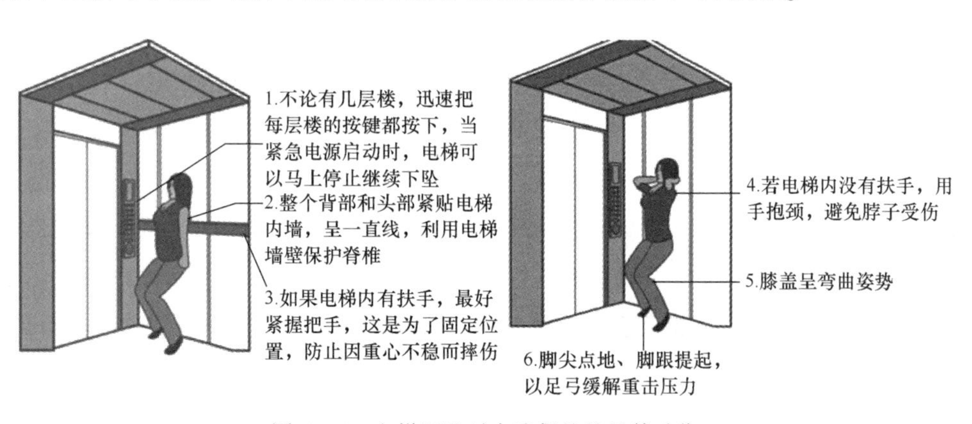

图 6-16 电梯下坠时自我保护的最佳动作

（2）为解救被困的乘客，应由维修人员或在专业人员指导下进行盘车放人操作。盘车时应缓慢进行，尤其当轿厢轻载状态下往上盘车时，要防止因对重侧重造成溜车。当对无齿轮曳引机的高速电梯进行盘车时，应一步步松动制动器，以防止电梯失控。

（3）电梯运行中因机械和电气故障出现冲顶或蹾底时，轿厢乘客应保持镇定，远离轿门，拨打求救电话或大声呼喊，等待救援。

（4）发生火灾时，应当立即向消防部门报警；按动有消防功能电梯的消防按钮，使消防电梯进入消防运行状态，以供消防人员使用；对于无消防功能的电梯，应当立即将电梯直驶至首层并切断电源或将电梯停于火灾尚未蔓延的楼层。

（5）发生震级和强度较大的地震时，一旦有震感应当立即就近停梯，乘客迅速离开电梯轿厢；地震后应当由专业人员对电梯进行检查和试运行，检验正常后方可恢复使用。

四、电梯事故的预防

电梯的安全涉及方方面面，从生产单位的设计、制造、安装、维护、保养，到使用单位日常的安全检查与管理，再到检验单位的检验检测，还有监督管理部门的监督管理，更重要的是大众安全意识的提高。所以，要持续提高电梯的使用安全水平，就需要构建一个“企业全面负责，政府统一领导，部门联合监管，检验技术把关，社会广泛参与”的多元共治机制体系。电梯事故的预防需要抓住以下几个关键环节：

1. 电梯制造单位

电梯的安装、改造、修理必须由电梯制造单位或者其委托的取得相应许可的单位进行。电梯制造单位委托其他单位进行电梯安装、改造、修理的，应当对其安装、改造、修理进行安全指导和监管，并按照安全技术规范的要求进行校验和调试。应强化电梯制造单位的服务责任，逐步推进由制造单位来维护保养电梯并对电梯的质量安全终身负责的制度。

2. 电梯使用单位

电梯使用单位是电梯使用安全的责任单位，其主要负责人是电梯使用安全的第一责任人，对电梯的使用安全工作全面负责。部分电梯使用单位主体责任意识不强，认为与维护保养单位签订了相关协议，付了相关费用，电梯所有责任由维护保养单位负责，导致使用单位对电梯重使用、轻管理，主体责任得不到落实。部分电梯使用单位未按规定设立安全管理机构或确定安全管理人员，或是确定的安全管理人员素质较低。所有电梯使用单位，应当按照“谁所有谁负责、谁共有谁负责、谁主管谁负责”的原则，未明确使用单位的电梯不得投入使用。

3. 电梯维护保养单位

因制造厂家直接维护保养的费用较高，在用电梯大部分是通过第三方维护保养单位负责。电梯的第三方维护保养单位成本低，部分维护保养单位没有按规定开展业务，导致维护保养工作走过场。改正维护保养单位的这些情况，要发挥行业协会对市场竞争的监督和引导作用，在行业内倡导由物业管理和电梯维护保养单位公示电梯的日常检查和维护保养情况，使电梯的维护保养、改造等服务“三公开”，即公开服务内容、价格、零部件清单，使市场公开透明。通过向社会公布维护保养单位的工作质量状况，让使用者更加了解电梯维护保养的情况，发挥使用者对电梯维护保养单位的监督、选择机制，通过市场手段倒逼维护保养责任的落实。

4. 电梯安全监督管理单位

为进一步落实电梯安全监督管理责任和企业安全主体责任，切实抓好电梯安全监督管理工作，应建立由领导牵头、科室包片、人员包点的电梯安全“网格化”监督管理机制，每个网格落实一个责任部门，每个责任部门再落实监督管理人员。以此全面构筑起“横向到边、纵向到底”的电梯安全监督管理网络，保障安全监督管理责任无缝对接、不留“死角”。通过定区域、定人员、定责任的监督管理机制模式，进一步强化监督管理人员的责任意识，下移安全监督管理工作重心。另外，还需要增加特种设备监察员基础知识培训，尽快培训一批能够熟练开展安全监察工作的合格特种设备监察员是当务之急。

5. 电梯检验检测机构

电梯检验检测机构承担电梯安全检验、技术鉴定和风险评估工作，检验检测中发现电梯存在严重事故隐患时，应及时告知相关单位，并立即向当地特种设备安全监督管理部门书面报告。

6. 电梯乘客

公众乘坐或者操作电梯，应当遵守安全使用说明和安全注意事项的要求，服从有关工作人员的管理和指挥；遇到运行不正常时，应当按照安全指引有序撤离。提高电梯乘客安全意识，加强乘坐电梯安全知识普及十分重要。安全乘坐电梯就是要让每一乘客遵守安全规则，首先使其知道怎样安全乘坐电梯，除在电梯轿厢、自动扶梯或者自动人行道入口处设置使用须知的标牌外，还可用屏幕反复播放或语音提示安全乘梯注意事项，提醒每位乘客注意安全；在公众聚集区，如火车站、候机楼、地铁站台、大型超市商场等区域，应当在人们即将步入电梯时，有语音提示如何正确乘坐。

第五节　电梯典型事故案例分析

一、电梯逆转事故

1. 事故概况

2011 年 7 月 5 日 9 时 36 分，北京地铁某号线一站内出入口的自动扶梯突发故障，在上行过程中突然改变规定的运行方向逆转下行，造成站立在自动扶梯梯级上的多名乘客摔倒并相互挤压。事故致使 1 人死亡、30 人受伤，直接经济损失 506.37 万元。

2. 事故原因分析

根据国家电梯质量监督检验中心《WT NET11-52 号技术鉴定报告》和国家钢铁产品质量监督检验中心《（2011）钢测（Z）字第 72 号分析报告》《（2011）钢测（Z）字第 075-1 综合分析报告》分析，造成此次事故的主要原因是：

（1）扶梯驱动主机与底部桁架连接结构进行了设计变更，但没有进行相应的动载荷论证和设计校核，设计存在严重缺陷。

（2）扶梯固定驱动主机的连接螺栓因驱动主机底座凸台斜面而产生偏心载荷；拧入连接座板的连接螺纹长度低于设计要求。制造存在严重缺陷。

（3）维护保养人员未按照相关技术标准和文件的规定，对扶梯驱动主机固定装置和主驱动断链保护装置进行紧固、调整。维护保养作业存在严重问题。

（4）由于有螺母防松弹簧垫圈被拆卸，扶梯运行过程中固定连接座板的固定件发生松动，驱动主机与连接座板的连接螺栓预紧不足或松动，在扶梯运行过程中受力状态发生变化，造成因承受了超出其疲劳承载能力的拉弯力而发生疲劳断裂，继而相邻连接螺栓因承受较大拉拔力发生螺纹脱扣，导致驱动主机移位后与主驱动链脱离，扶梯梯路承载运行系统失去上行驱动力，在乘客载荷作用下逆转向下滑行。

（5）由于断链保护装置电气开关元件位置调整不正确，当主驱动链脱离小链轮而松弛下垂后，该电气开关没有被顶压动作，未能触发附加制动器对失控下滑的梯路系统进行制动。

（6）制造单位未随机向使用单位提供驱动主机固定部件日常维保指导文件。奥的斯电梯（中国）投资有限公司没有按照公司规定将此后追加补充的维护保养说明，包括驱动主机底座螺栓拧紧力矩要求等，发放至北京奥的斯电梯有限公司，是维护保养作业项目欠缺的重要原因之一。

3. 事故预防和整改措施

（1）奥的斯电梯（中国）投资有限公司、广州奥的斯电梯有限公司（事故扶梯的制造单位）、北京奥的斯电梯有限公司（事故扶梯的销售、安装、维修和日常维护保养单位）应针对本次事故，对同类型电梯设计、制造、安装、维护保养可能存在的安全问题，依据职责进行深入、细致的分析，并提出明确的整改意见。组织使用、维修、维护保养等相关单位，对在用电梯逐台进行隐患排查、整改，由电梯制造、维修、日常维护保养单位签字确认，分别存档备查。

（2）广州奥的斯电梯有限公司应强化管理，保证产品安全质量，重点对驱动主机的固定连接结构进行动载荷核算和风险评定，采取必要的纠正和预防措施；补充、完善随机文件内容；对于已经销售的电梯，追加相关文件，并确保用户收到。

（3）由质量技术监督部门责令北京奥的斯电梯有限公司限期整改，强化电梯日常维护保养管理工作，加强对相关人员的培训和作业监督，全面修订相关管理制度，确保相关规定落实到一线作业人员，整改完成后提交书面报告。

（4）北京某地铁有限公司（事故扶梯的使用单位）必须全面强化特种设备使用单位的安全主体责任，加强人员培训，完善、落实相关管理制度，依据《特种设备安全监察条例》和《北京市电梯安全监督管理办法》的规定，进一步细化对于电梯维护保养单位的监督工作职责，确保对电梯维护保养的监督落实到位。

二、电梯卷入事故

1. 事故概况

2015 年 7 月 26 日 9 时 57 分左右，湖北省荆州市某百货集团有限公司（本案例中简称为百货公司）发生一起致 1 人死亡的电梯伤害事故，直接经济损失 95 万元。

当天 9 时 52 分，百货公司客服部两名工作人员同时通过该单位 6~7 楼自动扶梯出口处踏上电梯驱动站中盖板时，发现盖板有松动和翘起现象，随即到客服部告知工作人员，并用对讲机呼叫单位电工后，3 人又来到 7 楼扶梯口等待电工，同时查找盖板松动和翘起部位，但未采取停梯措施。9 时 57 分，一乘客带孩子乘该扶梯上楼，当行至一半时，正在查看盖板的工作人员发现有人乘电梯，便马上提醒扶梯有问题，乘客随即把孩子抱起。在上至 7 楼时，乘客跨过前沿板直接踏上电梯驱动站中盖板与前沿板相邻一端，中盖板翻转，乘客掉进梯级与防护板之间。该乘客在掉进梯级与防护板之间的同时将孩子举起由工作人员接住获救，之后工作人员又返回拉乘客的手，没有拉动，随后乘客被卷入运动的梯级中当场死亡。

2. 事故原因分析

（1）直接原因：

1）自动扶梯上机房（驱动站）前沿板与中板未有效搭接上，中板靠近前沿板处在受力时发生翻转，乘客坠入裸露梯级与维修防护板之间的位置，被运动的梯级卷入致死。

2）百货公司在商场工作人员发现故障后应急处置措施不当。发生事故 5 min 前，该商场工作人员发现中板有松动现象，报告后未得到有效指令，未采取停梯等有效应急处置措施。

（2）管理原因：

1）百货公司安全生产主体责任和安全生产管理制度不落实，对电梯运行的日常巡视不到位，5 次维护保养记录未进行签字确认；缺少对员工进行电梯事故应急培训和演练，导致事故现场工作人员未能及时关停电梯。

2）维护保养单位质量体系运行不够规范，维护保养记录填写不全，未填写电梯基本情况和技术参数，有 5 次记录未经百货公司人员签字确认。

（3）造成前沿板与中板间连接松动的原因。扶梯两端分别为上机房和下机房，上机房为启动机房，下机房为转向机房，本次事故发生在上机房处。上机房盖板一共有三块，靠近梯级的第一块为前沿板，后面两块分别为中板和后板。正常运行情况下，前沿板与中板之间应有效搭接。

发生事故时，前沿板与中板之间未有效搭接上，当事人踏在中板靠近前沿板处，中板发生翻转，当事人坠入上机房驱动站内防护挡板与梯级回转部分的间隙内，因机械伤害死亡。造成前沿板与中板未有效搭接上的原因如下：

1）该自动扶梯安装时，上机房围框安装制作没有按要求进行，导致前沿板、中板、后板的尺寸与上机房围框尺寸不匹配。

①生产厂家提供的自动扶梯安装说明中缺中板、后板（楼层板）及围框安装部分技术要求；未向安装单位提供非标件盖板图纸及安装工艺。

②安装单位未要求制造单位提供自动扶梯上机房的中板、后板（楼层板）及围框安装工艺。

③安装完成后，生产厂家对安装质量自检确认不到位，未发现前沿板、中板、后板的尺寸与上机房围框尺寸不匹配。

2）中板、后板制造时，中板与后板的不锈钢面板边缘不齐，每边超出 4～5 mm，容易导致维护保养后，后板面板落在边框上有水平滑动的可能性，进一步导致中板与前沿板搭接尺寸减小。

3）生产厂家上机房的非标零部件未严格按照图纸要求进行制作加工，出厂质量把关不严，造成前沿板、中板、后板实际尺寸与图纸不符。

3. 事故预防和整改措施

（1）电梯制造单位应严格落实特种设备安全主体责任，对其生产的特种设备安全性能负责，按照安全技术规范的要求进行校验和调试。对 FML30-1000 型普通型室内扶梯产品中非标准尺寸上机房中板、后板及围框安装应提供详细的安装工艺，非标准零部件制作安装应加强质量把关，中板、后板的不锈钢面板与盖板尺寸应一致。同时还应考虑中板与前沿板未有效搭接上时，中板不会发生翻转的安全防护措施；对已售出安装使用的 FML30-1000 型普通型室内扶梯产品，应全面开展自查自纠，达到安全使用要求；对电梯安装和维护保养质量应进行指导和监控，做好校验和调试；做好电梯投运后的质量跟踪了解。

（2）百货公司（电梯使用单位）应落实特种设备使用单位安全主体责任，设置特种设备安全管理人员，并取得特种设备管理人员证书，建立健全特种设备安全管理制度，建立特种设备安全岗位责任制和电梯安全使用规程，制定特种设备事故应急专项预案，加强员工电梯安全知识培训教育。在电梯出入口张贴电梯安全使用须知，提醒乘客安全注意事项。电梯在投入使用前或投入使用后一个月内，应向负责特种设备安全监督管理的部门办理使用登记，取得使用登记证书，登记标志应当置于该特种设备的显著位置。应按规定申报电梯定期检验，取得电梯检验合格报告和检验标识。使用单位应当委托取得相应电梯维修项目许可的单位进行维护保养，并且与维护保养单位签订维护保养合同，约定维护保养的期限、要求和双方的权利义务等。应加强对电梯维护保养单位维护保养质量和记录的监督，并在记录上签字确认。要开展电梯隐患排查，建立隐患排查治理制度、存在隐患的电梯不得投入使用。开展电梯应急处置演练，提高员工应对电梯突发事件的能力。

（3）电梯安装和维护保养单位应加强维护保养质量的管理，保证电梯安全运行。维护保养单位应按照《中华人民共和国特种设备安全法》和《特种设备使用管理规则》（TSG 08—2017）等法律、法规、安全技术规范、标准的要求，做好电梯维护保养工作，确保维护保养质量。加强电梯安装质量管理，由电梯制造单位对安装工艺进行指导，保证安装质量。加强电梯维护保养质量体系的运行管理，正确填写电梯基本情况和技术参数、维护保养记录。加强维护保养人员教育培训力度、提高维护保养人员的安全意识和操作技能；提高维护保养人员的责任意识和责任心。加强维护保养制度的执行力，进一步完善安全技术措施，保证电梯各部件处于安全运行状态，确保不再发生各类安全事故。

（4）主管部门要切实加强特种设备行政审批工作的管理，严格按照国家有关规定和要求办理特种设备使用登记，按照安全技术规范的要求进行检测检验工作，提供安全、可靠、便捷、诚信的检测检验服务。积极推进特种设备生产、安装、使用、维护保养的规范化管理。

（5）行业主管部门要加强对商贸流通企业，特别是人员密集场所、劳动密集型等重点企业的督促检查，督促企业认真落实安全生产主体责任，认真细致地指导企业搞好隐患排查、自查自纠工作，对事故隐患排查治理监督不力的，要逐级对有关单位和人员进行问责。建立健全安全生产长效机制，进一步加强企业安全生产工作，夯实安全基础。

三、电梯挤压事故

1. 事故概况

2013 年 5 月 15 日 11 时 36 分左右，广东省深圳市某大厦 1 号电梯内发生一起事故，造成一名乘客死亡，直接经济损失 130 万元。

事故电梯轿厢监控视频显示，该梯（额定乘客人数 15 人）满载 14 名乘客向下运行，当电梯运行至 3 楼时，电梯门开始自行打开，在电梯门打开至 50 cm 左右时，一名护士在双脚还未离开电梯轿厢、身体前倾、准备出电梯轿厢的瞬间（监控时间显示是 11 时 36 分 51 秒），电梯在没有人触动按钮的情况下，猛然晃动了一下，并迅速往下运行，电梯层门在未完全打开的情况下迅速闭合，该乘客头部被电梯层门夹住。随着电梯轿厢的下行，该乘客身体所处位置由轿厢底部变为悬空于轿厢顶部。后在其他乘客帮助下身体从轿厢顶部掉落至轿厢底部。电梯直接下滑至最底层负一楼处停住（监控时间显示是 11 时 37 分 02 秒）。

2. 事故原因分析

（1）直接原因。电梯制动器制动力矩不足是导致事故发生的直接原因。电梯制动器制动力矩不足的原因是制动鼓与制动闸瓦之间摩擦表面存在润滑油。润滑油有两个来源：一是蜗杆轴通孔端油封有渗油，电梯运行时，蜗杆轴旋转把润滑油甩到制动鼓与制动闸瓦之间的摩擦表面；二是制动器的制动臂上销轴使用了过量润滑油进行润滑，有油珠滴到制动鼓及制动闸瓦上。当制动鼓与制动闸瓦之间摩擦表面的润滑油积累到一定程度时，制动力矩下降到不足以制停事故发生时的轿厢，致使轿厢开门时失控下滑。

（2）间接原因：

1）事故电梯维护保养单位未严格按照《特种设备使用管理规则》（TSG 08—2017）、该单位的施工过程控制程序和电梯维保工程流程图等有关规定，收集所维护保养的三菱

SP-VF 型电梯的安装使用说明书等技术资料，编制相应型号电梯的维护保养计划方案，以便有针对性地指导维护保养人员的工作。

2）维护保养单位虽然制定了有关制度和技术文件，但未有效落实和执行。一是公司管理职责没有得到落实，二是公司电梯维修保养工作指引、电梯维修保养工艺等技术文件没有得到严格执行。

3）维护保养单位的工作人员未严格按照国家标准和该单位的电梯维修保养工作指引、电梯维修保养工艺等技术规范、技术文件的规定和要求对事故电梯进行日常维护保养。

4）维护保养单位对员工的安全培训教育、安全技术交底不足，电梯维护保养人员安全责任意识薄弱。

3. 事故预防和整改措施

（1）维护保养单位要切实依法履行安全生产责任。认真落实安全生产责任制，严格执行各项安全管理制度；加强和完善日常安全管理及电梯维护保养作业指导，做好维护保养质量监督检查工作，发现违章行为及时纠正；加强作业人员安全教育和技术培训，切实提高作业人员的安全生产责任意识和技术水平；全面开展安全生产整顿工作，采取有效措施，防止类似事故的发生。

（2）大厦物业公司要加强对电梯的安全管理工作。作为电梯使用管理单位，必须落实好各项特种设备安全管理制度；选取有资质的技术力量雄厚的电梯维护保养单位对在用电梯进行维护保养，有条件可以选取电梯制造厂家进行电梯的维护保养；加强与维护保养单位的沟通、协调工作，监督和配合好维护保养单位的工作；对本单位在用电梯进行全面检查，检查发现出现故障或发生异常情况的，须消除事故隐患后方可投入使用；大厦物业公司要按照安全技术规范的要求，采用新的安全技术，对使用年限长的电梯（事故电梯制造日期为 1992 年）进行必要的改造或者更新，提高电梯的安全水平。

（3）电梯行业主管部门要加强安全监管力度。本着“四不放过”（即事故原因未查清不放过、责任人员未处理不放过、整改措施未落实不放过、有关人员未受到教育不放过）的原则，主管部门要切实加强电梯等特种设备的安全监督管理工作，认真组织开展吸取事故教训、举一反三的专项行动；探索建立电梯安全使用的新机制，预防事故发生；加强电梯安全使用宣传，普及电梯安全使用知识，增强广大市民的安全意识。

四、电梯蹾底事故

1. 事故概况

2012 年 5 月 9 日 9 时 50 分左右，江苏省连云港市某物业有限公司管理的某大厦内，电梯载着 18 名中老年乘客，在层门、轿门未关闭的情况下发生溜车下行，轿厢从 17 楼下行直至蹾底，撞击设置在底坑内的液压缓冲器后停在一楼平层位置以下约 500 mm 处，轿厢底梁受液压缓冲器冲击严重变形，轿厢内 8 名乘客受伤。

涉事电梯额定载荷为 1 000 kg（13 人），额定速度为 2.0 m/s，20 层 20 站，制造单位为东莞市某电梯有限公司，并联控制。事故发生时，限速器开关动作，安全钳未动作，控制柜调取的故障代码显示：1205091002/17/23 和 1205091002/10/23，其含义分别为 17 楼、10 楼严重超载或编码超速故障。

2. 事故原因分析

（1）电梯制动器制动力不足，致使超载后溜车蹾底，是造成此次事故的直接原因。

（2）东莞市某电梯有限公司作为电梯维护保养单位，未按照规定进行维护保养，是造成本起事故的主要原因。

（3）某物业有限公司作为电梯使用单位，使用安全管理不到位，是造成事故的次要原因之一；东莞市某电梯有限公司作为电梯制造单位，未对事故电梯运行情况进行跟踪调查和了解，是造成事故的次要原因之二；新浦区新南社区某保健食品经营部，未按照承诺履行对中老年顾客的安全管理职责，是造成事故的次要原因之三。

3. 事故预防和整改措施

（1）电梯日常维护保养单位应加强电梯维护保养质量检查，防止不符合安全技术规范要求的电梯被投入使用。

（2）电梯使用单位应严格按照国家的法律法规和标准规范的要求，进一步落实安全生产主体责任，建立以岗位责任制为核心的电梯使用和运营安全管理制度并严格执行。

五、人员坠落井道事故

1. 事故概况

2012 年 9 月 11 日 18 时左右，浙江省瑞安市某大厦内，居住在 6 楼的居民俞某抱着潘某（两岁）从 6 楼乘坐电梯时，不慎从电梯层门入口处坠落至底坑，而此时轿厢位于 7 楼。事故造成俞某经抢救无效死亡、潘某重伤。事故电梯的制造单位为上海某电梯有限公司，2004 年 7 月制造，额定载重量为 630 kg，额定速度为 1.0 m/s，9 层 9 站 9 门，日常维护保养单位为温州某机电设备工程有限公司。

2. 事故原因分析

（1）居民俞某抱着潘某在 6 楼乘坐涉事电梯时，不幸从未设置任何警示标志和护栏且处于开启状态下的 6 楼层门入口处坠落井道，导致 1 死 1 伤事故的发生。

（2）违章打开层门使之保持开门状态，并在未设置警示标志及护栏的情况下擅自离开的肇事者是导致本次事故发生间接原因，同时对事故的发生负有主要责任。

（3）电梯使用单位未配备持证电梯安全管理员，电梯三角钥匙管理制度不健全，未能及时发现并排除电梯存在的事故隐患，亦是导致事故的间接原因。

3. 事故预防和整改措施

（1）电梯使用单位应安排持电梯安全管理人员证书的专职人员承担电梯日常安全管理

工作。

（2）电梯使用单位应制定电梯安全管理制度、岗位责任制度，重点明确电梯紧急开锁钥匙等电梯专用钥匙的管理制度。做好电梯事故隐患自查，严禁使用存在事故隐患、定期检验超期或检验不合格的电梯，保证电梯的日常使用安全。

复习思考题

1. 电梯应在什么工作条件下运行？
2. 简述电梯限速器的工作原理以及安全技术要求？
3. 电梯应设置哪些安全保护装置？各自起到什么作用？
4. 简述限速器和安全钳联动的过程。
5. 缓冲器的作用是什么？其主要型式有哪两种？
6. 简述液压缓冲器的工作原理。
7. 电梯必须设置的电气安全装置包括哪些？
8. 电梯常见的事故有哪些？
9. 怎样进行电梯事故预防？
10. 电梯的维护保养有什么要求？

第七章
其他机电类特种设备安全

第一节　场（厂）内专用机动车辆安全

场（厂）内专用机动车辆是指除道路交通、农用车辆以外仅在工厂厂区、旅游景区、游乐场所等特定区域使用的专用机动车辆，包括机动工业车辆和非公路用旅游观光车辆等。

一、基础知识

1. 场（厂）内专用机动车辆分类

（1）机动工业车辆。这类车辆是指用来搬运、推顶、牵引、起升、堆垛或码放各种货物的机动车辆。最常用的机动工业车辆如各类叉车。叉车是指通过门架和货叉将载荷起升到一定高度进行堆垛作业的自行式车辆，包括平衡重式叉车、前移式叉车、侧面式叉车、插腿式叉车、托盘堆垛车和三向堆垛车等。

平衡重式叉车具有承载货物的货叉（带托盘或不带托盘），载荷相对于前轮呈悬臂状态，并且依靠车辆的质量来进行平衡的堆垛用起升机动车辆。平衡重式叉车应用最为广泛、数量最多，特点是机动灵活、动力性好、适应性强，能在狭小的空间内高效地工作，适用于码头、车站、车间、仓库等，按动力不同可分为蓄电池平衡重式叉车和内燃平衡重式叉车。平衡重式叉车的构造可分成动力装置、车辆底盘、工作装置、液压系统和电气系统五大组成部分。

1）动力装置。内燃平衡重式叉车的动力装置主要是汽油发动机或柴油发动机，汽油发动机适用于中小吨位叉车，柴油发动机适用于中大吨位叉车。蓄电池平衡重式叉车的动力装置主要是直流电源（蓄电池）。

2）车辆底盘。平衡重式叉车的车辆底盘是车辆的基体，用来在其上安装车辆的动力装置、工作装置及其各种附属设备，使车辆能够正常工作。车辆底盘由传动系、行驶系、转向系和制动系四部分组成。

3）工作装置。平衡重式叉车的工作装置是一套能伸缩的门架式升降机构，所以又称为门架系统或升降系统，用以实现货物的叉取、升降、堆码作业。其主要组成部分是货叉、叉架（滑架）、门架、滚轮、链条、链轮、油缸等。

4）液压系统。平衡重力式叉车的液压系统主要用于工作装置、液力转向、液力或液压传动的驱动，一般由液压油泵、工作油缸、控制阀及油箱等组成。

5）电气系统。以内燃机为动力的车辆，其电气系统有蓄电池、照明设备、信号设备、控制仪表以及与发动机配套的启动点火系统等组成。而电动车辆，电气设备主要是牵引电动机、蓄电池组以及照明设备、信号设备等。

（2）非公路用旅游观光车辆。这类车辆包括观光车和观光列车等。观光车是指具有4个以上（含4个）车轮的非轨道无架线的非封闭型自行式乘用车辆，包括蓄电池观光车和内燃机观光车，是以休闲、观光、游览为主要设计用途，适合在旅游风景区、综合社区、步行街等指定区域运行的车辆。观光列车是指具有8个以上（含8个）车轮的非轨道无架线的，由一个牵引车头与一节或者多节车厢组成的非封闭型自行式乘用车辆，包括蓄电池观光列车和内燃机观光列车。观光列车为观光车的一种特殊形式。

2. 场（厂）内专用机动车辆工作特点

（1）车辆种类繁多，同类车辆的规格差别很大。其机构复杂，作业过程中常常伴随着行驶操作，操作技术难度较大。

（2）车辆承载的重物多种多样，载荷方式变化不定、体积不规则，还有散粒和易燃易爆危险品等，使作业过程复杂而危险。

（3）需要在较大的范围内运行，机动性强，易造成事故，事故影响的面积也较大。

（4）属于暴露的、活动的工作装置，且常与吊运作业人员直接接触（货叉、铲斗等），潜在许多偶发的危险因素。

（5）作业环境复杂，如涉及厂（库）房、港口、工地等室内外场所，易接触高温、高压、易燃易爆等环境危险因素，对设备和作业人员有损坏和伤害风险。

（6）参与交叉作业较多。作业中常常需要多人配合，共同完成一项操作。

（7）一机多用，具有多种可换的工作装置。

（8）对行驶路面、作业环境有一定要求。

（9）对于专用搭载乘客的场（厂）内专用机动车辆，如游览车、摆渡车等，载客人数多、安全性要求高。

3. 场（厂）内专用机动车辆正常工作条件

（1）车辆的技术性能、动力性能、制动性能、承载能力、运行方向的控制能力和产品标识符合要求。

（2）满载作业时的纵向、横向稳定性，满载运行时的纵向稳定性，空载运行时的横向稳定性满足要求。

（3）车辆的动力输出能力、工作装置的控制和标识符合要求。

（4）车辆的各种安全保护装置，监测、指示、仪表、报警等自动报警、信号装置应完好齐全。

（5）操作人员持证上岗，能够正确操作和维护车辆。

二、涉及安全的主要部件

场（厂）内专用机动车辆根据其用途与系统构成，安全部件主要包括高压胶管、货叉、链条、转向器、制动器、轮胎、安全阀、护顶架和其他安全相关部件等。

1. 高压胶管

叉车液压系统用软管、硬管和接头至少能承受液压回路 3 倍的工作压力。如叉车的液压系统一般都使用中高压供油，高压油管的可靠性不仅关系车辆的正常工作，而且一旦发生破裂将会危害人身安全。因此，高压胶管必须符合相关标准，并通过耐压、长度变化、爆破、脉冲、泄漏等试验检测。

（1）耐压试验。胶管总成以 2 倍的工作压力进行静压试验，至少保压 60 s，不得有泄漏和破裂等异常现象。

（2）长度变化试验。将一根未经使用的，接头间自由尺寸不小于 300 mm 的胶管总成，升压到工作压力，保持 30 s。然后泄压 30 s 后，以胶管总成中点向左右各相距不小于 125 mm 处作两个准确的标记，重新升压到工作压力，保压 30 s。最后在保压情况下测量两个标记间的长度，按下列公式计算长度变化：

$$V_L=\frac{L_1-L_0}{L_0}\times100\% \tag{7-1}$$

式中：L_0 表示第一次升压后，在无压力状态下两标记间的距离，mm；L_1 表示第二次升压后，在保压情况下两标记间的距离，mm；V_L 表示长度变化率，正值为伸长，负值为缩短。

（3）爆破试验。将一根装好接头的不超过 30 d 且未经使用的胶管总成，匀速升压至静压爆破压力，在规定的最小爆破压力下，不得出现泄漏和破裂现象。

（4）脉冲试验。将装好接头不超过 30 d 且未经使用的胶管总成，以频率 0.5～1.25 Hz向胶管内施加压力，升压速率应为 100～350 MPa/s。在试验期间，要求进入胶管总成的循环试验用油保持在（93±3）℃，测点应在试件出油口处。

（5）泄漏试验。将一根装好接头不超过 30 d 且未经使用的胶管总成，在规定最小爆破压力的 70%压力作用下，保压 5.0～5.5 min。泄压后再重复上述操作一次。在保压过程中，接头等处不允许有泄漏和其他异常现象。本试验为正常破坏性试验，试件报废。

2. 货叉

安装在叉车货叉梁上的 L 形承载装置，也称取物装置。货叉必须符合相关国家标准，《叉车　货叉　技术要求和试验方法》（GB/T 5182—2008）规定了批量生产的各种安装型式的实心截面货叉的制造、试验（屈服试验、冲击试验、疲劳试验、表面裂纹检验）和标记要求。

货叉载荷试验方法是：单根额定起重量不大于 5 500 kg 的货叉，试验载荷为其额定起重量的 3 倍，在距货叉垂直段前表面处，逐渐无冲击地施加相应的试验载荷，每次加载保持 30 s。在第一次试验和第二次试验后，应从货叉水平段叉尖部位的上表面读取试验数据。比较两次试验后的数据，货叉应无永久变形。

3. 链条

起升货叉架的链条主要有板式链和套筒滚子链两种。板式链由于链片数目较多，其承载能力比套筒滚子链的大，承受冲击载荷的能力强，工作性能更加可靠。因此，除在小吨位叉车上采用单排套筒滚子链外，在叉车上更广泛使用的是板式链。《板式链、连接环和槽轮　尺寸、测量力和抗拉强度》（GB/T 6074—2006）规定了一般提升用板式链条的技术特性、槽轮和连接环的形状，内容包括尺寸、互换性极限、链长测量、预拉和最小抗拉强度等。

4. 转向器

转向器是控制车辆行驶方向的部件。当左右转动方向盘时，转向力通过转向器传递到转向传动机构使车辆改变行驶方向。为了保证车辆转向的安全可靠，不仅要求转向器的零部件有足够的强度、刚度和可靠的寿命，而且应有一定的灵敏度和对路面的感应性。试验测试的项目、方法参照有关转向器性能试验规定实施。

5. 制动器

制动器是指产生阻止车辆运动或运动趋势的力的部件。制动系统一般要求应当具备可靠的行车、驻车（停车）制动系统，并且设置相应的制动装置，行车制动与驻车制动的控制装置应当相互独立。

叉车制动器的性能应当符合《机动工业车辆　制动器性能和零件强度》（GB/T 18849—2011），行车制动系统与驻车制动系统应由独立的装置进行操作，两套制动系统可以使用同一制动部件，如制动蹄、制动鼓和有关的传动件。停车制动系统应沿车辆的前进和后退方向进行停车制动性能试验。在没有驾驶员协助的情况下，停车制动器应能将车辆停放在标准规定坡度或制造商规定的坡度（取两种坡度的较大值）上。行车制动系统应符合标准规定的行车制动性能，包括制动距离试验、牵引杆拉力试验等。车辆按要求做完制动距离试验、牵引杆拉力试验后应进行热衰减试验。

非公路用旅游观光车辆行车制动系统应当采用双管路或者多管路，制动力保证其制动距离和制动稳定性满足《非公路用旅游观光车通用技术条件》（GB/T 21268—2014）中的相关要求。观光车应具备应急制动能力，制动力能够保证在额定载荷状态下，使其在最大爬坡度的上、下方向驻车；制动力能够保证其在设计最大爬坡度的下行方向，额定载荷、最大运行速度条件下制停。

6. 轮胎

轮胎是支撑车辆，实现车辆行驶，减小地面冲击、振动的部件，可分为充气轮胎和实心轮胎。轮胎表面的花纹能提高车辆行驶附着能力。叉车等场（厂）内专用机动车辆由于速度低、载重大，要求轮胎具有强度高、承载能力大、耐磨、弹性好等特点，并与路面有良好的黏着性能等。

7. 安全阀

液压系统中，可能由于超载或者油缸到达终点油路仍未切断，以及油路堵塞引起压力突然升高，造成液压系统破坏。因此，系统中必须设置安全阀，用于控制系统最高压力，最常用的是溢流安全阀。

安全阀的作用是当系统压力超过正常额定压力太多时，能自动打开回油阀，使压力油直接回油箱，从而保证系统元件不被破坏。调整溢流安全阀系统工作压力时，应根据液压系统允许的超载最大工作压力设定，一般不超过系统额定工作压力的25%，但不得超过油泵所允许的最大工作压力。为使系统能安全工作，必须经常检查溢流安全阀的工作压力是否正常，检查的方法可以通过正常的超载试验进行。

8. 护顶架

对于叉车等起升高度超过1.8 m的工业车辆，必须设置护顶架，以保护司机免受重物落下造成伤害。护顶架一般都是由型钢焊接而成，必须能够遮掩驾驶员的上方，还应保证驾驶员有良好的视野。根据《工业车辆　护顶架　技术要求和试验方法》（GB/T 5143—2008）的规定，护顶架顶部开口的宽度或长度应有一个尺寸不超过150 mm，对坐驾式高起升车辆，从座椅标定点至驾驶员处于正常操作位置时，其头部上方护顶架顶部下表面的垂直距离不应小于903 mm。当用户提出要求时，制造厂可以降低护顶架的正常总高度和驾驶员头部至护顶架下侧之间的垂直距离，以便驾驶员能够在装有护顶架的车辆上方净空限制车辆总高度的地方工作。为了保证护顶架具有一定的安全承载能力，对护顶架要进行试验检测。检测时，护顶架应安装在其设计所对应的车型和额定起重量的车辆上进行动载荷试验和冲击下落试验。

9. 其他安全相关部件

其他安全相关部件包括：档货架，为防止货物向后坠落而设置的框架；货物稳定器，压住货叉上的货物，以防货物倒塌、滑落的属具；（翻）料斗锁定装置，使（翻）料斗锁定在运料位置的装置；前倾自锁阀，当油泵停止工作或发生其他故障时，自动锁闭门架倾斜油路的阀；下降限速阀，控制下降速度的阀；稳定支腿，装卸作业时，为保障和增加车辆的稳定性而设置的辅助支腿。

三、使用安全管理

场（厂）内专用机动车辆的使用安全管理，应按照《场（厂）内专用机动车辆安全技术监察规程》（TSG N0001—2017）的规定严格执行。

1. 基本要求

（1）使用单位的基本要求。使用单位应当遵守《特种设备使用管理规则》（TSG 08—2017）的规定，同时还应当符合以下要求：

1）取得营业执照。

2）对其区域内使用场（厂）内专用机动车辆的安全负责。

3）根据用途和使用环境，选择适应使用条件要求的场（厂）内专用机动车辆，并且对所购买场（厂）内专用机动车辆的选型负责。

4）购置观光车辆时，保证观光车辆的设计爬坡度能够满足使用单位行驶线路中的最大坡度的要求，并且在销售合同中明确。

5）场（厂）内专用机动车辆首次投入使用前，向产权单位所在地的特种设备检验机构申请首次检验。

6）检验有效期届满的 1 个月以前，向特种设备检验机构提出定期检验申请，接受检验，并且做好定期检验相关的配合工作。

7）流动作业的场（厂）内专用机动车辆使用期间，在使用所在地或者使用登记所在地进行定期检验。

8）制定安全操作规程，至少包括系安全带、转弯减速、下坡减速和超高限速等要求。

9）场（厂）内专用机动车辆驾驶人员取得相应的特种设备作业人员证，持证上岗。

10）按照规程要求，进行场（厂）内专用机动车辆的日常维护保养、自行检查和全面检查。

11）叉车使用中，如果将货叉更换为其他属具，该设备的使用安全由使用单位负责。

12）在观光车辆上配备灭火器。

13）履行法律法规规定的其他义务。

（2）作业环境：

1）使用单位应当根据本单位场（厂）内专用机动车辆工作区域的路况，规范本单位场（厂）内专用机动车辆作业环境。

2）观光车行驶的路线中，最大坡度不得大于 10%（坡长小于 20 m 的短坡除外），观光列车的行驶路线中，最大坡度不得大于 4%（坡长小于 20 m 的短坡除外）。

3）场（厂）内专用机动车辆如果在《中华人民共和国道路交通安全法》规定的道路上行驶，应当遵守公安交通管理部门的相关规定。

4）因气候变化原因，使用单位可以采取遮风、挡雨等措施，但是不得改变观光车辆非封闭的要求。

（3）观光车辆的行驶线路图。使用单位对观光车辆行驶线路的安全负责。使用单位应当制定车辆运营时的行驶线路图，并且按照线路图在行驶路线上设置醒目的行驶线路标志，明确行驶速度等安全要求。观光车辆的行驶路线图，应当在乘客固定的上下车位置明确标识。

2. 日常维护保养和检查

（1）一般要求：

1）使用单位应当对在用场（厂）内专用机动车辆至少每月进行一次日常维护保养和自行检查，每年进行一次全面检查，保持场（厂）内专用机动车辆的正常使用状态；日常维护保养和自行检查、全面检查应当按照有关安全技术规范和产品使用维护保养说明的要求进行，发现异常情况，应当及时处理，并且记录，记录存入安全技术档案；日常维护保养、自行检查和全面检查记录至少保存 5 年。

2）场（厂）内专用机动车辆在每日投入使用前，使用单位应当按照使用维护保养说明的要求进行试运行检查，并且记录；在使用过程中，使用单位应当加强对车的巡检，并且记录。

3）场（厂）内专用机动车辆出现故障或者发生异常情况，使用单位应当停止使用，对其进行全面检查，消除事故隐患，并且记录，记录存入安全技术档案。

4）场（厂）内专用机动车辆的日常维护保养、自行检查由使用单位的场（厂）内专用机动车辆作业人员实施，全面检查由使用单位的安全管理人员负责组织实施，或者委托其他专业机构实施；如果委托其他专业机构进行，应当签订相应合同，明确责任。

（2）日常维护保养、自行检查和全面检查。使用单位应当根据叉车和观光车辆具体型式，按照有关安全技术规范及相关标准、使用维护保养的要求，选择日常维护保养、自行检查、全面检查的项目。使用单位可以根据场（厂）内专用机动车辆的使用繁重程度、环境条件状况，确定高于规程规定的日常维护保养、自行检查和全面检查的周期和内容。

有关项目和内容的基本要求如下：

1）在用场（厂）内专用机动车辆的日常维护保养，至少包括主要受力结构件、安全保护装置、工作机构、操纵机构、电气（液压、气动）控制系统等的清洁、润滑、检查、调整、更换易损件和失效的零部件。

2）在用场（厂）内专用机动车辆的自行检查，至少包括整车工作性能、动力系统、转向系统、起升系统、液压系统、制动功能、安全保护和防护装置、防止货叉脱出的限位装置（如定位锁）、载荷搬运装置、车轮紧固件、充气轮胎的气压、警示装置、灯光、仪表显示等。

3）在用场（厂）内专用机动车辆的全面检查，除包括前项要求的自行检查的内容外，还应当包括主要受力结构件的变形、裂纹、腐蚀，以及其焊缝、铆钉、螺栓等的连接，主要零部件的变形、裂纹、磨损，指示装置的可靠性和精度，电气和控制系统功能的检查，必要时还需要进行相关的载荷试验。

3. 检验

从事场（厂）内专用机动车辆型式试验、定期（含首次）检验的特种设备检验机构和人员，应当取得相应的检验资质和人员资格后，方可从事相应的检验活动。场（厂）内专用机动车辆型式试验是指在制造单位完成产品全面试验验证合格的基础上，型式试验机构对产品是否满足安全技术规范要求而进行的技术审查、样机检查、样机试验等，以验证其安全可靠性所进行的活动。制造单位首次制造的、境外制造在境内首次投入使用的、安全技术规范提出新的技术要求的，应当进行型式试验。首次检验是指在使用单位进行自行检查合格的基础上，由特种设备检验机构在场（厂）内专用机动车辆首次投入使用前或者改造后进行的检验。定期检验是指在使用单位进行经常性维护保养和自行检查合格的基础上，特种设备检验机构对纳入使用登记的在用场（厂）内专用机动车辆按照规定周期（每年1次）进行的检验。

四、使用安全技术

《工业车辆　使用、操作与维护安全规范》（GB/T 36507—2018）规定了叉车等工业车辆使用、操作与维护及搬运、拖曳、组装和存放时的安全要求。

1. 一般要求

（1）用户应使用适用于搬运过程和作业环境的工业车辆及其装备，并确保所有的标牌和标志都在规定的位置上且保持字迹、图案清晰。

（2）应按照工业车辆制造商使用说明书的规定使用工业车辆。

（3）工业车辆或属具出现影响安全的损坏或缺陷时，应立即停止使用。未经完全修复的工业车辆或属具不得投入使用。

（4）工业车辆由于采用附属装置而引起的修改，不得降低安全性。

（5）无论工业车辆是否装载，任何人员不得通过或站在已起升的属具（如货叉）等起升部件之下。工业车辆作业时，不得将手臂、腿或头等身体的任何部位置于门架机构或工业车辆的其他运动部件之内，也不得爬上或接触工业车辆上有相对运动的部件（如前移装置、工作装置、载荷搬运装置等）。

（6）操作者在工作期间应对工业车辆负责，不得让未经许可的人员操纵工业车辆。离开工业车辆时应防止被未经许可的人员使用（步行式工业车辆除外）。

（7）自行式工业车辆不得载客，除非工业车辆上设置有搭载随乘人员的设施，此时搭载人数不应超过允许随乘的人数。

（8）操作者应警告所有在工业车辆附近的人员可能存在的危险。在工业车辆启动前，应确保无人逗留在危险区内。在工业车辆作业时，一旦发现对人员可能有危险应及时发出警告信号，如果人员经警告仍未离开危险区，操作者应立即让工业车辆停止工作。

（9）坐驾式工业车辆在无载行驶时，应防止工业车辆发生侧翻。当即将发生侧翻时，操作者应双手紧握方向盘，身体向发生侧翻的相反方向倾斜，不得跳车。

2. 作业条件及每天启用前检查

（1）工业车辆作业的工作场所及路面应符合车辆制造商的规定。

（2）工作场所的路面应足够坚实、平整且无障碍物。对于排水沟、铁路道口以及类似的路面，必要时应铺设跳板或过渡板，使工业车辆尽可能无颠簸地驶过。

（3）工业车辆运行的坡道不应超过车辆制造商规定的坡度值，并能防止车辆打滑。坡道的上下两端应平坦，用均匀的过渡段来防止载荷接触地面或损坏车辆。

（4）窄巷道内的运行路面应平整、干燥、水平、无破裂或损坏，且无障碍物，并符合工业车辆制造商的规定。

（5）工业车辆或运载货物与周围环境的固定物体之间应留有足够的间距，通道的轮廓或界线应清晰，当货物尺寸与规定值有差别时，应确认是否需要更大的通道宽度。

（6）工作场所的危险路段应进行防护或者用道路交通中常用的标牌加以标识。

（7）当作业区域的灯光照度低于 32 lx 时，工业车辆上应备有辅助照明设施。

（8）每天启用工业车辆前操作者应检查车辆状况，确保行车安全。通常工作开始前应对车辆进行适用项目的检查内容包括：燃油系统是否正常；动力系统是否正常；转向系统是否正常；起升系统是否正常；液压系统是否有损坏和泄漏；制动功能是否正常；防止货叉脱出的限位装置（如定位锁）是否有缺陷；载荷搬运装置是否有损坏（如弯曲、裂纹或磨损）；车轮紧固件是否拧紧，充气轮胎的气压是否正常；警示装置是否正常；灯光是否正常；仪表显示是否正常；测距传感器、角度传感器的功能是否正常等。

3. 运行要求

（1）在启动内燃工业车辆之前，应确保停车制动器处于制动状态，运行方向操纵控制装置处于中位。在启动蓄电池工业车辆（例如钥匙启动或磁卡启动）之前，应确保所有运行和操纵控制装置处于中位。

（2）工业车辆的运行速度应与现场情况相适应，如在转弯、接近或在狭窄过道、通过摆动门、在视野不佳的地段以及在不平路面上等应减速运行。

（3）操作者应使其驾驶的工业车辆与前面的车辆和人员等始终保持一个安全的制动距离。工业车辆运行时，操作者应专注于操作车辆并确保车辆一直处于其控制之下。

（4）操作者应对运行路段的概况有足够的了解，特别应注视行车方向。运行中应确保该运行路段未被占用。在转弯时如果附近有其他车辆或行人，以及在十字路口和其他视线受阻的场合，操作者应发出声响警示信号，并减速/停车，确认安全后慢速通过。

（5）如果运载的货物会影响操作者的行驶视线，则运行时货物应位于运行方向的后方（上坡除外），或由其他人员在车前指挥，同时操作者应以步行速度小心驾驶。

（6）操作者应平稳启动、制动、转弯或倒车。在危险或视野不佳的地段应避免紧急制动、急速转弯和超车。

（7）在工业车辆运行时，操作者及随乘人员（如允许）不得将手臂和腿脚伸出车外，或将身体探出工业车辆的外轮廓线，或从一辆车上跨到另一辆车或其他物体上。

（8）工业车辆运行时，载荷或载荷搬运装置应保持在足以通过道路表面和局部障碍物的最低运行高度（除越野叉车外，一般起升高度不应大于 300 mm），若有可能，后倾载荷，缩回门架/货叉（适用于前移式叉车）。除了堆垛作业外，不得起升载荷。此规定不适用于可带起升载荷运行的工业车辆。

（9）当工业车辆在运行中发生故障，如转向装置或行车制动器发生故障时，操作者应尽快将车辆停住。

（10）在坡道上运行，只允许在根据工业车辆技术条件规定能够爬上的坡道上运行。当坡度超过 10%时，如有可能，有载起升车辆和平台堆垛车（侧面式叉车、越野叉车、跨车和台棚运车除外）运行时，应使载荷面向上坡方向。不得在坡道上掉头、斜向运行和斜向停车。

4. 载荷操作规定

（1）搬运载荷时，不得超过工业车辆制造商所规定的承载能力。承载能力受载荷中心、起升高度以及其他参数（例如轮胎类型、属具）的影响。应注意工业车辆上的相应提示标牌。未经工业车辆制造商批准，不得对车辆进行任何设计上的修改，不得通过安装附加配重等来提高承载能力。

（2）操作者应确保载荷的状态合乎要求，只可搬运稳定码放且安全的载荷。

（3）如果小尺寸的载荷有从护顶架横梁之间落下的危险，则应使用适当的挡货架或在护顶架上另加栅栏。

（4）如果工业车辆装备的护顶架是可拆卸的，则在护顶架拆卸后工业车辆的起升高度不应大于 1 800 mm。

（5）在载荷搬运装置起升后开动工业车辆，不论车辆空载或满载，都应缓慢而平稳地操纵转向装置和制动器。

（6）在装取和运输载荷时应尽可能使其质心处于工业车辆的纵向中心平面上。

（7）不得用货叉、工业车辆的其他部位（设计许可除外）或拣取的货物去推、顶、拉其他货物。

（8）载荷的装卸。为了保证安全地支撑载荷，操作者应使货叉分开到足够宽度，并尽可能深插到载荷下方（不得使叉尖碰到载荷以外的物件），然后起升货叉拣取载荷。在搬运质心高的或多件叠装的单元货物时，应采用较小的后倾（如可后倾）来稳定载荷。在卸载时，应谨慎下降。下降后，必要时可少许（或有限地）前倾门架，以便放妥载荷和抽出货叉。

（9）堆垛时应遵守下列作业程序：按规定降低并后倾（如可后倾）载荷，必要时缩回，将工业车辆缓慢驶近货堆；在工业车辆靠近和面对货堆时，把门架调整到垂直位置；

把载荷起升到稍高于堆垛高度；将工业车辆小心地驶近货堆，必要时将载荷向前推出（如前移式叉车伸出货叉）；降下货叉，必要时可少许（或有限地）前倾门架，放下载荷；确保载荷堆垛牢靠并确认道路无障碍后，将车辆驶出（前移式叉车缩回货叉）至货叉下降时接触不到货堆的位置；将货叉下降到规定的运行高度，门架后倾（如可后倾），确认道路无障碍后开走工业车辆。

（10）拆垛时应遵守下列作业程序：工业车辆缓慢驶近货堆，在货叉叉尖离货堆约300 mm并确保货叉起升时接触不到货堆的位置停下；垂直起升货叉到可将其插入载荷下方的位置；将货叉尽可能深插到载荷的下方，但注意不得使叉尖碰到载荷以外的物件；起升货叉，使载荷正好与货堆脱离；如果门架可后倾，那么货叉应适当后倾以稳定载荷；如果是前移式叉车，则应缩回货叉；确认道路无障碍后，将工业车辆驶出至货叉下降时接触不到货堆的位置；将货叉下降到规定的运行高度，门架后倾（如可后倾），确认道路无障碍后，平稳地开走工业车辆。

5. 停车

（1）工业车辆停止运行时，操作者应：将工业车辆完全停住；所有的操纵控制装置均置于中位；施加停车制动；将载荷搬运装置降到最低位，起升的工作平台有支撑架时除外；关闭驱动装置；拔下启动钥匙或启动卡。未经明确指示不得将启动钥匙或启动卡交给他人。

（2）特殊情况下，应对工业车辆采取安全措施，如采用楔块。

（3）工业车辆不得停放在坡道上。

（4）燃气工业车辆不得停靠在热源、明火或类似的火源旁边，也不得靠近露天坑、地下通道、电梯井道或其他类似地区。燃气工业车辆要停车过夜时，应关闭其容器的供气阀。

（5）工业车辆停放的位置，应确保防火通道、通向楼梯及消防设备的通道保持通畅。

五、场（厂）内专用机动车辆事故

1. 场（厂）内专用机动车辆事故的种类

（1）按车辆事故的事态分为碰撞、碾轧、刮擦、翻车、坠车、爆炸、失火、出轨和搬运、装卸中的坠落及物体打击等事故。

（2）按发生事故位置（厂区道路）分为交叉路口、弯道、直行、坡道、铁路道口、狭窄路面、仓库、车间等行车事故。

（3）按事故伤害程度分为车损事故、轻伤事故、重伤事故、死亡事故。

2. 典型场（厂）内专用机动车辆事故

（1）超速造成事故。超速行驶，为躲避前方情况，操作不当造成事故；叉车转弯不减速，车辆侧翻、倾翻造成事故；汽车载货高速转弯，货物甩出造成事故。

（2）无证驾驶造成事故。无证驾驶，由于对车辆性能不熟，车辆启动过猛，挤压其他作业人员造成事故。

（3）违规载人造成事故。如违规乘车，行驶途中掉下，或车未停稳就跳下车，造成人员伤亡。

（4）违章作业造成事故。如司机误操作使货叉下降造成事故。

（5）设备故障造成事故。如叉车货叉断裂、刹车失灵等造成事故。

3. 场（厂）内专用机动车辆事故特点

（1）事故不但会造成车辆的损失和人员伤亡，还会影响所在场（厂）的正常生产秩序。

（2）事故主要发生在车辆行驶、装卸作业、车辆维修和非驾驶员驾车等过程。

（3）事故类型繁多，不同车辆会造成不同事故，难以预防。

（4）伤害涉及的人员可能是司机、乘客、作业辅助人员和作业范围内的其他人员。其中，伤害他人的可能性最大。

（5）游览区、机场等的乘人车辆发生事故，乘客受到伤害对社会造成不良影响。

（6）事故高发行业中，建筑、冶金、制造生产企业，铁路公路建设工地、仓储物流、旅游观光等行业较多，与这些行业相关的场（厂）内专用机动车辆数量多、使用频率高、作业条件复杂等因素有关。

（7）易发生倾翻、货物坠落、工作装置损坏、起步伤人、行驶伤人、作业伤人等事故。

（8）部分事故与道路环境有关。

4. 场（厂）内专用机动车辆事故发生原因

（1）车辆安全技术状况不良。我国对场（厂）内专用机动车辆的安全管理起步较晚，使用单位或个人只顾使用，不进行维护保养的现象依然存在，使车辆的技术状况不符合要求。具体主要体现在：

1）车辆的安全装置存在问题。

2）蓄电池车调速失控，造成“飞车”。

3）举升装置锁定机构工作不可靠。

4）安全防护装置，如制动器、限位器等工作不可靠。

5）车辆维护修理不及时，带病行驶。

（2）驾驶员安全技术素质不高。驾驶员安全技术素质的高低，是影响场（厂）内运输安全的关键因素。驾驶员的安全技术素质，包括遵守安全操作规程的自觉性、驾驶技术、对设备各部件技术状况的了解、排除故障的能力、运输安全规则的掌握程度等。

（3）场（厂）内作业环境复杂：

1）道路条件差。厂区道路和厂房、库房内通道狭窄、曲折，不但弯路多，而且急转弯多，再加之路面两侧大量物品的堆放，占用道路，致使车辆通行困难，装卸作业受限。在这种情况下，如驾驶员注意力不集中或不认真观察情况，行车安全很难保证。

2）视线不良。由于厂区内建筑物较多，特别是车间内、仓库之间的通道狭窄，且交叉和弯道较频繁，致使驾驶员在驾车行驶中的视距、视野大大受限，特别是在观察前方横向路两侧时的盲区较多，这在客观上给驾驶员观察判断造成了很大困难。对于突然出现的情况，驾驶员往往不能及时发现判断，缺乏足够的缓冲空间，致使应急措施不及时而导致事故。

3）因风、雪、雨、雾等自然环境的变化，在恶劣的气候条件下驾驶车辆，使驾驶员视线、视距、视野以及听觉受到影响，往往造成判断情况不及时，再加之雨水、积雪、冰冻等自然条件下，会造成刹车制动时摩擦系数下降，制动距离变长或产生横滑，这些也都是造成事故的主要因素。

（4）管理不到位：

1）规章制度或操作规程不健全，车辆安全行驶制度不落实，没有定期的安全教育和车辆维护保养制度等都会造成驾驶员无章可循的局面或带来安全管理的漏洞，从而导致事故的发生。由于执行不力、落实不好，或有章不循，对发生的事故或险兆事件不去认真分析和处理，而是大事化小、小事化了，那么各种制度形同虚设，就会淡化驾驶员的安全意识，这是导致车辆伤害事故不断发生或重复发生的重要原因之一。

2）非驾驶员驾车。按照有关规定，场（厂）内专用机动车辆驾驶员须经过专业培训、考核，取得合法资格后方准驾车。在车辆伤害事故中，由于无证驾车，造成事故发生率较高，事故后果严重。无证驾驶车辆肇事之所以难以杜绝、屡禁不止，主要是无证驾车人法制观念淡薄，但根本原因还在于所在单位安全管理不到位，处理不严，甚至有的是个别领导违章指挥所致。

3）交通信号、标志、设施缺陷。有的生产经营单位不同程度地存在信号、标志、设施不全或设置不合格的情况，这样驾驶员就难以根据在不同的道路情况下或在某些特殊情况下，按具体要求做到谨慎驾驶、安全行车。

5. 场（厂）内专用机动车辆事故应急措施

（1）车辆一旦肇事，驾驶员应努力减少事故损失，配合有关部门及人员做好以下工作：

1）迅速停车，积极抢救伤者，并迅速向主管部门报告。

2）要抢救受损物资，尽量减轻事故的损失程度，设法防止事故扩大。若车辆或运载的物品着火，应根据火情、部位，使用相应的灭火器和其他有效措施进行扑救。

3）在不妨碍抢救受伤人员和物资的情况下，尽最大努力保护好事故现场。对受伤人员和物资需移动时，必须在原地点做好标记；肇事车辆非特殊情况不得移位，以便为勘查现场提供确切的资料。肇事车辆驾驶员有保护事故现场的责任，直至有关部门人员到达现场。

（2）事故单位的领导或主管部门接到事故报告后，应立即赶赴事故现场，组织人员抢救伤员、物资，保护好事故现场，根据人员的伤亡情况，按规定程序逐级上报。事故单位的安全管理部门，可在不破坏事故现场的情况下，对现场初步进行勘察，尤其是在主要干路上易被破坏的痕迹、物品的勘察工作应抓紧时间进行。事故现场勘查主要有下列几项内容：

1）保护现场。首先应观察事故现场全貌，确定现场范围，并将现场封闭，禁止车辆和其他无关人员入内。如现场有易燃易爆或剧毒、放射性物品，应设法采取措施防止事态扩大。

2）寻找证人。尽快查找到事故发生时的直接目击者、证人，以获得第一手资料。

3）看护肇事者。对重大伤亡事故的肇事者必须指定专人看护隔离，防止发生意外。

6. 场（厂）内专用机动车辆事故的预防措施

（1）加强安全管理。认真执行场（厂）内专用机动车辆各项管理制度和安全检查制度，做好车辆的定期检查、维护、保养，及时消除隐患，使其始终处于良好的工作状态。

（2）加强对车辆操作人员的教育和培训，严格执行安全操作规程，提高操作技术能力和处理紧急情况的能力。

（3）车辆操作过程中要严格遵守安全操作规程。

（4）加强厂区、园区的直路行车、交叉路口、倒车、装卸过程、夜间行车、信号灯和交通标识等环节的管理。

六、场（厂）内专用机动车辆事故案例分析

1. 叉车挤压事故

（1）事故概况。2010 年 5 月 8 日，上海市闵行区某公司一名叉车驾驶员潘某在该公司 30 号场地仓库内驾驶叉车运载货物。9 时 25 分左右，公司其他员工发现潘某头部被卡在叉车顶棚横梁与叉车起升横梁之间，血流不止，即拨打 120 急救电话并向相关部门报告，潘某后经送医院抢救无效死亡。

（2）事故原因分析：

1）直接原因。驾驶员潘某在驾驶叉车搬运货物时，由于叉车起升机构中控制倾斜装置的操作杆被坠落的装有饮料的纸箱压住，致使倾斜装置失控将潘某头部夹在倾斜装置上的横杆和叉车护顶架之间，导致潘某死亡。

2）间接原因：

①事故单位在堆放货物时，违反货物堆码层数极限的规定和堆放的货物与货物应保持必要的安全距离的要求，根据《工业企业厂内铁路、道路运输安全规程》（GB 4387—

2008）中关于车辆载物的高度、宽度和长度应符合《汽车、挂车及汽车列车外廓尺寸、轴荷及质量限值》（GB 1589—2016）的规定。

②事故单位使用未经定期检验的叉车。

（3）事故预防和整改措施：

1）驾驶员在操作叉车过程中，不得将手臂、腿或头部放在门架立柱或车辆的其他运动部件之间，车辆运行时，驾驶员不得将身体探出车体的外轮廓线。

2）加强作业现场安全监督管理，派专人负责现场指挥和监督。

3）严格遵守特种设备使用管理规定，未按国家规定经检验合格和注册登记的特种设备，严禁投入使用。

2. 叉车超载倾翻事故

（1）事故概况。2010 年 4 月 17 日 8 时 50 分，广东省珠海市前山沥溪村第二工业区 34 号厂外侧工业区道路上，珠海市某机械有限公司一名叉车驾驶员驾驶本公司额定载荷 4 t 的内燃平衡重式叉车，从长板拖车上卸运大幅面冷轧钢板（10 800 mm×2 000 mm×35 mm，自重 5 936 kg）。由于所用叉车事发前经常超载搬运金属原料，已由使用单位在车辆尾部违章增加了约 600 kg 的混凝土配重块，但仍然无法平衡起升近 6 t 重的大幅面钢板（并且，此时在忽略叉车自身平衡的前提下，仅考虑钢板质量及重心位置，相对该工况下车辆的额定载荷，6 t 的重物已经超出 128%）。该公司生产主管又安排了 4 名工人站上叉车尾部做人体配重。当叉起的钢板降至距地面 1.9 m 左右高度时，车辆向前倾翻、车尾翘起，在车尾做配重的 4 人中有 2 人被掀起后掉落地面。失去平衡的钢板落地后，叉车反弹并后退，落地的 1 人被后退的车尾（含已加配重块）挤夹在路侧厂房墙壁上，胸部重创当场死亡，另 1 人落地时造成右上肢肱骨头骨折。

（2）事故原因分析：

1）直接原因。事故单位违章改造特种设备，擅自增加车辆配重，以期完成经常性的超载作业；现场管理及叉车操作人员严重违章、超载作业，并冒险利用人体增加车辆配重，最终导致事故的发生。

2）间接原因。事故单位不顾场（厂）内专用机动车辆作业场所的安全规定，违规安排叉车上路、占道装运货物；事故单位安全生产管理状况混乱，违章指挥、违规操作，缺乏作业现场安全监控，各级领导及相关人员听任违章作业行为的发生和延续而无动于衷。

（3）事故预防和整改措施：

1）特种设备进行改造、修理，按照规定需要变更使用登记的，应当办理变更登记方可继续使用，该公司改造后的叉车需经检验机构检验合格后方可投入使用。

2）该公司应大力排查特种设备使用过程中的事故隐患，禁止违章指挥，并逐一制定整改方案，落实专人督促，做到不放过任何事故隐患。

3）加强安全生产工作的领导，进一步提升安全生产工作的保障能力建设，进一步强化和健全安全生产责任制，不断加大安全生产工作力度，做到安全生产管理人员配备到位、工作经费到位、工作装备到位、工作措施到位。

3. 叉车碰撞事故

（1）事故概况。2011年5月14日7时30分左右，浙江省丽水市某合成革有限公司清洁工刘某与另一名清洁工在厂区内将树脂桶从堆放区推到厂内道路的另一边。此时，冉某驾驶一辆型号为FD30-HGB1的叉车载有货物经过，未注意到刘某推着树脂桶过来，避让不及，叉车撞倒刘某并将其挤压在货叉下面，导致刘某当场死亡。

（2）事故原因分析：

1）直接原因。该公司员工冉某无证上岗、违规操作，在前行视线不佳且未确认前行路线安全的前提下操作叉车，撞倒清洁工刘某，致其死亡。

2）间接原因：

①企业安全生产主体责任落实不到位。该公司虽制定了相关的安全管理制度，但在实际生产中未真正得到贯彻执行，各级责任人员对安全管理制度和规定不熟悉，特种设备作业人员无证上岗作业，安全管理不力，各级人员安全工作未能真正履职到位。

②叉车设备安全使用无保障。事故叉车虽经安全技术检测，但存在轮胎磨损严重、转向系统异常，仪表功能失效，车辆工作灯、喇叭失灵等问题。设备安全技术状况较差，设备的日常维护保养工作不到位，安全无保障。

③特种设备安全管理不到位。公司处于股东变更交接期，安全管理混乱，无专人负责特种设备日常安全管理；叉车技术档案管理在交接过程中遗失，没有办理法定登记和检验手续；作业人员无证上岗操作等。

（3）事故预防和整改措施：

1）认真吸取教训，切实进行整改。事故单位应深刻吸取事故教训，全面落实企业安全生产主体责任，切实加强安全管理工作。要依照有关法律法规和技术规范规定的安全生产要求全面查缺补漏，健全安全管理组织和机构，完善公司安全管理规章制度和操作规程，全面落实各岗位安全责任，强化设备日常维护保养工作。加强安全检查，全面排查事故隐患，加强现场管理，落实安全责任，纠正违规操作、违章指挥和违反劳动纪律等行为。在厂区内划定物品专用堆放区域，对场（厂）内专用机动车辆道路进行全面清理，防止类似事故再次发生。

2）切实加强对公司员工的安全教育培训，提高认识，强化意识。事故单位要切实加强对公司员工的安全宣传教育，经常性地组织员工参加安全培训，特种设备作业人员必须经培训考核，持证上岗作业，提高员工的安全生产意识和安全操作技能。

第二节　客运索道安全

根据《中华人民共和国特种设备安全法》《特种设备安全监察条例》，纳入安全监察范围的客运索道是指利用柔性绳索牵引箱体等运载工具运送人员的机电设备，包括客运架空索道、客运缆车、客运拖牵索道等。非公用客运索道和专用于单位内部通勤的客运索道除外。

一、基础知识

1. 客运索道的分类

索道是指由动力驱动，利用柔性绳索牵引运载工具运送人员或物料的运输系统，包括架空索道、缆车和拖牵索道等。索道从功能上分，有客运索道和货运索道两大类；从索系上分，有单线索道和双线索道两大类；从运行方式上分，有往复式、循环式、脉动循环式、间歇循环式等索道形式；从抱索器结构上分，有固定式抱索器索道和脱挂式抱索器索道两种；从运载工具上分，有车厢、车组、吊篮、吊椅等形式。上述各大类别与各种结构形式，组成了名目繁多和用途广泛的架空索道，如单线循环脱挂抱索器车厢式客运索道、双线往复式固定抱索器货运索道、单线脉动循环固定抱索器车组式客运索道等。表7-1为各类客运索道安全性能比较。

表7-1　各类客运索道安全性能比较

索道类型	往复式	单线循环脱挂式	单线循环固定式	脉动式	拖牵式
救护难度	小	大	大	大	小
对地形适应度	好	好	差	较好	好
安全性	高	较高	较高	高	高

客运索道一般分为三大类，即客运架空索道、客运缆车和客运拖牵索道。

（1）客运架空索道。架空索道是一种将钢索架设在支承结构上作为运行轨道，用以输送物料和人员的运输系统，输送人的索道被称为客运架空索道。

连续循环式架空索道是指运载工具在线路上以恒定速度运行的循环式架空索道。间歇循环式架空索道是指运载工具在线路上间歇运行（走—停—走）的循环式架空索道。脉动循环式架空索道是指运载工具在线路上脉动运行（快行—慢行—快行—慢行）的循环式架空索道。单线循环式客运索道是指仅有运载索，客车在线路上循环运行，用于运输人员的索道。图7-1所示为单线脉动循环车组式客运架空索道。

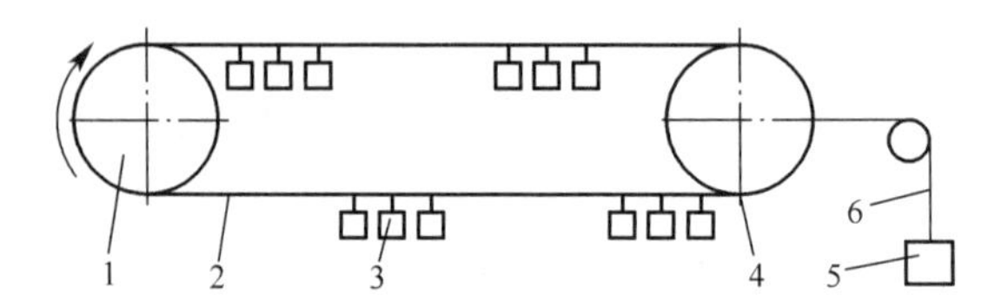

图 7-1 单线脉动循环车组式客运架空索道

1—驱动轮；2—承载牵引索；3—吊厢组；4—迂回轮；5—重锤；6—张紧索

往复式索道的布置形式是，两侧各用一根或两根钢丝绳（承载索）作为运载工具的轨道，由牵引索牵引客车沿承载索往复运动。其特点是：爬坡能力大，可跨越大跨度，客车距地高度允许超过 100 m；客车数量少，支架少，便于检查维护；运行效率高，耗电少，可运送大件重物；事故应急救护简单方便。其缺点是：运输能力与索道的长度成反比，受到限制；候车时间长；索系比较复杂，站房受水平力大，造价较高；吊厢和支架受力极大，一旦发生故障，易产生大的影响和损失。

双线往复式客运架空索道是指既有承载索（单承载或双承载）又有牵引索（包括平衡索，单牵引或双牵引），客车在线路上往复运行，用于运输人员的索道。其中，由于客车编组的不同又可分为双线往复车厢式客运索道和双线往复车组式客运索道。图 7-2 所示为双承载双牵引往复式索道。

（2）客运缆车。客运缆车是客运索道的一种类型，车辆由牵引索牵引，沿固定的线路（一般是轨道）往复行驶的地面轨道载客车辆，车辆一般是封闭的，如图 7-3 所示。

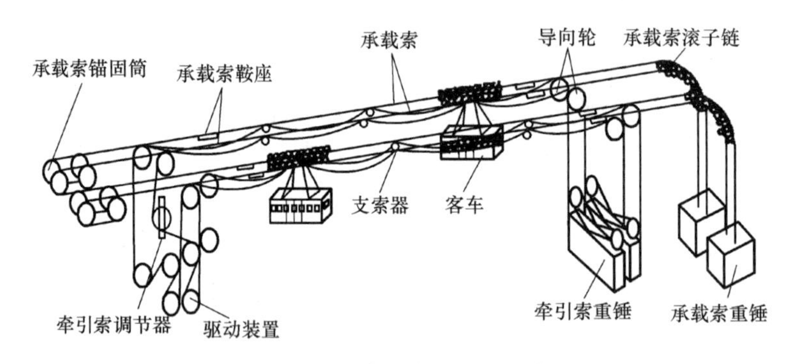

图 7-2 双承载双牵引往复式索道

客运缆车工作原理是：利用钢丝绳作为牵引索，带动车厢在两站之间轨道上做往复运动或循环移动而运送乘客。其工作特点是线路在地面，运行安全性高，发生事故时便于急救。

（3）客运拖牵索道。客运拖牵索道依靠架空的钢丝绳做拖动装置，在地面上运输乘客，其拖牵索道一般是单线形式（如图 7-4 所示）。客运拖牵索道的拖牵器包括 T 形杆式、J 形杆式和盘式，并根据拖牵的高度分为高位拖牵索道和低位拖牵索道。

客运拖牵索道的工作原理是：一条钢丝绳（运载索）绕过驱动轮和迂回轮，中间支撑

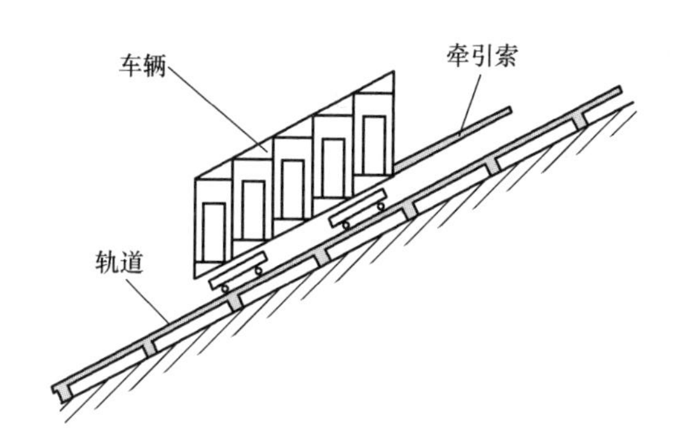

图 7-3　客运缆车

在线路支架托压轮组上，拖牵器通过抱索器连于运载索上，拖牵器的托座托住乘客的臀部向上牵引，实现拖载乘客的目的。拖牵索道常用于滑雪场，其工作特点是：投资成本低，结构简单，操作人员少；操作方便，便于维护；中途可随时上下；不能与滑雪道交叉，对地形要求较高；乘客必须佩戴滑雪板等用具。

2. 架空索道的组成、工作原理和特点

（1）组成。不论是哪种类型的架空索道都是由以下五部分组成的：

1）驱动装置。驱动装置主要包括驱动机、减速器、联轴器、驱动轮、制动器以及支承机架等。其中，驱动机是带动运动索运行的驱动装置；驱动轮是将动力传递给绳索的绳轮；工作制动器是指安装在驱动机上主要用于在正常运行条件下停车并且使索道保持静止状态的机械制动器，安全制动器是在索道出现故障的情况下，用于紧急停车的制动器。

2）迂回装置。迂回装置主要包括迂回轮、支承机架。迂回轮是绳索通过转角站或者端站时能够改变绳索运动方向的绳轮，转角站是指为使索道的运行方向有较大改变而设置的站房。

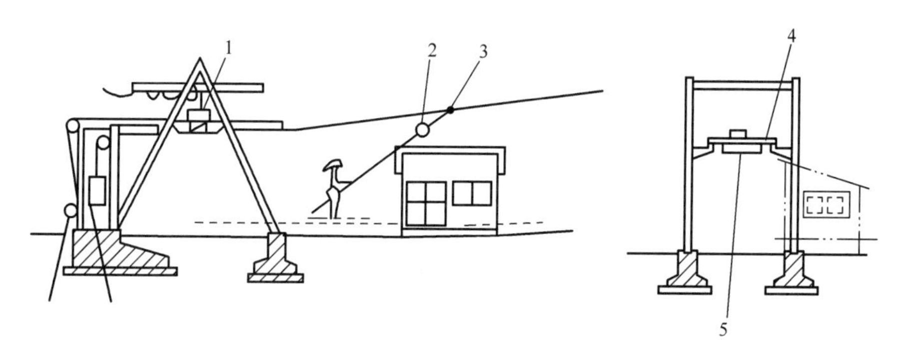

图 7-4　客运拖牵索道

1—驱动机；2—拖牵器；3—抱索器；4—移动平台；5—驱动轮

3）线路设备。线路设备主要包括承载索、牵引索、支架、托（压）索轮、运载工具等。其中，承载索是支承运载工具、运行小车可以沿其运动的固定索；牵引索是用于牵引运载工具运行的运动索；支架是在索道线路上用以支承绳索的构筑物；托索轮是向上支承绳索的索轮或辊轮；压索轮是向下压住绳索的索轮或辊轮；运载工具（吊具）是在架空索道或缆车上用于承载人员或物料的部件。

4）张紧装置。张紧装置主要包括张紧轮、张紧小车、重锤张紧系统等。其中，张紧轮是张紧索绕过的绳轮。

5）电气设备。电气设备主要包括供电系统、电力拖动系统、安全检测及自控系统、信号的传输和通信系统、防雷接地系统等。

对于往复式索道还有锚固装置，而脱挂索道还有站内加、减速装置等。

（2）循环式架空索道工作原理。循环式架空索道用一根首尾相接的环行钢索（运载索）绕于驱动轮和迂回轮上，中间支承在各支架的托（压）索轮组上，并用张紧装置张紧，保证运载索具有一定的初张力，利用摩擦原理带动运载索做循环运动。

循环式架空索道的钢索回绕在索道两端（上站和下站）的驱动轮和迂回轮上，两站之间的钢索由设在索道线路中间的若干支架支托在空中，随着地形的变化，支架顶部装设的托索轮或压索轮组将钢索托起或压下。载有乘客的运载工具通过抱索器吊挂在钢索上，驱动装置驱动钢索，带动运载工具沿线路运行，达到运送乘客的目的。张紧装置用来保证在各种运行状态下钢索张力近似恒定。驱动站和迂回站中相对位置较高的站房叫上站，相对位置较低的站房叫下站。在运载工具或吊架上与牵引索或运载索相连接的部件叫抱索器。

客运索道常用的是固定抱索器和脱挂抱索器：固定抱索器是指在索道运行过程中，在绳索上保持固定位置不能脱开的抱索器；脱挂抱索器是指到达索道站内时，能够与牵引索或运载索脱开的抱索器，按照连接方式的不同，其可以分为重力式、螺旋式（强迫式）、四连杆式、鞍式、弹簧式等。

（3）循环式架空索道的特点：

1）对自然地形适应性强，爬坡能力强，能够适应险峻陡坡，可直接跨越峡谷、河流等；两端站距离最短，尤其在地势险峻条件下，索道线路长度仅为公路的1/30~1/10，因此作为交通工具可大大节省乘客行程时间。

2）站房配置紧凑，支架路占地面积小。

3）可按实际地形随坡就势架设，无须修筑桥梁、涵洞，不需要开挖大量土石方，占地面积小，对地形、地貌及自然环境破坏小。

4）一般都采用电力驱动，不污染环境。

5）运行安全可靠，维护简单，容易实现机械化、自动化操作，劳动定员少。

6）能耗低，一般仅为汽车能耗的1/20~1/10，节约能源。

7）客运索道是空中载人运输工具，因此它的安全级别类似于飞机，对设计、制造、安装、使用和管理的要求较高。

二、客运架空索道安全

《客运架空索道安全规范》（GB 12352—2018）规定了客运架空索道的设计、制造、安装、检验、使用与管理等方面最基本的安全要求，适用于往复式客运架空索道和循环式客运架空索道。以下内容主要包括了客运架空索道的主要使用和管理安全要求。

1. 一般规定

（1）运行速度。运载工具在线路上的最大运行速度不应超过表 7-2 的值。

表 7-2　运载工具在线路上的最大运行速度要求

<table>
<tr><th colspan="2">索道型式</th><th colspan="3">使用条件</th><th>最大运行速度/（m/s）</th></tr>
<tr><td rowspan="7">往复式索道</td><td rowspan="5">双线</td><td rowspan="2">车厢内有乘务员并可控制停车时</td><td colspan="2">在跨间时</td><td>12.0</td></tr>
<tr><td colspan="2">过支架及在硬轨上运行时</td><td>10.0</td></tr>
<tr><td rowspan="3">车厢内无乘务员</td><td colspan="2">在跨间时</td><td>7.0</td></tr>
<tr><td rowspan="2">过支架时</td><td>单承载索</td><td>6.0</td></tr>
<tr><td>双承载索</td><td>7.0</td></tr>
<tr><td rowspan="2">单线</td><td colspan="3">在跨间时</td><td>6.0</td></tr>
<tr><td colspan="3">通过支架时</td><td>5.0</td></tr>
<tr><td colspan="2" rowspan="2">双线脉动循环式索道</td><td colspan="3">车厢内无乘务员时</td><td>5.0</td></tr>
<tr><td colspan="3">车厢内有乘务员时</td><td>7.0</td></tr>
<tr><td rowspan="4">循环式脱挂抱索器索道</td><td rowspan="2">双线</td><td colspan="3">单承载索</td><td>6.0</td></tr>
<tr><td colspan="3">双承载索</td><td>7.0</td></tr>
<tr><td rowspan="2">单线</td><td colspan="3">一根运载索</td><td>6.0</td></tr>
<tr><td colspan="3">两根运载索（单线双环路）</td><td>7.0</td></tr>
<tr><td rowspan="5">循环式固定抱索器索道</td><td>单线脉动</td><td colspan="3">半封闭式或封闭式吊具</td><td>5.0</td></tr>
<tr><td rowspan="4">单线连续</td><td rowspan="4">敞开式吊椅</td><td rowspan="3">运送滑雪者</td><td>单人或 2 人</td><td>2.0</td></tr>
<tr><td>3 人或 4 人</td><td>1.8</td></tr>
<tr><td>6 人</td><td>1.5</td></tr>
<tr><td colspan="2">运送非滑雪者</td><td>1.25</td></tr>
<tr><td colspan="2">—</td><td colspan="3">2 人吊厢、吊篮</td><td>1.0</td></tr>
<tr><td colspan="2">—</td><td colspan="3">4 人吊厢、吊篮</td><td>0.8</td></tr>
</table>

运载工具在站内（上下车位置）的最大运行速度不应超过表 7-3 的值。

表 7-3　运载工具在站内（上下车位置）的最大运行速度要求

<table>
<tr><th>索道型式</th><th colspan="2">使用条件</th><th>最大运行速度/(m/s)</th></tr>
<tr><td rowspan="4">循环式脱挂抱索器索道</td><td colspan="2">封闭式运载工具</td><td>0.5</td></tr>
<tr><td rowspan="3">敞开式运载工具</td><td>运送滑雪者</td><td>1.2</td></tr>
<tr><td>运送非滑雪者，人从前面上下</td><td>1.0</td></tr>
<tr><td>人从侧面上下</td><td>0.5</td></tr>
<tr><td rowspan="6">循环式固定抱索器索道</td><td rowspan="3">运送滑雪者</td><td>单人或 2 人吊椅</td><td>2.0</td></tr>
<tr><td>3 人或 4 人吊椅</td><td>1.8</td></tr>
<tr><td>6 人吊椅</td><td>1.5</td></tr>
<tr><td rowspan="3">运送非滑雪者</td><td>单人或 2 人吊椅</td><td>1.25</td></tr>
<tr><td>2 人吊厢、吊篮</td><td>1.0</td></tr>
<tr><td>4 人吊厢、吊篮</td><td>0.8</td></tr>
<tr><td>脉动循环式索道</td><td colspan="2">封闭式运载工具</td><td>0.5</td></tr>
</table>

任意类型的索道其运载工具在通过线路支承结构时，运载工具的向心速度不应超过 2.5 m/s^2。

(2) 运载工具的最小间隔时间。固定抱索器吊椅式索道吊椅之间的最小间隔时间详见表 7-4。

表 7-4　允许的最小间隔时间

<table>
<tr><th colspan="2">索道型式</th><th>允许的最小间隔时间/s</th></tr>
<tr><td colspan="2">单人乘坐</td><td>不小于 5</td></tr>
<tr><td rowspan="2">双人乘坐</td><td>2 人同时上下时</td><td>不小于 8</td></tr>
<tr><td>2 人不同时上下时</td><td>不小于 10</td></tr>
<tr><td colspan="2">运送滑雪者</td><td>不小于 7</td></tr>
</table>

运送滑雪者的脱挂抱索器吊椅索道吊椅之间的最小间隔时间应不小于 6 s。固定抱索器 2 人吊厢、2 人吊篮式索道吊厢（或吊篮）之间的最小间隔时间值为 10 倍运行速率且应不小于 10 s，对于 4 人吊厢最小间隔时间应不小于 18 s。脱挂抱索器吊厢索道吊厢之间的最小间距应不小于正常停车行程的 1.5 倍，且最小间隔时间应不小于 9 s。运载工具混编的索道，应依据运载工具类型取其中的大值。

(3) 允许载客人数。吊椅式滑雪索道的单个吊椅最大载客人数为 6 人，非滑雪索道的单个吊椅最大载客人数为 2 人；单线循环式固定抱索器索道的吊厢（篮）最大载客人数为 4 人；单线循环式脱挂抱索器索道和单线循环脉动式固定抱索器索道的运载工具最大载客人数为 8 人，不包括单线双环路索道。

（4）应急救援。所有架空索道在发生设备停车的故障时，操作负责人应通知并安抚乘客。应优先考虑恢复运行，若不能恢复运行，应按照应急救援预案，实施对乘客的救援。一般应在 3.5 h 内将乘客从索道上救至安全区域。夜间救援时，应考虑照明设施。救援设备应有完整、清晰的使用说明。

1）垂直救援。在满足下述的情况下，允许采用垂直救援方式将乘客救援到地面：救援高度在允许的最大离地高度范围内；地形条件适合于此种救援或进行了相应的准备工作。

垂直救援设备包括锚固点应在现场进行适用性测试。垂直救援设备应按要求进行使用、保存、维护、检查、测试和报废，对所有替换部件或备件的可互换性进行确认。救援设备应具有完整、清晰的使用说明。

2）水平救援（沿钢丝绳进行救援）。若索道线路的全部或部分不能够将乘客垂直救援到地面，则应提供全部或部分沿钢丝绳进行救援所需的设备。相应的机械设备应作为永久设备装配到位，在救援计划中应清晰地注明合理的操作人员数量和所需要的最长时间。

水平救援设备应具有一个独立于主驱动的驱动系统或者具有一个可自行提供动力的车辆。

2. 钢丝绳

承载索应采用整根的，且全部由钢丝捻制而成的密封型钢丝绳，不应采用敞开式螺旋形和有任何类型纤维芯的钢丝绳作承载索。牵引索、平衡索、运载索、循环式救护索应选用线接触或面接触、同向捻带纤维芯的股式结构钢丝绳，在有腐蚀环境中推荐选用镀锌钢丝绳。张紧索应采用挠性好耐弯曲的钢丝绳，按规定用在大直径的张紧轮（或滚子链）时除外。

钢丝绳的抗拉安全系数即钢丝绳的最小破断拉力与钢丝绳最大工作拉力之比，不应小于表 7-5 所列数值。

表 7-5　抗拉安全系数

钢丝绳的种类	载荷情况	安全系数
承载索	正常运行载荷	3.15
	考虑了客车制动器作用力的影响	2.7
	考虑了停运时风和冰的作用力	2.25
牵引索、平衡索、制动索	带客车制动器的往复式索道	4.5
	没有客车制动器的往复式索道	5.0
	双线循环式索道	4.5
运载索	—	4.5

续表

钢丝绳的种类	载荷情况	安全系数
张紧索	—	5.5
救护索	封闭环线的钢丝绳（运行状态）	3.5
	封闭环线的钢丝绳（停运状态）	3.0
	在绞车上的钢丝绳	5.0
信号锁和锚拉索	没有考虑结冰的情况	3.0
	考虑结冰的情况	2.5

注：当采用两根或多根平行的张紧索时，每根的安全系数要提高20%。

3. 站内机械设备

（1）驱动装置的制动器。所有的驱动装置（主驱动、辅助驱动、紧急驱动和救援驱动）应配备两套彼此独立的制动器，即工作制动器和安全制动器。如果索道或救援索道在任何驱动装置和负荷情况下运行都能在制动器不工作的条件下形成稳定停车，允许只安装一个对驱动轮采用摩擦制动的制动器。工作制动器和安全制动器不应同时动作（会直接造成重大事故时除外）。应采取措施防止制动块及刹车面沾上液压油、润滑油脂和水。制动器的所有部件的屈服限安全系数不应小于3.5。

每一个制动器应能使索道在最不利载荷情况下停车，每一个制动器应根据下列最小平均减速度计算相应的最大停车行程：对于固定抱索器单线循环式索道最小平均减速度取0.3 m/s^2；对于其他索道最小取0.5 m/s^2。当制动器的制动力减少15%时，还应能使设备停车。制动器的制动性能应满足制动系统对循环式索道减速度不应大于1.25 m/s^2；对往复式、脉动式索道制动系统制动减速度不应大于2.0 m/s^2 的要求。

1）制动器应符合下列要求：正向和反向制动动作应相同；制动力应均匀地分布在制动块上；应能补偿制动片的磨损；制动行程应留有余量；在选择制动弹簧时，弹簧的工作行程不应超过其有效行程的80%；在选择制动弹簧特性时，应做到在无自动调整的情况下，制动片磨损0.1 mm时制动时间的延长不应超过给定值的10%；闸瓦间隙的分布应均匀并在允许的范围之内；制动块的压紧力应由重力或压力弹簧产生，其力的传递应为机械式的；对气动、液压制动器还应检查其开启、闭合位置和相应的压力。

2）工作制动器应符合下列要求：如果工作制动器的制动力被证明制动力未达到，允许工作制动器和安全制动器同时下闸。但在最不利的载荷情况下，减速度不应大于2.5 m/s^2（双承载往复式索道允许超过该值）。不能造成人员的危险，钢丝绳不能从支架上脱索，运载工具不能碰撞支架和钢丝绳。工作制动器的制动力应能单独调节或分级，可根据载荷大小，采用制动力分级制动或全部同时制动。工作制动器的制动力应能单独调节或分级，可根据载荷大小，采用制动力分级制动或全部同时制动。工作制动器的制动力应在驱动轮停转或最大允许的制动时间内全部释放。

3）安全制动器应符合下列要求：安全制动器应直接作用在驱动轮上或具有足够缠绕圈数的卷筒上或一个与驱动轮或卷筒连接的制动盘上；安全制动器制动力应具有调节和分级的功能；当由安全装置触发安全制动器动作时，其恢复指令应通过机房或控制台的操作进行；安全制动器制动力应在驱动轮停转或在最大允许的制动时间内全部释放。

4）制动器的电气控制应符合以下要求：应通过中断安全回路来控制制动器的动作；制动器的电气控制装置，应避免由于电压下降而导致工作制动器和安全制动器同时制动；制动器不准许因索道外供电网断电或电网不稳定而自行动作，应通过安全回路的控制使其动作。制动力的调节或分级功能应在断电和电网不稳定的情况下仍保持不变。

5）制动器的液压控制应符合以下要求：制动对象不同的制动器，其液压回路应彼此分开；各液压回路在主油压系统出现故障后，应有手动或备用的油压系统可以投入使用；一个制动器液压回路中的压力下降不准许同时导致另一个制动器液压回路的压力下降；当通过电磁阀控制安全制动器液压回路卸载时，应设计成冗余型；应有一个手动机械装置通过旁通回路使安全制动器起作用；每个制动器的液压系统压力应有清晰可见的显示。

（2）张紧装置。承载索采用两端锚固时，应可以测量（通过测量角度或油压压力）和调整钢丝绳张力。张紧装置的行程至少为以下各项之和：30 ℃温差而引起的长度变化；承载索 0.5‰的伸长；运载索和牵引索 1.0‰的伸长；各种运行载荷情况下钢丝绳垂度不同而产生的长度变化；各种运行载荷情况下钢丝绳的弹性伸长，对于运载索和牵引索的弹性模数可取 80 kN/mm^2（新绳）和 120 kN/mm^2（旧绳）进行计算。

当张紧装置的位置可以调节时，张紧装置的行程可不考虑钢丝绳的 1.0‰伸长。张紧装置运动部分的末端应装设行程限位开关对其进行监控。张紧装置应有醒目的张紧行程的刻度显示。

客运索道张紧装置主要可分为两种，即重锤张紧装置与液压张紧装置。

1）重锤张紧装置。重锤张紧装置主要由张紧行走小车和重锤两大部分组成，对其主要的安全保护措施为位置监测与保护。在索道运行过程中，随着承载索负载的变化，张紧行走小车前后移动，因此要对张紧行走小车的前后位置进行监测，监测方法是采用行程开关或接近开关装在张紧行走小车的前后限位位置处，当张紧行走小车到达限位时，监测开关发出信号给控制系统，使索道停车。当张紧行走小车到达前限位时，说明承载钢丝绳所承受的负载太大，如不采取措施，将影响钢丝绳的安全系数。当张紧行走小车到达后限位时，说明承载钢丝绳的伸长已到极限，需要重新编绳。

在重锤张紧装置中，对张紧行走小车的前后位置进行监测的同时，也需要对重锤的位置进行监控。监测方法与张紧行走小车相同，即采用行程开关或接近开关装在张紧行走小车的上、下限位位置处，当张紧行走小车到达限位时，监测开关发出报警信号给控制系统，使索道停车，由维修人员进行处理。当张紧小车上升到达上限时，必须使之下降，否则，会引起机械干涉。当张紧小车下降到达下限时，必须将其上升，否则，重锤拖地，失去对承载索的张紧作用。

重锤张紧装置应符合下列要求：应保证在气候条件不好的情况下也能正常运动；应采用机械限位的方式限制行程，在正常运行的情况下，不应达到终端位置；张紧重锤和张紧行走小车的导向装置应保证张紧重锤和张紧行走小车即使在钢丝绳振动或撞击到缓冲器上时也不会发生脱轨、卡住、倾斜或翻倒现象；驱动装置和张紧装置设在同一站时，张紧行走小车和张紧重锤的运动应不受扭矩影响；张紧绳轮应镶有衬垫，其弹性模数应小于 10 kN/mm^2，绳槽的深度不应小于 1/3 的钢丝绳直径，绳槽的半径不应小于钢丝绳半径；绳轮的轮缘高度（绳轮外圆半径与轮衬槽底半径之差）不应小于一倍钢丝绳直径；重锤张紧行走装置应备有起吊装置以便于进行维修工作；张紧重锤的支撑结构、钢绳的附件和端点连接处应便于检查、检修和更换，张紧重锤和锚固点的连接处应防止锈蚀。

2）液压张紧装置。液压张紧装置主要有张紧小车、张紧油缸、液压站组成，张紧油缸可采用单缸，也可采用双缸。在液压张紧装置中，液压驱动系统中应有必需的监测与保护装置。除此之外，对油缸还要有位置监测与保护。采用的方式为在油缸上装设限位开关，当油缸活塞杆伸缩接近极限位置时，发出报警并停止运行，由维修人员进行调整。

液压张紧装置应符合下列条件：应设置安全阀，安全阀应有单独的卸压回路；液压管路和连接元件的破裂安全系数不应小于 3；油压系统应设手动泵，在使用紧急或辅助驱动时，液压张紧系统应能够运行；应设油压显示装置，压力控制元件的故障应能监控；在低温地区工作的液压张紧装置应有防冻措施；油缸的固定点应采用球面铰接结构。

（3）脱开挂接装置。脱开挂接装置的技术要求：应能满足抱索器与钢丝绳进行安全脱开和挂接的需求，应能允许反向运行；应不影响抱索器测力装置的布置；应能对抱索器在脱开挂接区的钳口开闭状态和与钢丝绳的相互位置进行调整；应能承受抱索器在满载并以最大速度进站时的冲击力，能承受抱索器最大开启力 1.5 倍的作用力；应考虑运行时检查和维修的方便。

脱开挂接式索道基本原理：脱开挂接式索道主要是指抱索器是可脱开挂接的，其运载索也是循环运转，吊具在站内的运行分为几段，有脱开段、加减速段、推车段等。脱开挂接式索道的工作过程是：当吊具进站后，先经过抱索器脱开机构，使抱索器由运载索脱离，再经过减速段将吊具的速度由高速变为低速，然后，进入推车段，慢速在站内运行；当吊具出站时，先由推车段进入加速段加速，当速度与运载索速度一致时，抱索器挂接机构使吊具抱索器与钢丝绳抱紧，然后出站到线路上运行。

由以上分析可知，脱开挂接式抱索器索道的工作过程是复杂的，有许多的环节，每个环节都很重要，如任一个环节出问题，都有可能造成很大的安全事故，因此需要全过程、各环节进行监测与控制。在监控过程中有许多专用监测装置，以下介绍主要的常用的几种监测装置。

1）抱索力监测装置。抱索器与钢丝绳挂接时，有一个专门的抱索力监测装置，对抱索器的抱索力进行监测，并把监测结果输入专门的计算装置。当抱索力小于所要求的数值时，该装置能发出指令使索道停止运行，防止未抱紧的抱索器出站，造成事故。

2）抱索器挂接监测装置。抱索器出站前，要对抱索器的挂接状态进行监测，具体监测方法是用几种样规，对抱索器的抱紧形状进行监测。一旦发生抱索器挂接不好的故障，则抱索器的外形发生变化，通过样规时发出信号，索道停止运行，严禁不符合挂接要求的抱索器出站。

3）抱索器脱开监测装置。抱索器在吊具进站后应与钢丝绳脱开，如脱不开就会造成安全事故。因此，设有专门的抱索器脱开监测装置，主要方法也是监测抱索器的形状，一旦发生抱索器未脱开的情况，立即发出指令，索道紧急停车。

4）防撞监测装置。在索道运行过程中，吊具按一定的间隔顺序入站，如果站内有一些故障，使得前面入站的吊具脱开后没有按要求向前运行，而是停住不动，继续进站的吊具就有可能与之相撞。为防止此类事故发生，索道设有防撞监测装置，其工作原理是：将索道吊具进站后的行走距离分为几个区间，在每个区间内预先设定吊具在该区间内运行的时间，当吊具进入这一区间时就开始计时，若设定时间已到但还没有检测到吊具移出该区间的信号，则认为吊具在此区间内出现故障，为防止下一个吊具进站与其发生碰撞，当即发出指令，使索道停止运行。

5）吊厢开、关门监测装置。吊厢进站后减速运行到一定位置，吊厢门需要打开，以便乘客下车，若出现开门故障，吊厢门打不开就会把乘客关在吊厢里面。因此，索道设有专门的开门监测机构，一旦不能按时把吊厢门打开，监测机构就会发出指令，使索道停止运行。当吊厢坐上乘客，在出站前应把吊厢门关闭，若吊厢门未能关闭，吊厢运行在线路上，乘客的安全就没有保障。因此，索道也设有专门的关门监测机构，一旦不能按时把吊厢门关闭或关闭不好，监测机构就会发出指令，使索道停止运行。

4. 电气设备

（1）一般规定。索道应有备用电源供电，可采用双回路电源或柴油发电机作为备用电源，也可用内燃机作备用动力，在没有备用电源或备用动力的情况下不应运营。采用遥控或自动化控制的索道，应也能采用手动控制的方式。在控制台、每个工作平台、每个中间停车点、每个站房、有乘务员的往复式架空索道的客车里应安装紧急停车按钮，紧急停车应不受可编程控制器工作状态的影响。辅助驱动装置、紧急驱动装置及救护驱动装置的电气装备应与主驱动装置的电气设备彼此分离，不同的驱动之间应进行联锁。

（2）控制。运行指令应在所有涉及安全启动的条件都具备时才能生效，停车指令应优先于其他控制指令。正常停车是指不是因为安全原因而实施的停车，其平均减速度可小于等于 $0.5\ m/s^2$。在正常停车过程中，不应影响对工作制动器和安全制动器的紧急制动控制。安全停车是指由安全原因而实施的停车，其平均减速度可控制为 0.5～1.0 m/s²。在安全停车过程中，不应影响对工作制动器和安全制动器的紧急制动控制。紧急停车是指在发生事故或其他危险状态下实施的停车，其平均减速度可控制为 1.0～1.5 m/s²。索道停车后应仍能保持对索道状态进行监控。索道运行时或启动运行的指令发出 30 s 后索道没有运行，启动运行的指令信号应自动撤销。在任一驱动形式下，运行速度超过最大允许运行速度 10%时应自动停车，超过最大运行速度 20%时应紧急停车。

（3）安全。安全电路应是包括全部安全装置的闭合回路，应通过中断电路的方式来完成其功能。安全功能的旁路应通过钥匙开关或类似的元件实现；应使操作人员能清楚地看到安全功能旁路指示；安全功能的旁路不应影响对运行速度的控制。安全回路的电源电压应小于 36 V。

（4）控制室。控制室应至少对下列各项信号进行显示：运行准备就绪；运行方向；运行速度；制动器状态；安全装置状态；安全装置的旁路；驱动装置种类（主驱动、辅助驱动或紧急驱动）；液压系统的工作状态；对于往复式索道和脉动式索道，应显示车辆在线路上的位置，并标明线路上各监控点的位置；对于循环式脱挂抱索器索道、往复式索道和脉动式索道，应显示车辆在站内的运行状态和位置。上述显示应不受驱动形式的影响。

（5）出现下列情况之一时，索道应自动停车，并能在控制室内显示故障部位：运载索脱索；减速度或减速位置不符合设定要求；运行速度超过设定速度 10%；客车超过停车位置；往复式和双线循环式索道的牵引索产生了缠绕承载索；客车制动器制动；张紧装置到达上下限位置；电气装置的常规保护发出故障信号；往复式索道牵引索断绳；安全回路中断。

（6）出现下列情况之一时，应触发紧急停车，并能在控制室内显示故障部位：运行速度超速 20%以上；脱挂抱索器进站后与钢丝绳未脱开报警；制动装置的自动控制失效；发生人身和设备安全事故。紧急停车的响应时间不应超过 500 ms，应在控制台或其他控制位设置机械式手控紧急停车装置。

（7）脱挂抱索器索道的安全监控应至少包括：抱索器挂结前的状态检测装置；抱索器挂结后的状态检测装置（±10%）；抱索器挂结后形状检测装置；抱索器脱开前形状检测装置；抱索器进站后未脱开状态检测装置；在进出站脱开挂结段应设有钢丝绳垂直和水平位置检测装置；以上检测开关动作时，索道应能自动停车；抱索器抱索力检测和显示装置抱索力低于或高于设定值时，索道自动停车；运载工具间距自动调整装置；自动开关门吊厢索道关门锁死检测装置，车门未锁死出站，索道应自动停车；应有道岔位置检测装置，道岔未进入正确位置时，索道不能运行；站内运载工具防撞保护系统，当防撞保护系统报警时，索道应自动停车；加减速及回转装置速度监控装置，当速度超出允许值时，索道应自动停车。

三、客运架空索道运营安全

1. 人员及任务

索道站（运营公司）应由三部分人员组成：管理人员（站长或经理、安全员等）、作业人员（司机、机械及电气维修人员等）、服务人员（售票员、站内服务人员等），其中管理人员、作业人员应按照国家有关规定经特种设备监督管理部门培训考核合格，取得国家统一格式的资格证书，方可从事相应的作业或管理工作。

（1）对站长（经理）的要求：

1）应根据该索道类型和条件制定索道正常运行和安全操作各项措施，建立岗位责任制和紧急救援制度，对索道的正常运营、维护、安全负责。

2）应保证下列各项内容能正确贯彻执行：安全行政管理部门所规定的定期检验制度；信号系统的检查制度；救护规则；自动停车、紧急停车及其安全设备动作时的设备状态，排除故障及重新运行的措施（只有当安全有了保证时才允许重新运行）；安全电路断电时的设备状态下及需要再运行时的措施（紧急情况下运转时，索道站站长或其指定代表一定要在场，才允许在事故状态下再开车以便将乘客运回站房，此时站与站之间也应保持通信联系）；机械设备、钢丝绳、运载工具等发生故障时如何排除的措施；风速超过规定值，或是天气条件威胁到运行安全时停车处理办法；能见度不足时的运行措施；夜间运行的措施；清除钢丝绳或机械部件上的冰和积雪的措施；如果索道站站长不在场，他的职责转给其代理人的条件及方法等。

3）每年应向该企（事）业单位领导和上级安全行政主管部门提交运行报告，如遇特殊事故发生时应及时提出报告。

4）应对索道站（运营公司）的工作人员进行安全教育和培训，使他们具备必要的特种设备安全作业知识。此外还应对参加紧急救援的人员进行定期演练和培训。

（2）对司机的要求：

1）索道站司机房内应配备两名司机，其中一名为主司机。

2）司机应符合下述条件：年满 18 周岁，身体健康，经过培训合格者；视力（包括矫正视力）在 0.7 以上，非色盲；听力要求达到能辨别清楚在 50 cm 范围内的音叉声响等。

3）司机应熟悉下述知识：所操纵的索道各部件的构造和技术性能；本索道的安全操作规程和安全运行的要求；安全保护装置的性能和电气方面的基本知识；保养和维修的基本知识等。

（3）对机械、电气维修人员的要求：年满 18 周岁，身体健康并适应高空作业，经过培训合格；具备机械、电气基础知识，熟悉设备各部分的结构原理、技术性能和维护保养方法；维修负责人应能制订本索道设备的检修计划等。

（4）资料档案。索道使用单位应建立健全安全技术档案。安全技术档案应包括以下内容：设计文件、制造单位、产品质量合格证明、主要部件材质证明和探伤报告、使用维护说明、土建备案书、设备竣工验收报告、安装技术文件、设备主要部件图纸、重大技术变更文件等；钢丝绳检测、探伤记录；定期检验和定期自行检查记录；日常使用状况记录；巡线记录；设备及其安全附件、安全保护装置及有关附属仪器仪表的日常维护保养记录；设备运行故障和事故记录；固定抱索器移位记录；交接班记录等。应委派专人保管好技术资料（图纸、计算书、说明书等），对于任何修改应在存档资料上进行更正。

（5）索道站对乘客的要求和规定。索道站对乘客的要求和规定应布告通知，布告通知包括如下内容：身高低于 1.25 m 的儿童应在成年人陪护下乘坐吊椅索道；车上严禁吸烟、嬉闹和向外抛撒废弃物品；禁止携带易燃易爆和有腐蚀性、有刺激性气味的物品上车；对于患有高血压、心脏病以及不适合登高的高龄乘客建议不要乘坐吊椅式索道；在运行中不应打开护圈；未经许可，乘客不应擅自进入机器房或控制室等。

2. 运行

索道线路上的设备及其附件应保持经常处于完好状态，不应有碍索道安全运行情况。每天开始运行之前，应彻底检查全线设备是否处于完好状态，在运送乘客之前应进行一次试车，确认安全无误并经值班站长或授权负责人签字后方可运送乘客。

每日运行前检查应包括下述内容：直接触发紧急停车的安全电路、主电路和线路安全电路的工作状态，以及运载工具进站和出站的检测设备；在接地、短路或连接断开的情况下，监控电路的动作；检查并确认所有显示的值全部在安全范围之内；在最大运行速度下的电气停车的操作；改变运行速度的操作；驱动系统机械制动系统的操作；设备内部的通信系统；钢丝绳在索轮、轮子、鞍座上的位置；张紧重锤或行走小车的位置和行程余量；液压或气动系统、减速器的密封性和工作压力；进站区域、出站区域的支撑和轨道上冰雪积聚状况；脱挂抱索器进出站口的监控系统的操作运行；上车和下车区域的状况以及乘客进出通道的状况；运载工具的状况等。

索道运行期间，站长、作业人员及服务人员应各就各位，履行岗位责任制，不应擅离职守。在各项操作中，应严格遵守操作规程。索道需要夜间运行时，在线路、站内或客车上应装设足够的照明设备。若设备停运期间遇到恶劣天气（风暴、暴雨、冰雹等），应对线路进行彻底的检查，证明一切正常后方可运送乘客。如果是故障停车，造成运行中断，只有在排除了故障或采取了有关安全措施，且应经值班站长同意，方可重新运送乘客。索道每天停止运营前，操作人员应检查并确认索道线路上或上车区域是否仍有乘客，并关闭索道的入口。

3. 维护

（1）月度检查。每个索道站应根据本索道制造商提供的维护使用说明书制订维护计划和定期检查计划。每月应着重检查如下各点：运载索、牵引索以及救护索发生断丝或其他外部损伤的区域；承载索、张紧索的偏移或转向区域或其他任何发生断丝或其他外部损伤的区域；钢丝绳连接处（如编接处）和端部固定；钢丝绳和轨道在脱开和挂结区域的相互位置；索轮和承载索鞍座的位置和紧固情况；进站、站内运行和出站的监控设备及运载工具的运行情况；制动器及其衬块；空载状态下制动系统的停车距离的测量；各种驱动系统的运行；运载工具上制动器的手动触发；超速保护装置的工作情况；运载工具；门的紧固件和锁，开、关门设备；蓄电池；备品备件的储存；电气安全设备（如抱索器测试设备、减速监控和制动器等）。

（2）年度检查。每年应对设备至少进行一次全面的检查，包括对工作人员的保护设备的检查。在月度检查的基础上，应进行下述的年度检查和运行试验：对站内和线路结构上的所有基础和钢结构及其他结构如梯子、通道、防坠落保护设施和维修平台进行目检；对各种驱动装置（主驱动、辅助驱动和紧急驱动）进行目检和运行测试；对每个制动器在各种载荷条件下进行目检和工作测试，并记录测试的结果；对配备有客车制动器的索道，检查钢丝绳松弛度时客车制动器的动作；对托（压）索轮组（在不拆卸的状态下，但将运载索吊起）、承载索鞍座和托索轮进行目检；对所有站内机械设备和张紧设备进行目检；对救援设备进行目检和运行测试，并进行救援演练；对工作人员保护设备进行目检和操作测试；对钢丝绳进行目检和电磁检测；对钢丝绳端部固定件进行检查；对安全、监控和信号设备进行检查和运行测试；对每个运载工具包括吊杆、吊架和吊架轴进行目检，至少应对20%的抱索器进行拆卸后的目检，并要保证任何一个抱索器的连续两次检测的间隔时间不超过5年；对抱索器监控设备进行测试；对门的关闭和锁定设备进行测试；对客车制动器进行制动并测量制动行程和滑动阻力。

（3）其他检查要求：

1）抱索器检查的特殊要求。应对抱索器进行定期拆卸检查及无损探伤：应在运行3 000 h后，最多不超过2年，对抱索器进行首次拆卸检查和无损探伤；抱索器的拆卸检查周期应按供应商要求进行，无损探伤周期应按国家安全监督主管部门的规定执行。

2）固定抱索器的移位。单线循环式索道上运载工具间隔相等的固定抱索器，应按规定的运行时间间隔移位，移位的时间间隔不应超过 $t=0.56L/v$ 给出的值，其中，t 为移位时间，单位为h；L 为索道线路弦长，单位为m；v 为运行速度，单位为m/s。每个抱索器应朝钢丝绳运行的反方向移动，每次移动的距离应大于抱索器的总长（包括导向翼）不应小于300 mm。

3）无客车制动器的往复式索道特殊的维护要求。客车的夹索器应在200个工作小时或90个工作日之内进行移位，同时应目测检查钢丝绳的夹紧部位和编接部位；应每年用探伤仪对牵引索进行全面检查；停止运行3个月以上，在重新投入运行前用探伤仪检查牵引索；牵引索被雷击或受到机械损伤后应及时用探伤仪进行检查；对牵引索的夹持段进行探伤检查时，如发现牵引索的损伤达到规定指标的一半时，对夹索器的移位和探伤检查的间隔时间还应缩短；夹索器应沿固定方向进行移位，移位的距离不应小于夹索器长度、夹索器两端附加装置的长度和牵引索 2 倍捻距的长度三者的总和；不应在牵引索编接范围内固定客车；夹索器与编接部位之间的距离不应小于编接长度的 2 倍。

4）承载索的串位。承载索宜每 12 年串位一次；对于能定期进行无损探伤检查的承载索可以不串位；承载索串位的移动长度应大于接触区域的长度再加 3 m。

5）检查记录。应将检查、调整、救护演练、运行参数、运行持续时间、输送乘客数以及所发生的特殊事件记入作业日志。

四、客运索道运行中的危险因素

客运索道的运行与安全之间紧密相连、互不可分。运行是追求的目标，安全是为实现运行所必需的保障，在不能保障安全的条件下，生产或经营从整体上看将失去意义，也不能为人们所接受。客运架空索道是空中载人运输工具，其运行中的危险性和危险要素既有与其他运输工具相同的内容也有明显的不同特点。

1. 露天高处作业险情多

客运架空索道大多建在名山大川的野外露天场所，人们乘坐的吊椅、吊篮、客厢往往悬挂在距地面几米、十几米乃至数十米的高处。在高空检修平台或检修小车上从事露天作业，夏天热、冬天冷，风吹日晒，险情多，工作条件差。

2. 钢丝绳的安全性影响因素多

由于钢丝绳具有强度高、自重轻、弹性好、工作平稳可靠、承受动载和过载能力强，以及在高速工作条件下运行和卷绕无噪声等许多优点，它的问世更加促进现代架空索道的出现，每一条架空索道都离不开钢丝绳，钢丝绳是客运索道的最重要的关键部件之一。虽然在设计时按照一定的安全系数来选择钢丝绳的结构和规格，但是在使用过程中，钢丝绳会不可避免地产生疲劳、磨损、变形、锈蚀、断裂等缺陷，从而导致其强度的降低，甚至突然断裂。钢丝绳在使用中发生断裂事故，其后果往往是非常严重的，轻者导致设备的损坏，重者引起人员伤亡。

3. 环境变化大、规律性差

由于自然条件（地质、水文、气候、地形等）多变和千差万别，每一条客运索道的工艺线路、设备选型、布置工艺都有各自的特点。即使同一类型索道因地形条件变化或运行速度、客运量不同，其不安全因素也不同。而且，不同地区的不同索道，选用材料的品种、规格不同，因材性各异，加上现场情况复杂，影响其安全性的因素很多。例如：材料质量、温度应力变形、膨胀力、冻张力、地震力等的作用，基础不均匀沉降、施工安装质量、技术处理方法，甚至涉及设计、工艺、结构选型等均不能掉以轻心。有时细微问题会随着环境湿度、温度的变化、载荷的大小和持续时间而发展变化，甚至发展成安全重大事故。

4. 技术环节多、关联性紧密

客运索道安全是由立体交叉、众多环节组成的系统工程，其安全措施应该贯穿于设计、制造、安装、运行、维护和管理的全过程。如前所述，索道是一种机电一体化的现代化设备，其技术特点首先表现为结构比较复杂，包含了机械、电气、液压等多种技术，大型索道几乎包含了所有现代机电工程、自动控制方面的最新技术。即使是最简单的小型吊椅式索道，也有电力拖动、机械传动、液压（张紧、制动）、自动控制、安全保护回路、线路设施等多个复杂系统。索道系统的特点是规模庞大，由成百上千个零部件组成，整套设备分布达数百米至数千米，很多大部件的检查维护要用到起重工具，操作维护都需要多人协作才能完成。其中任何一个环节，从钢丝绳、电动机、减速器、制动器或支架等出现问题，到一颗定位紧固螺钉的松动、断裂或某个电器元件出现故障、失灵，以及运行中的吊厢、吊篮、吊椅、吊架与周边障碍物之间的净空距离、防撞设施出现问题，甚至在寒冷地区钢丝绳芯油脂被挤出，结成硬块未能及时清除，都有可能致使索道系统停运，甚至引发人员伤亡、设备损坏事故。

5. 职工误操作多、乘客和周边人员错误行为多

客运索道要求所有作业安全所需的条件满足后，才允许运营，一旦某一保障安全的条件没有满足，则必须取消运营进行检查以排除隐患。因此，要求必须正确购置及安装使用电气操作设备，保证其安全无误地发挥功能，还应防止无意的误操作，并采取预防措施使未经允许的人不能接触在安全技术中起重要作用的机械电气操作设备，如规定乘客在车厢内不能开启车门，应利用止挡装置防止未经许可的人爬支架梯等。采用防止误动作引发事故的安全措施很多，对保障索道安全运行发挥了很重要的作用，但不可能完全杜绝由于误动作所引发的事故。因此，在研究分析物、环境因素对安全的影响时，还必须抓住人的不安全行为这一关键因素，从人的生理和心理特点来分析人的行为，结合社会因素和环境因素对人的行为影响进行研究，进一步做好行为安全管理工作，避免产生人的不安全行为。

6. 事故营救难度大、社会影响大

客运架空索道在运行中一旦发生停车事故不能再继续运行时，必须把乘客从线路上及时解救下来或者救回站内去。由于事故营救难度大、救护时间较长，客运索道多建在景区或交通要道，往返客流量大，围观人员多，造成的社会影响很大。

五、客运索道事故

1. 客运索道事故特点

（1）事故大型化、群体化，客运索道一旦出现故障，可能造成人员被困、坠落等事故。

（2）事故后果严重，社会影响恶劣。

（3）伤害涉及的人员可能是游客和索道运行范围内的其他人员。

（4）在安装、维修和运行中都可能发生事故。

（5）与气候、天气有关。

2. 客运索道事故发生原因

（1）设计不合理。客运索道的设备设计应将各个方面综合起来考虑。在设计具体索道时，也应充分考虑极限气温、风负荷、车身摇晃状况、负荷不均匀情况及站房和塔架之间的相互关系等。

（2）制造上有误差。焊接质量差、润滑油选择不当以及各部分的装配发生错误都会涉及安全问题。

（3）质量控制不到位。在索道设备出厂前及定期检修时，必须对安全至关重要的零部件如钢绳、抱索器等进行无损探伤检查。

（4）安装和装配上出现差错。索道在安装装配上一定要正确无误，若系统在安装和装配上出现差错，就会危及本来设计很好的安全的设备。

（5）维护和检修不正常。索道系统若维护和检修不正常，随着隐患扩大，可能会导致事故。因而对索道系统中重要零部件必须进行预检。

（6）操作规程不合理。操作规程应清楚完整，简明易懂地提供给操作维护人员。

（7）操作人员对操作规程了解不全面。

3. 客运索道事故应急救援

客运索道的使用单位应当制定应急救援预案，具体包括以下文件：一是紧急救护人员组织分工表（明确各岗位的人员）；二是紧急救护人员职责（明确各岗位的职责范围）；三是紧急救护方式及程序（采用何种救护方式的规定）；四是紧急救护程序流程表（救护具体操作程序）；五是紧急救护纪律（营救人员的纪律要求）；六是紧急救护规范用语（宣传人员规范用语）。

必须定期或不定期进行应急救援演练。通过演练，一方面使参加应急救援的人员熟悉并掌握应急救援预案的组织、程序和措施，不至于在突发事件中手忙脚乱；另一方面通过演练，找出预案的不足之处，以便及时修改、完善预案，使之更加科学、有效。

客运索道运营单位自身的应急救援体系要与整个社会应急救援体系融为一体，成为整个社会应急救援大系统中的子系统，充分利用全社会的应急救援资源，实施最有效的救援。例如，医疗救护可以与所在地的医疗急救体系联系起来；现场秩序的维护可以同社会治安保卫联系起来；相邻客运索道运营单位或一定区域可以共同组建救援队伍，做到资源整合、密切合作。

应急救援设备应按以下要求存放，并进行日常检查：

（1）检查所有的救援设备是否选用正确无误并处于最佳状态，特别是对绳索、安全带、保护索等。

（2）平时不用时要把救援设备分类保存好以备及时取用，存放的地点应当是有良好的通风和防雨房间内，以防发霉。

（3）每年至少要进行一次营救演练，以观察每个救援设备的部件是否保持其原有性能，对各种索具也不应当超时使用，要及时更换。

（4）当救援设备每次使用后或者演练之后，一定要把索具铺展开来，检查其有无打结和损坏等，然后再收藏好。

（5）凡是救援设备只准在应急救援时使用，不得挪作他用。

4. 典型客运索道事故及其预防措施

（1）典型客运索道事故：

1）拖动失效。拖动失效是指索道机械传动系统与电气拖动系统的性能失效，设备停转、不能启动，是客运索道中最常见的事故。该类事故会造成人员高空滞留，一般不会导致人员伤亡。

2）脱索。脱索是指运行中的钢丝绳从轨道中或托（压）索轮上脱落，是客运索道常见的一种事故，其后果通常是高空滞留、线路振荡等。脱索的原因有钢丝绳的运行受阻、靠贴力或附着力减小、轨道偏移、支撑物失效等。

3）坠落。坠落分为吊具坠落和作业人员高空坠落。吊具坠落是由于钢丝绳断裂或抱索器松脱或运行小车（对于双线索道而言）脱轨引起的吊具（双线索道中俗称“客车”“吊厢”）从高空坠落。导致吊具坠落的原因可能为超载、防滑力太小、抱索器受损、抱索器在运行中被机械卡阻、运行小车在运行中被卡阻、钢丝绳断裂等，作业人员高空坠落的原因一般为操作不当、疏忽大意、缺少防护措施、违规操作等。

4）撞击。客运索道撞击事故一般表现为人员与运行中的吊具的碰撞，以及吊具与站台或周围设施的撞击。人与吊具碰撞通常易发生在站内，乘客或作业人员不经意进入吊具通行区域，被运行中的吊具撞击。对于站内运行速度较快（如脱挂式客运索道）或站台与地面之间的落差较大的索道，撞击事故的危害性较大。

5）机械伤害。机械伤害是指人体与运转中的机械设备直接接触，或与运转中的机械设备上的脱落物直接接触，导致人员被挤压、剪切、剐蹭、砸中等伤害。

6）振荡。客运索道运行中由于突然紧急停车（减速度很大）、脱索、吊具受阻、钢丝绳受外物碰撞等原因引起的钢丝绳的振荡。

7）触电。索道电气设备高压侧一般是 10 kV，低压侧一般为 380 V 或 220 V，操作人员使用、维护时，由于漏电、违规操作等原因，可能造成触电事故。

8）电气火灾。短路、过负荷运行、接触电阻过大等原因均可能导致电气火灾。

9）外部环境带来的其他伤害。小净空通行伤害，即索道本身以外的物体并行入索道运动或穿越索道时，由于净空太小而导致运动物体干涉运行中的索道。雷电伤害在客运索道事故中较为常见，由于客运索道地处户外，且地势较高，因此容易遭受雷击。雷击通常会造成电气设备损毁，使得索道设备停止运转，引起高空滞留乘客。大风伤害是很常见的索道事故，大风易造成脱索、吊具撞击支架设施以及线路障碍物，因此客运索道通常在风力大于7级时必须停止运行。此外，还有雪崩、地震等自然灾害因素造成危害。

（2）事故预防措施。客运索道事故可结合其具体原因，以安全生产、安全管理、安全保护等为目标，从把握设计环节，落实主体维护；健全目标管理，加强全民教育；细化隐患排查，严惩违规操作；深化理论研究，丰富检验装置等方面，制定更多合理有效的预防措施。

1）把握设计环节，落实主体维护。加强索道设计安全教育、职业道德教育，以提高安全自觉性指导本职工作，是预防事故的最根本措施。设计者须亲临现场考察，根据索道用途、线路长短、运量大小、起终点高差、沿线地区、站房自然条件，结合安全程度、施工组织和投资大小等因素，确定索道类型、设计方案、材质测试程序等，保证设计索道或改造工程符合国家标准要求。设计评审应根据质检要求，对设计索道细评，确保索道本质安全性。同时，制造单位须严格依据设计数据生产安装索道，确保整体制造均由相应技术人员承担，并依据标准检测和改造。通过落实索道设计和建设环节质量把关，确保索道总体线路、机械设备、电气设备和安全装置等主体结构的安全。

2）健全目标管理，加强全民教育。加强现代化目标安全管理，是索道安全运营的重要保障和减少事故发生的有效措施。运营单位应先建立人员责任制、教育培训制、劳动保护制、奖惩评比制和群众监督制等管理制度，进一步明确操作要求、工作时间和休息时间，落实日常保养、运行记录和修理记录，成立维护小组进行日常检查、月度检查和年度检查，如钢索无损检查、支架裂缝修补、螺栓连接巩固、轮组轴承润滑、磨损零件更换、机电设备检验、监测装置保护、通信设施保障、防护隔离配备和救援预案演练等，并总结前期工作、提出解决方案。应以墙报绘画、开展讨论、知识竞赛、专家授课、观看影片、语音视频和警示标识等方式，全方面宣传和加强民众安全意识，自觉维护和安全乘坐等教育。

3）细化隐患排查，严惩违规操作。细化隐患排查、严格安全操作是索道安全运行的前提。客运索道点多线长，巡检工作易受沿线环境的制约和影响，又因各种环境因素的共同作用，索道部件易受损而影响其整体安全。因此，索道隐患排查的重点首先是细化排查方案，保障沿线畅通、机电设备正常。其次是应依据相关法律法规、制度严肃处理违规操作。索道事故无法杜绝，但因隐患排查不力、违规操作造成的事故应能尽量减少。发生事故后，须确保事故现场安全和总结事故教训，避免二次事故及同类事故再次发生。

4）深化理论研究，丰富检验装置。客运索道一旦发生伤亡事故，将引起调查处理、媒体曝光、法律纠纷、经济赔偿等连锁反应，不仅使索道运营单位遭受经济损失和负面影响，更给受害者个人和家庭造成无法弥补的伤害，故其安全性要求很高。不断深化理论研究是提高客运索道安全性的基础，包括基础类型的研究和有机结合力学理论与数学模型，使其更加有效地应用于客运索道的设计当中。有学者提出将解析计算和多体动力学综合运用于客运索道安全评价的数值仿真模拟分析中，可进一步拓宽客运索道检验系统的研究，丰富检验装置，提高安全保障水平。

六、客运索道事故案例分析

1. 吊厢坠落事故

（1）事故概况。1999 年 10 月 3 日 10 时 50 分左右，位于贵州省黔西南州兴义市某风景区发生一起客运索道钢丝绳断裂，导致吊厢坠落事故。此次事故共造成 14 人死亡、22 人受伤，是目前我国最严重的一次客运索道安全责任事故，造成了很坏的社会影响。

该索道于 1994 年开工兴建，1995 年竣工。经检查，该索道没有遵守原劳动部颁布的《客运架空索道安全运营与监察规定》，未将设计图样送国家索道检验中心进行审查，未经验收检验，未按规定取得客运架空索道安全使用许可证，违规运营；在设计上多处违反相关国家标准要求，存在严重事故隐患。发生事故时，索道严重超载，在限乘 20 人的吊厢里，却挤进了 35 人。当该索道从下站运行到上站时，由于没有备用制动器，仅有的一套制动器失灵后，索道失控，急速冲向下站，牵引钢丝绳断裂，吊厢坠落在下站站台。当场死亡 5 人，在抢救过程中又死亡 9 人，受伤的 22 人多数为重伤。

（2）事故原因分析：

1）违规设计、安装、使用。该索道违反原劳动部颁布的《客运架空索道安全运营与监察规定》，未履行报批手续，设计图样未经安全审查，竣工后未经安全管理部门审查和验收检验，在未取得客运架空索道安全使用许可证的情况下违规运营。

2）设计严重违反安全规范，存在严重事故隐患。当时的国家标准《客运架空索道安全规范》（GB 12352—1990）规定："每台驱动机上应配备工作制动和紧急制动两套制动器，两套制动器都能自动动作和可调节，并且彼此独立。其中一个制动器必须直接作用在驱动轮上，作为紧急制动器。"该索道设计、制造未执行以上标准规定，在驱动卷筒上没有装设紧急制动器，运行中唯一的制动器失灵，造成索道失控坠落。

3）索道站长、操作司机和管理人员未经专业技术培训，无证上岗，缺少必要的专业知识和应急处置措施。

4）索道运营单位没有建立完善的规章制度，运行管理混乱，工作人员违规操作。

5）吊厢严重超过设计规定的载客量。

（3）事故预防和整改措施：

1）应从事故中吸取教训，举一反三，对客运架空索道进行全面、细致的安全检查，切实加强客运架空索道的安全管理和监督工作。立即停止使用不具备运营条件的客运架空索道，并限期整改，整改后仍达不到要求的，应坚决取缔。

2）从源头上消除事故隐患，加强客运索道设计审查工作，建设单位应将设计资料送国家客运架空索道安全监督检验中心审查合格后方可建设，未经设计审查合格的，一律不得建设。

3）各地安全生产行政主管部门要加强对客运架空索道的安全检查工作，督促有关单位必须按照国家有关法律法规和标准从事运营活动，严禁客运索道无安全使用许可证运营。

4）索道经营单位要加强自身安全管理，建立健全并严格执行有关规章制度，严禁超载运行，索道站长、操作司机和管理人员必须持证上岗。

5）加大宣传力度和安全教育，使群众树立安全意识，不乘坐未经检验合格的客运索道。

2. 游客被困事故

（1）事故概况。2012 年 5 月 26 日 9 时 45 分左右，广西壮族自治区桂林市七星区某风景区索道因减速器发生机械故障停止运行，78 名乘坐观光缆车的游客被滞留在索道上。故障发生后，索道运营公司技术人员对减速器故障部位进行紧急维修，经过近 40 min 的抢修后确认故障无法修复。

至此，索道运营公司才正式启动应急救援预案，分派两组救援人员（每组 5 人）沿线路开始对游客进行救援，同时向 119 报警请求社会救援力量增援。接报后，桂林市消防队于 11 时开始先后出动 17 辆消防车、120 余名官兵组成 19 个救援小组陆续到达索道现场加入救援行动，至 16 时 24 分，滞留的 78 名游客才被全部获救，无人伤亡。

（2）事故原因分析。据了解，故障的直接原因是减速器轴承突然被卡死。

（3）事故预防和整改措施：

1）索道运营单位必须加强设备的日常维护保养工作，特别是重要零部件的维护，必要时应定期拆解检修。

2）索道运营单位必须提高故障隐患预警与辨识能力。

第三节　大型游乐设施安全

一、定义及分类

1. 定义

根据《游乐设施术语》（GB/T 20306—2017），游乐设施是指用于人们游乐（娱乐）的设备或设施。根据《中华人民共和国特种设备安全法》《特种设备安全监察条例》纳入安全监察范围的大型游乐设施，是指用于经营目的，承载乘客游乐的设施，其范围规定为设计最大运行线速度大于或者等于 2 m/s，或者运行高度距地面高于或者等于 2 m 的载人大型游乐设施。用于体育运动、文艺演出和非经营活动的大型游乐设施除外。

2. 工作原理及特点

大型游乐设施是通过各种动力（液压、气动、电机、弹力等）驱动，使其座舱或沿轨道运行，或沿垂直轴旋转，或沿水平轴旋转，或在水面上运行，或被弹射到空中，或产生多种运行的组合，来实现游乐功能。其特点有：

（1）机构复杂，运动方式多样。既能上升、下降，又能沿水平轴或垂直轴旋转。通常是多种运动方式组合在一起运行，技术难度较大。

（2）载荷变化范围较大。

（3）速度、加速度较大，运动方向变化急剧。

（4）暴露的、活动的零部件较多，有可能与乘客直接接触，存在许多偶发的危险因素。

（5）使用环境复杂。从南方到北方，从小公园到大游乐场，使用环境复杂多变。

（6）使用对象复杂。游乐设施的使用人群既有妇女、儿童，又有青年和老人。

（7）游乐设施是乘客直接在其上进行娱乐的设备，安全装置可靠性要求高。

3. 分类

大型游乐设施主要是根据结构和运动形式来进行分类的，即把结构及运动形式类似的游乐设施划为一类，而不是按游乐设施的名称划分。每类游乐设施用一种常见的有代表性的游乐设施名字命名，则该游乐设施为基本型。如“转马类游乐设施”，以“转马”为基本型，与“转马”结构及运动形式类似的游乐设施均属于“转马类”。

根据《特种设备目录》，大型游乐设施的类别有观览车类、滑行车类、架空游览车类、陀螺类、飞行塔类、转马类、自控飞机类、赛车类、小火车类、碰碰车类、滑道类、水上游乐设施（包括峡谷漂流系列、水滑梯系列、碰碰船系列）、无动力游乐设施（包括蹦极系列、滑索系列、空中飞人系列、系留式观光气球系列）共 13 个类别。

根据其危险程度，结合设施的高度、摆角、倾角、速度、长度、回转直径、乘坐人数等主要技术参数，纳入安全监察的游乐设施可分为 A、B、C 三级。如主要运动特点为观览车类的海盗船系列，单侧摆角≥90°或乘客≥40 人时为 A 级，90°>单侧摆角≥45°且乘客<40 人时为 B 级，其他为 C 级。

二、安全防护装置

依据《大型游乐设施安全规范》（GB 8408—2018）的基本要求，应根据游乐设施的具体型式和风险评价，设置相应的安全防护装置或采取安全防护措施，如乘客束缚装置、制动装置、限位装置、防碰撞及缓冲装置、止逆行装置、限速装置、风速计、防护罩等。

1. 乘客束缚装置

（1）安全带。安全带是指为保障乘客安全而设置的柔性可锁紧的带状物，一般为高强度扁带状织物。安全带可单独用于轻微摇摆或升降速度较慢、没有翻转、没有被甩出危险的设施上，使用安全带应配辅助把手。对运动激烈的设备，安全带可作为辅助束缚装置。安全带宜采用尼龙编织带等适于露天使用的高强度的带子，带宽应不小于 30 mm，安全带破断拉力应不小于 6 000 N。安全带与机体的连接应可靠，可以承受可预见的乘客各种动作产生的力。若直接固定在玻璃钢件上，其固定处应牢固可靠，否则应采取埋设金属构件等加强措施。安全带卡扣组件应由金属材料制成，其本身或与安全带的破断拉力应不小于6 000 N，并且应锁紧可靠，在无外力作用的情况下，不应自行打开，必要时应设置防止乘客自行打开的保险装置。保险装置是对游乐设施易造成乘客不安全的部位设置的补救装置。安全带应明确更换周期或更换条件。

（2）安全压杠。安全压杠是指为保障乘客安全而设置的刚性压紧装置，包括压杠锁紧、棘轮、棘爪、齿条及启闭装置等。安全压杠本身应具有足够的强度、锁紧力和适宜的结构形式，保证乘客不被甩出或掉下，并在设备停止运行前始终处于锁定状态。锁定和释放机构可采用手动或自动控制方式，自动控制装置失效时，应能够手动开启。乘客不能随意打开释放机构，而操作人员可方便和迅速地接近该位置，操作释放机构。安全压杠应可调节，压杠在压紧状态时端部的游动量不大于35 mm。安全压杠压紧过程动作应缓慢，施加给乘客的最大力：对成人不大于150 N，对儿童不大于80 N。

2. 制动装置

制动装置是指使游乐设施的运行机构降低速度或停止运行（转）的装置。游乐设施视其运动形式、速度及其结构的不同，采用不同的制动方式和制动器结构（如机械、电动、液压、气动以及手动等）。当动力电源切断后，停机过程时间较长或要求定位准确的游乐设施，应设制动装置。设备在制动停止后，应能使运动部件保持静止状态，必要时应设置辅助锁定装置。游乐设施在运行时，若动力源切断或制动装置控制中断，应确保游乐设施能安全停止。制动装置的制动力矩（力）应根据实际情况设置，不应引起安全问题及设备受损，手控制动装置操作手柄的作用力应为100~200 N。制动装置的构件应有足够的强度（必要时还应验算其疲劳强度），制动行程应可调节。制动装置制动应平稳可靠，不应使乘客感受到明显的冲击或使设备结构有明显的振动、摇晃，无乘客束缚装置时，在正常工况下，制动加速度绝对值一般不大于5.0 m/s^2，必要时可增设减速制动装置。游乐设施的最大刹车距离应限制在合理范围内，小赛车应不大于7 m，在滑道内滑行的车应不大于8 m，脚踏车、内燃或电力单车等应不大于6 m，架空列车应不大于15 m。

3. 限位装置

限位装置是指停止或限制游乐设施某部分运动的装置，其在相应的运动达到极限状态时自动起作用。游乐设施在运行中超过预定位置有可能发生危险时（如油缸或汽缸行程的终点、绕固定轴转动的升降臂、绕固定轴摆动的构件、行程终点位置等），应设置限位装置，阻止其向不安全方向运行，必要时加装能切断总电源的极限开关。绕水平轴回转并配有配重的游乐设施，乘人部分在最高点有可能出现静止状态时（死点），应有防止或处理该状态的措施。

4. 防碰撞及缓冲装置

防撞自动控制装置是指为了防止在同一轨道线路上同时运行的车辆或船只相碰撞，在轨道线路上设置的自动控制的防撞装置。缓冲装置是用以缓和冲击振动的装置，一般有弹簧、橡胶、液压等缓冲器。同一轨道、滑道、专用车道等有两组以上（含两组）无人操作的单车或列车运行时，应设防止相互碰撞的自动控制装置和缓冲装置，当有人操作时，应设有效的缓冲装置。升降装置的极限位置、非封闭轨道的行程极限位置，必要时应设缓冲装置。沿钢丝绳运行的滑索等设备，在滑行终点应设缓冲装置。

5. 止逆行装置

止逆行装置是指为防止滑行类游乐设施在提升段发生车辆逆行而设置的棘爪、挡块等装置。沿斜坡向上牵引的提升系统，应设有防止乘人装置逆行的装置（特殊运行方式除外），止逆行装置逆行距离的设计应使冲击负荷最小，在最大冲击负荷时必须止逆可靠。止逆行装置安全系数应不小于 4。

6. 限速装置

限速装置是指为防止乘人部分由于超过允许速度引起重大事故的设备。有可能超速的游乐设施应设有安全可靠的限速装置或措施。

7. 风速计

高度 20 m 以上的室外游乐设施，应设有风速计，风速大于 15 m/s 时，应停止运营。风速计应有方便操作人员观察的数据显示装置和报警功能，其最低安装高度为 10 m。

8. 防护罩

乘客可触及的机械传动部件（如齿轮、皮带轮、联轴器等）应有防护罩或其他保护措施，在地面行驶的车辆，其驱动和传动部分及车轮应进行覆盖。

三、大型游乐设施事故

1. 安全问题的原因

（1）新技术被不断应用，增加了保障设备安全的难度。游乐行业为了追求新奇和惊险刺激，不断创新游乐设备设施的外观、主体结构、运动形式，不断挑战人类生理极限参数，一些新技术被应用于游乐设施中，但缺乏技术标准和成熟经验，增加风险识别的难度，因而保障设备本质安全性的难度很大。

（2）大型游乐设施制造企业的技术能力相对薄弱。大部分游乐设施的制造企业起步较晚，资源条件、人员素质、机加工水平等技术条件等还存在一定差距，同时，受产品本身（单台小批量）的制约，企业很难形成规模化生产模式，保障产品质量安全性能稳定性存在一定难度。

（3）部分个体经营者的运营管理水平低下。有相当数量的大型游乐设施由个体经营，个体经营者在租赁的场地上从事大型游乐设施的运营工作，出租场地的单位仅收取租金，但缺少对租赁者实施有效的安全管理。一些个体经营者完全以短期营利为目的，缺少日常检查和维护保养方面的投入，缺乏安全意识和自我保护意识，安全管理水平低下，有意躲避行政主管部门的监管。

（4）运营使用单位日常检查、维护、保养能力有待提高。特别是多数小型游乐园，作业人员的薪资待遇较低，人员流动性较大，多数单位在人员以及工具配备上投入的资金较少，日常检查、维护、保养质量不高，容易形成设备事故隐患，引发事故。

（5）设备使用条件复杂，超负荷情况突出。各地区的气候、环境差异较大，部分地区的大型游乐设施常年运行时间长、设备负荷大、运行环境恶劣。特别是在节假日乘客集中时段，设备和作业人员经常处于超负荷工作状态。

2. 大型游乐设施事故特点

（1）大型游乐设施集知识性、趣味性、刺激性于一体，参与的乘客面广、量大，一旦出现故障，可能造成人员群体性被困、坠落、伤害等事故。

（2）随着科学技术的日新月异发展，许多大型游乐设施运用的技术更加先进，构造更加复杂，追求更高、更快、更刺激的同时，危险性也更高，出现故障或事故的后果更严重。

（3）参与者经常是少年儿童，参与过程中不易管理，容易出现意想不到的情况。

（4）一旦出现故障事故，伤害涉及的人员是乘客，社会关注度高，社会影响恶劣。

3. 大型游乐设施典型事故

（1）倒塌（倾覆、倾翻）。大型游乐设施运行时发生倒塌（倾覆、倾翻）事故的主要原因有违反操作规程、零部件损坏、机构失灵、超速等，还有结构失稳，基础塌陷，结构强度、刚度不够等原因。

（2）坠落。大型游乐设施坠落事故是指设施零部件、乘客等从空中坠落至地面所造成的设备毁坏和人身伤亡的事故。常见的坠落事故有以下几种类型：

1）乘客坠落事故。乘客坠落事故是指乘客从游乐设施上脱出而引起的事故。主要原因是乘坐游乐设施未系好安全带、因设施肩部压杠闭锁油缸的活塞杆断裂，乘客身体失去保护装置，设施的运动将乘客抛出使其坠地死亡等。

2）游乐设施机构坠落。机构坠落事故是指游乐设施的机构因破断造成的坠落致使乘客随同坠落的事故。主要原因是游乐设施机构或主要受力部件断裂、保险绳断裂，吊具钢丝绳从滑轮槽中脱出、支撑伞和支撑柱脱节等。

3）其他人员（检验、维修、维护人员）坠落等。

（3）挤压。挤压事故是指在大型游乐设施中，乘客被挤压在两个物体之间，造成挤伤、压伤、击伤等人身伤亡事故。如人员被挤压在活动部分与静止部分（乘坐物与站台、立柱、树木等）或与动力装置之间。发生此事故的原因主要是乘客不遵守规定、防护不到位等。

（4）碰撞。游乐设施之间相互撞击造成的事故。如乘客与物之间，物与物之间（如乘坐物之间）。主要原因是乘客不遵守规定、操作人员违规操作、安全距离不符合要求、游乐设施失灵失控等。

（5）火灾。游乐设施发生火灾，被困乘客、人员无法逃生造成的事故。主要是由于设备本身的原因（电气线路短路、运动摩擦过热等）和外在原因（天灾人祸、外来火种等）。

（6）触电。包括乘客触电（接触动力电源、装饰照明电源、动作控制电源等）和其他人员（检验、维修维护）触电事故。主要原因是设备存在缺陷。

（7）物体打击。主要是指受设备本身物体打击、受外来物打击造成的事故。主要原因是乘客不遵守规定、操作人员违规操作、安全距离不符合要求、游乐设施失灵失控等。

（8）溺水。主要是指游乐过程中乘客在游乐水域中溺水。主要原因是违反操作规程、零部件损坏、机构失灵、超速等，还有结构失稳，基础塌陷，结构强度、刚度不够等原因。

（9）失控。游乐设施机构突然失灵、失控造成的事故。主要原因是超载，设计、制造缺陷，违规使用等。失控事故具体表现为直流电机驱动的设备失控超速，同一线路上有两组以上车辆运行失控相碰撞，安全装置失控等。

（10）高空滞留事故。游乐设施机构突然停止运动，乘客被迫滞留在空中，也包括乘客被遗忘。主要原因是操作人员失职、机械故障，设施保险烧坏运行突然停止，超负荷运转导致设备故障，极端气温、大风、暴雨、雷电的影响等。

4. 事故预防措施

（1）加强对大型游乐设施的安全管理。认真执行大型游乐设施各项管理制度和安全检查制度，做好定期检查、维护、保养工作，及时消除隐患，使其始终处于良好的运行状态。

（2）制定正确详细的制造、安装、操作规程。操作规程应清楚完整，简明易懂地提供给操作、维护人员。

（3）加强对大型游乐设施操作人员的教育和培训，严格执行安全操作规程，提高操作技术能力和处置紧急情况的能力。

（4）编制详细正确的“乘客须知”，要求乘客乘坐前认真阅读，对少年儿童进行嘱托教育，并在乘坐过程中严格遵守。身体不适应者不乘坐大型游乐设施。

四、大型游乐设施事故案例分析

1.“激流勇进”乘客被卷入链条致残事故

（1）事故概况。2008 年 9 月 11 日 17 时 50 分左右，北京某游乐场的奥德赛之旅游乐项目（“激流勇进”），乘客李某在游乐结束后下船，在上岸时脚下突然一滑，掉入船尾的后河道中，右腿卷入站台第一区段的传输链条中，被齿轮和链条把腿生生绞断。事发后，伤者被送至医院救治，由于右下肢伤势严重，血管、肌肉、神经全部断裂，只能被截肢。

（2）事故原因分析。据了解，该游乐场的奥德赛之旅游乐项目为大型“激流勇进”，最高落差达 26 m，每条船额定载客量 20 人，同一水道中允许 6 条船同时运行（另有 3 条备用船），建成于 2006 年 7 月。出事地点为上、下船站台的下船区，水面下有用于驱动船只移位的齿轮和链条。据推测，事故原因可能由以下多重因素导致：

1）当时乘玩该项目的乘客较多、秩序较为混乱。

2）位于船后段的下船区侧面有一扇墙，局部站台宽度较窄，且视线不够开阔。

3）乘客在回到上、下船站台前还要途经一段漆黑的水道，站台处阳光则直接可以照进来，光线的突然变化，会使部分乘客出现暂时性视力不适应。

4）船只在临进上、下船站台前，水道上方有空中乘客向船上乘客滋水，也可能导致部分乘客眼睛不适。

事故发生前，现场工作人员显然也未能意识到潜在的危险，在明知下船区域空间不足的情况下，对偶然发生的站台秩序混乱问题一直未进行有效的疏导与管理。

（3）事故预防和整改措施：

1）应对站台设施进行相应的改造，在上、下船侧增设了黄黑色警示线，拆除下船侧的部分墙体，并增设安全栅栏，出发段站台下方的水道沿线也应增设安全走道。

2）运营单位应加强对相关服务人员的安全责任与安全意识教育。

3）运营单位应在站台下船侧增设服务人员，出现大客流时加强对乘客的疏导工作。

2. “极速风车”乘客摔落受伤事故

（1）事故概况。2013 年 9 月 15 日 13 时 50 分左右，陕西省西安市某游乐场，“极速风车”游乐项目（图 7-5 为该涉事游乐设备照片）设备启动后不久，在同一排座舱先后有两名男孩从空中掉下来，工作人员反应过来后立即按下了急停按钮，设备渐渐停了下来，此时座舱已上升至6~7 m的空中，这一排剩下的 3 名乘客依然保持着倒悬姿势，紧接着，坐在中间的女生也被甩出，被重重地摔在设备围栏外。医护人员随后赶到现场将受伤乘客紧急送往医院救治。

据了解，该“极速风车”游乐设施有多个自由度，主要包括：

1）六组呈辐射状分布的座舱可绕着与平衡臂连接处的回转中心（以较高速度）旋转。

2）每组座舱可分别绕着各自的中心轴自由翻滚。

3）平衡臂后端设有与前端座舱重力匹配的平衡重，整个平衡臂带动座舱绕着平衡臂中点的回转支承中心轴（以较低速度）旋转。

4）平衡臂通过回转支承连接在倾斜角度可变的大臂上，大臂通过液压油缸的伸缩改变倾角。乘客在乘玩该设备时，身体可能会不时地呈倒悬姿势，故该设备在设计时采用了压肩式安全压杠，并且每个压杠均设有安全联锁控制，在正常情况下，任何一副压杠未压到位或未有效锁紧时，设备都是无法启动的。

图 7-5　涉事的“极速风车”游乐设施

（2）事故原因分析。事发前该设备有一组座舱（即发生 3 名乘客先后坠落的那排座舱）的安全联锁控制机能已失效，并且极有可能是维修人员的有意短接造成的。至于为什么要短接，则有可能是此排座椅的压杠锁紧控制信号会有偶发性异常（例如压杠实际已锁紧，但信号显示还未锁紧，即发生误报），不时地导致操作人员无法一次性正常启动设备，而维修人员在检修时无法彻底解决该偶发性的信号异常问题，或许考虑平时乘客也不是很多，运营单位索性决定暂时停用这排座椅，并将其联锁控制信号短接。因无相关更为确切的资料，无法判断事发前运营单位曾经采用过哪些措施阻劝乘客不要登上这排座椅。但可以确认的是，事发时这排座椅坐满了 5 名乘客，而且很有可能他们在入座前就没有遇到任何形式的阻劝，坐好后也没有工作人员来为他们检查压杠是否锁紧。

事故调查也证实，事发前操作人员对乘客安全保护装置的检查确认存有疏漏。由此可以更为完整地描述本次事故原因如下：

1）维修人员解除了“极速风车”其中一排座位的压杠锁紧联锁控制功能。

2）运营单位知道有一排座椅是不能乘坐的，平时站台服务人员引导乘客入座时会避开这一排座位，但这排座位上并未设置有效的提醒文字和警示标识。

3）当天乘客较多，等候乘坐的队伍排得很长，站台服务人员忙于接待乘客，忘记了有一排座椅不能乘坐。

4）操作人员启动设备前也按惯例进行安全保护装置检查确认，同样忘记了那一排座椅，而且安全联锁控制系统并未报任何异常，误认为一切正常后按下启动按钮。

(3) 事故预防和整改措施

1) 运营单位在设备运行时发现故障，应及时联系制造厂家解决，故障（或问题）涉及联锁控制（或其他安全机制）系统时，绝不允许维修人员擅自屏蔽或改变控制逻辑。

2) 运营单位因故确实需要临时停用个别座舱时，应在该座舱处逐个设置不易移除的、醒目的提醒文字和警示标识，并建议将其空间占据，避免粗心的乘客误入座舱。

3) 制造厂家应努力提高产品质量，保证主要控制回路的可靠性，尤其是直接涉及乘客安全的联锁控制系统等与安全机制相关电路的可靠性。

复习思考题

1. 简述叉车起升工作装置的基本组成与工作原理。
2. 叉车司机应如何保证作业安全?
3. 客运索道运行中的危险因素有哪些?
4. 客运架空索道的基本安全要求是什么?
5. 大型游乐设施必须设置的安全防护装置有哪些?
6. 引发大型游乐设施安全问题的主要原因有哪些?

参考文献

[1] 徐格宁，袁化临. 机械安全工程 [M]. 北京：中国劳动社会保障出版社，2008.

[2] 田宏. 机械安全技术 [M]. 北京：国防工业出版社，2013.

[3] 贾福音，王秋衡. 机械安全技术 [M]. 徐州：中国矿业大学出版社，2013.

[4] 蒋军成，王志荣. 工业特种设备安全 [M]. 北京：机械工业出版社，2009.

[5] 张应立，周玉华. 机械安全技术使用手册 [M]. 北京：中国石化出版社，2009.

[6] 崔政斌，王明明. 机械安全技术 [M]. 2 版. 北京：化学工业出版社，2009.

[7] 中国机械安全标准化技术委员会. 机械安全标准应用指南 [M]. 北京：中国标准出版社，2014.

[8] 中国安全生产科学研究院. 安全生产技术基础（2019 版，中级）[M]. 北京：应急管理出版社，2019.

[9] 李勤. 中国机械安全标准化发展综述 [J]. 自动化博览，2012，(S1)：22-24.

[10] 罗一新. 我国机械安全的现状及其对策 [J]. 中国安全科学学报，2004，14 (5)：92-94.

[11] 禹金云. 机械安全技术趋向分析 [J]. 中国安全科学学报，2004，14 (4)：54-56.

[12] 王晓刚. 对机械安全技术的现状分析及发展趋势展望 [J]. 科技创新与应用，2014 (7)：94.

[13] 李其峰. 我国冲压机机械伤害风险评价分析及对策研究 [J]. 黑龙江科技信息，2017 (16)：61.

[14] 国家质量监督检验检疫总局特种设备事故调查中心. 特种设备典型事故案例集 (2005—2013) [M]. 北京：化学工业出版社，2016.

[15] 罗云. 特种设备风险管理——RBS 的理论方法与应用 [M]. 北京：中国计量出版社，2013.

[16] 国家质量监督检验检疫总局. 特种设备安全监察 [M]. 北京：中国质检出版社，2014.

[17] 金樟民. 机电类特种设备实用技术 [M]. 北京：机械工业出版社，2018.

[18] 孙桂林. 起重安全 [M]. 2 版. 北京：中国劳动社会保障出版社，2007.

[19] 卢保中. 起重机械安全管理与使用 [M]. 北京：中国质检出版社，2017.

[20]《全国特种作业人员安全技术培训考核统编教材》编委会. 起重机司机 [M]. 北京：

气象出版社，2011.
[21] 宋继红. 特种设备法规体系建设研究 [J]. 中国特种设备安全，2016，32 (4)：19-23.
[22] 刘大鸿. 基于事故因果连锁模型的特种设备事故预防研究 [J]. 中国特种设备安全，2015，31 (增刊一)：15-17.
[23] 张建. 起重机械安全隐患与缺陷的统计研究 [J]. 中国设备工程，2017 (03) 上：173-174.
[24] 朱德文，朱慧缈. 电梯安全和应用 [M]. 北京：中国电力出版社，2013.
[25]《全国特种作业人员安全技术培训考核统编教材》编委会. 电梯操作与维护 [M]. 北京：气象出版社，2011.
[26] 程一凡. 电梯结构与原理 [M]. 北京：化学工业出版社，2016.
[27] 许素睿. 基于 HFACS 的电梯事故人因分析 [J]. 中国安全科学学报，2019，29 (7)：70-75.
[28] 李峻，李晓. 浅谈电梯安全 [J]. 中国电梯，2019，30 (18)：67-69.
[29] 甘斌，侯郭永，施鸿钧. 电梯常见事故分析及其防范措施 [J]. 中国特种设备安全，2019，35 (11)：85-87，92.
[30] 李琴. 电梯安全“共治”的几个关键环节 [J]. 中国质量技术监督，2016 (6)：70-71.
[31] 叶近茂，卜洪涛. 索道安全管理现状分析 [J]. 中国特种设备安全，2015，31 (1)：66-68.
[32] 卢秀琳，周成军，周新年，等. 国内外客运索道事故现状及分析 [J]. 起重运输机械，2015，(5)：1-7.
[33] 李向东. 大型游乐设施安全技术 [M]. 北京：中国计划出版社，2010.
[34] 张煜，张新东，李向东，等. 我国大型游乐设施风险分析研究 [J]. 中国安全生产科学技术，2013，9 (9)：160-164.